✈

방구석 도시 여행

영화가 담긴 도시 30

City Tour on a Couch:
30 Cities in Cinema

빙구석 도시여행

영화가 담긴 도시 30

| 국토연구원 엮음 |

이성태
윤서연
김형보
남인희
서민호
김동근
송준민
임동우
박세훈
김정곤
한지은
김도식
이영은
방승환
임주호
문정호
이석우
성은영
안소현
안치용
김소은
남경철
박내선
심상형
이경한
김수진
이영아
강병국
안명의
안예현
지음

책을 펴내며

시간과 공간 축에서 인간의 희로애락을 다루는 여러 문화예술 중, 영화는 특히 공간에 주목합니다. 도시화가 진전된 오늘날 우리의 일상은 대부분 도시 공간 속에서 펼쳐집니다. 거의 모든 영화의 배경, 그리고 영화 속 주인공들의 일상에서 도시가 등장합니다. 영화를 보면서 가보지 못한 도시를 간접 체험하기도 하고, 익숙하다고 생각했던 도시의 낯선 모습을 깨닫기도 합니다. 좀 더 살기 좋은 공간과 도시를 만들기 위해 노력하는 계획가들은 영화 속의 도시를 보면서 영감을 얻기도 합니다.

『방구석 도시 여행』은 국토연구원에서 발간하고 있는 월간 ≪국토≫에 2014년부터 2020년까지 연재되었던 '영화와 도시' 수록 글들을 고르고 다듬어 묶은 것입니다. 흔히 볼 수 있는 줄거리 위주의 영화 소개가 아니라 영화의 배경이 된 도시에 관심을 기울여 쓴 글을 중심으로 모았습니다. 필자들 대부분은 공간을 연구하는 전문가들입니다. 내가 보았던 영화, 내가 살거나 가보았던 도시에 대한 전문가의 시선은 어떠한지 살펴보는 것도 흥미로울 것입니다. 코로나19로 외부 활동이나 여행이 힘들어진 요즈음, 이 책 속으로 들어와 영화의 주인공들과 함께 도시를 둘러보며, 잠시나마 답답한 마음을 해소할 수 있기를 바랍니다.

『방구석 도시 여행』이 나오는 과정에서 많은 분들의 도움이 있었습니다. 그전에 월간 ≪국토≫에 실렸던 원고를 이번에 다시 손보아 주신 서른 분의 저자분들, 그리고 이 책의 기획과 편집, 출판을 담당해 주신 국토연구원 문정호 부원장, 한여정 2급행정원, 출판편집 위원님들, 한울출판사 편집진에게 감사드립니다.

2021년 5월
국토연구원장 강현수

차례

1부 도시, 영화가 되다

City Tour on a Couch:
30 Cities in Cinema

1장

두 얼굴의 샌프란시스코

이성태 | 삼정그룹 부장

| 샌프란시스코의 골든게이트브리지

<u>1</u> 샌프란시스코의 낭만

만일 샌프란시스코에 가신다면 머리에 꽃을 꽂으세요. 샌프란시스코에 가신다면
친절한 사람들을 만날 수 있을 것입니다. 여름날의 샌프란시스코에서는 사랑이
피어날 거예요.

| 롬바드가(Lombard Street)

    경쾌한 통기타 반주로 시작되는 스콧 매켄지(Scott McKenzie)의 노래 「San Francisco」를 들으면, 흰 뭉게구름과 명확하게 대비될 만큼 눈부시게 청명한 파란 하늘과 기분 좋게 스치는 바람이 떠오른다. 그리고 줄리 런던(Julie London)의 「I Left My Heart in San Francisco」는 트랜스아메리카 빌딩과 엠바카데로 센터를 중심으로 한 '파이낸셜 디스트릭트'를 거닐며 바라보는 야경을 생각나게 한다.

    샌프란시스코를 그리는 노래 때문인지, 아니면 사진이나 영상에서 흔히 보던 골든게이트브리지나 갈지자(之)의 롬바드가 혹은 언덕을 오르내리며 달리

11

는 케이블카, 피어 39에 모여 있는 여러 국적의 관광객 때문인지는 모르겠지만, 흔히 샌프란시스코 하면 대부분의 사람들은 낭만적인 상상을 먼저 떠올리는 것 같다. 그야말로 도시 전체가 관광상품이기 때문일 것이다.

필자에게 샌프란시스코와의 인연은 남다르다. 처음으로 캐나다 밴쿠버를 여행할 때 샌프란시스코를 경유한 것이 첫 방문이었고, 박사과정 2학기 때 미국경제학회에서 첫 학술논문 발표를 했던 곳이 바로 샌프란시스코다. 그리고 캘리포니아 대학교 버클리와 데이비스 캠퍼스에서 연구원 생활을 했을 때도 인근에 위치한 샌프란시스코는 필자의 연구 스트레스를 해소시켜 주는 오랜 친구와 같은 존재였다. 그 때문인지 지금도 샌프란시스코 공항에 도착해서 청사 2층 밖으로 나와 풍경을 마주하면, 시차에 따른 피로 속에서도 가슴 한편에 뭉클함을 느끼곤 한다.

샌프란시스코는 미국 캘리포니아주 서부 지역 해안가에 위치한 항구도시로, 601km²의 면적에 태평양 연안에서는 로스앤젤레스 다음으로 큰 제2의 도시이지만, 인구는 2019년 기준으로 약 88만 1500명에 불과한 수준이다(U.S. Census Bureau).

2 샌프란시스코의 유래

샌프란시스코의 기원은 1776년으로 거슬러 올라간다. 당시 에스파냐 선교사들이 샌프란시스코를 전도 기지로 활용했으며, 1746년에는 멕시코 독립에 의해 멕시코령으로 편제되기도 했다. 이후 1846년에 미국 해군에 의해 점령되었으며, 1847년에 이르러 오늘날과 같은 샌프란시스코로 명명된 것으로 알려져 있다.

인구 800명에 불과하던 샌프란시스코가 대도시로 발전하게 된 것은 금광 발굴에 따른 서부 개척 시대의 영향이 컸던 것으로 볼 수 있다. 1848년 시에라네바다 산맥에서 금광이 발견되면서 사람들의 이주가 활발해졌고, 급기야 거주 인구는 2만 5000명으로 급증했다. 재물이 많이 집중되는 곳에는 각종 사건·사고가 빈발하는 것이 일반적인 이치라고 할 수 있는데, 샌프란시스코 역시 골드러시로 인해 치안이 매우 불안했던 시기가 존재했다. 그러나 항구를 이용한 식료품, 식육, 섬유 등을 비롯한 각종 제조업이 발달하게 되면서 금광 개발을 통한 부의 창출은 사실상 종료된 것으로 볼 수 있다. 다운타운을 중심으로 반경 80km 범위 내에 약 90여 개의 공업단지가 활발하게 운영되고 있는데, 중공업보다는 식료품, 금속, 인쇄·출판, 섬유 등 경공업이 발달했다. 해상뿐 아니라 항공로와 육로도 크게 발전하여 사통팔달의 장점이 있기에 교통 요충지로 인식된다.

에로부터 교육·문화의 중심지를 이루었으며, 샌프란시스코 대학교과 같은 많은 대학과 연구소, 문화시설이 있다. 해무를 비롯하여 골든게이트브리지와 베이브리지, 그리고 케이블카 및 유니온 스퀘어 등은 샌프란시스코의 대명사처럼 사용된다. 시가지 전체가 아름답고 조용하며, 여름에 서늘하고 겨울에 따뜻한 지중해성 기후를 보인다.

수많은 관광객들이 찾아가는 관광지이긴 하지만 도심 뒷골목으로 들어가면 치안이 불안한 경우가 있으며, 일방통행이 많은 탓에 타 지역 운전자이거나 렌터카를 운행하던 관광객이 무지한 상태에서 일방도로에 진입했다가 경찰에 단속되는 상황도 비일비재하다. 또한 샌프란시스코는 캐나다 밴쿠버 다음으로 큰 규모의 차이나타운이 형성되어 있으며, 동성애자들이 많이 모이는 지역이기도 하다.

3 'The Rock', 알카트라즈

샌프란시스코를 배경으로 한 영화는 다수가 있는데, 필자가 소개할 영화

| 더 록(1996)
감독: 마이클 베이
출연: 숀 코너리, 니컬러스 케이
지, 에드 해리스, 마이클 빈 외

는 숀 코너리(Sean Connery), 니컬러스 케이지(Nicolas Cage), 에드 해리스(Ed Harris), 마이클 빈(Michael Biehn) 등 연기파 배우들이 출연하고 마이클 베이(Michael Bay) 감독이 메가폰을 잡은 〈더 록(The Rock)〉이다. 네티즌들의 평가점수는 10점 만점에 9.92점에 달하고 있으며, 관람 후기로 찬사가 이어졌다. 상술한 바와 같이 샌프란시스코가 부여하는 이미지 때문인지, 샌프란시스코나 인근 지역을 배경으로 한 영화는 〈소살리토(Sausalito)〉, 〈프린세스 다이어리(The Princess Diaries)〉, 〈웨딩플래너(The Wedding Planner)〉, 〈콜링 인 러브(The Other End of the Line)〉 등과 같이 주로 연인의 애절한 사랑이야기를 소재로 하고 있지만, 〈더 록〉은 상영시간 내내 시종일관 손에 땀을 쥐게 하는 오락성 액션영화다. 샌프란시스코 특유의 오르막길과 내리막길에서 진행되는 추격신은 가히 일품이며, 치밀한 계산하에서 연출된 스토리 전개는 그냥 그저 그런 오락성 영화와는 차별성을 가진다. 예컨대 존 패트릭 메이슨(숀 코너리)은 오랜 기간 영국 특수요원으로 활동했던 인물이다. 숀 코너리는 제1대 제임스 본드 역할을 소화한 바 있다. 이 영화에는 숀 코너리가 007에서 했던 대사가 다수 등장한다. 두 영화 간에 연계성을 부여하려는 마이클 베이 감독의 계산된 의도를 볼 수 있는 대목이다.

| 알카트라즈섬(Alcatraz Island)

    영화의 제목이기도 한 'The Rock'은 영화의 주 무대인 알카트라즈섬을 지칭한다. 알카트라즈섬은 악명 높은 범죄자들을 감금했던 감옥이었는데, 알카트라즈 감옥에 투옥되었던 세기적 범죄자들 가운데는 알 카포네(Al Capone), 베이비 페이스 넬슨(Baby Face Nelson), 머신 건 켈리(Machine Gun Kelly), 존 딜린저(John Dillinger), 보니 파커(Bonnie Parker), 클라이드 바로(Clyde Barrow), 마 베이커(Ma Barker), 앨빈 카피스(Alvin Karpis) 등과 같은 인물이 있다. 알카트라즈섬 주변은 물살이 상당히 강하고 수온이 상당히 낮은 탓에 탈출이 거의 불가능한 요새와 같은 곳이었다. 감옥으로 사용되던 29년 동안 총 34명의 죄수가 탈출을 시도했는데 대부분 체포되거나 사살되었으며 탈옥에 성공한 3명도 익사한 것으로 공식 발표되었다. 알카트라즈 감옥은 인권유린 등 내부의 여러 가지 문제점이 부각되면서 1962년에 폐쇄되었다. 이후 관광지로 변모하여 이제는 연인원 130만 명이 방문하는 샌프란시스코의 대표적인 관광지 중 하나가 되었다. 알카트라즈섬 견학 관광 프로그램도 있지만, 샌프란시스코 소살리토에서 운행하는 유람선을 탑승해도 알카트라즈섬 앞을 지나가기 때문에 그

경관을 관망할 수 있다.

4 두 얼굴의 도시 샌프란시스코

이 글의 제목을 '두 얼굴의 샌프란시스코'로 선정한 이유는 낭만적이고 편안한 느낌의 풍경과 지옥 같은 감옥 알카트라즈가 공존하고 있기 때문이기도 하지만, 관광지 샌프란시스코가 지진으로부터 그리 안전한 지역이 아니라는 점 때문이기도 하다. 태평양판과 북미판이 만나는 이곳에서는 '샌앤드레이어스'로 지칭되는 수평이동 단층으로 인해 산발적으로 지진이 발생하고 있다. 샌앤드레이어스 단층은 샌프란시스코를 관통하고 있는 것으로 파악된다. 1906년 4월 18일에는 진도 7.8의 강진으로 최소 700명이 사망하고 약 40만 명의 이재민이 발생했으며, 지진으로 사회가 혼란한 틈을 타 재물을 약탈하던 수백 명이 현장에서 사살된 것으로 알려졌다. 이 지진은 '지진학'이라는 신규 학문이 발달하게 된 계기가 되었다. 그 후에도 고가도로가 파손될 정도의 강력한 지진이 발생한 바 있으며, 비교적 근래인 2014년 8월 24일 새벽 3시 20분에도 샌프란시스코 북동쪽 50km 지점에서 진도 6.0의 강진이 발생하여 와인 생산지로 유명한 나파 밸리가 큰 타격을 입었다.

샌프란시스코의 명물이라고 할 수 있는 케이블카와 관련된 재미있는 일화도 있다. 지금은 남녀노소 모두 케이블카 난간에 매달려 바람을 만끽하며 도심의 경관을 관람할 수 있지만, 1960년대 말만 하더라도 여성들은 케

| 샌프란시스코 지진(1906)

| 샌프란시스코 시내의 케이블카

이블카 밖 난간에 매달리는 것이 금기시되어 무조건 실내로 들어가야만 했다. 그런데 버클리 대학교의 한 여학생이 남녀차별의 부당함을 주장하며 케이블카 난간에 매달렸고, 이 일로 여학생은 경찰에 연행되었다. 명문화된 처벌 규정이 없어 여학생은 훈방 조치되었지만, 이후 계속 논란이 불거지자 결국 여성들도 케이블카 난간에 매달리는 것이 허용되었다고 한다.

이 글 도입부에서 언급한 스콧 매켄지의 「San Francisco」 노랫말은 언뜻 샌프란시스코의 평화로운 풍경을 노래한 것 같지만, 실상은 베트남 전쟁을 반대하는 반전의 의미를 담고 있다. 노래가사 중 등장하는 'Flower'도 미국 히피들이 기성세대가 만들어놓은 사회적 질서에 대항하여 샌프란시스코를 중심으로 전개했던 '플라워 무브먼트(Flower Movement)'를 의미한다. 그 당시 폭동 진압을 위해 출동한 경찰의 헬멧에 시위대가 꽃을 달아주었다는 유명한 일화가 전해진다. 그러고 보면 샌프란시스코는 미국 내에서도 급진주의의 중심지라는 주장이 사실인 것 같다.

필자가 제목으로 선정한 '샌프란시스코의 두 얼굴'이라는 것은 긍정적인 측

| 샌프란시스코 주택가

면과 부정적인 측면의 대비나 선과 악의 공존을 의미하는 것은 아니다. 아름다운 교량과 예쁜 건물이라고 말하며 지나칠 수 있는 평범한 도시풍경에도 사실은 여러 가지 역사적 근거와 흥미 있는 이야기들이 숨어 있으니, 샌프란시스코를 여행하며 그런 것들을 알아보는 재미 또한 쏠쏠할 것이라는 조언 정도로 이해하면 적절할 것 같다.

예컨대 샌프란시스코의 주택들은 옆집과 간격이 거의 없을 정도로 촘촘하게 늘어서 있다. 정원과 주차장까지 넓게 건축되는 일반적인 미국 주택의 형태와는 다소 차이가 있는데, 이것은 지진 발생 시 주택 파손을 최대한 방지하려는 노력의 일환이다. 주택 디자인이 각기 다르고 외벽이 형형색색으로 꾸며져 있는 것도 "주인이 다른 주택인 경우 각각 다른 색을 칠해야 한다"라는 샌프란시스코의 규정 때문이다.

샌프란시스코 남부와 마린 카운티 북쪽을 연결하는 골든게이트브리지가 샌프란시스코의 상징물 중 하나라는 데에 이의를 제기할 사람은 아무도 없다. 하지만 1930년대 초반에만 해도 이 지역의 복잡한 지형 때문에 거의 3km

에 달하는 긴 교량을 연결하는 것이 가능하다고 보는 사람은 많지 않았다고 한다. 그러나 4년 만에 완성된 이 다리는, 내진설계 덕에 샌프란시스코 대지진 당시에도 무너지지 않았다. 골든게이트브리지보다 1년 먼저 완성된 총연장 14km의 샌프란시스코-오클랜드 베이브리지는 지진을 고려하지 않고 건설되어 대지진 발생 때 상판이 통째로 무너져 버리는 아픔을 겪었다.

한편, 샌프란시스코는 관광지로서만 명성이 높은 것은 아니다. 애플은 신제품 발표 행사를 샌프란시스코 예르바 부에나 아트 센터에서 개최하고 있으며, 세계적인 디자인 전문 업체 아이데오도 샌프란시스코에 자리 잡고 있다.

<u>5</u> 이야기, 역사, 추억이 쌓여 있는 감성 콘텐츠, 샌프란시스코

앞으로도 계속해서 다양한 국적의 관광객들이 샌프란시스코를 여행할 것이고, 여러 장르의 영화들은 각양각색의 풍경을 그려낼 것이다. 발길 닿는 곳마다, 눈길 가는 곳마다 어떤 역사적 이야기가 숨어 있는지 찾아보는 것도 여행의 참된 의미를 생각할 수 있는 유익한 경험이 될 것이라고 생각한다.

2장

드러난 런던, 감춰진 런던

윤서연 | 국토연구원 연구위원

| 런던 템즈강과 타워브리지

1 셜록의 베이커가 221B번지

셜록 홈스는 아서 코넌 도일(Arthur Conan Doyle)이 19세기 말에 탄생시킨 캐릭터로, 영국에서 태어난 유명 탐정 캐릭터 중 독보적인 위치를 차지하고 있다. 도일은 셜록 홈스를 주인공으로 하여 56편의 단편소설과 4편의 장편소설을 썼는데, 현재까지도 이 작품들에 수많은 사람들이 매료된다.

이후 다양한 버전의 영상물로 제작되어 셜록 역을 맡은 배우들마다 나름의 아우라를 자랑했지만, 베네딕트 컴버배치(Benedict Cumberbatch)만큼 전 세계적으로 폭발적인 반응을 일으킨 배우는 없다고 해도 과언이 아닐 것이다. 베네딕트 컴버배치가 출연한 BBC의 〈셜록(Sherlock)〉은 정확히 말하면 영화가 아니라 TV 시리즈다. 하지만 각 회가 웬만한 영화보다 완성도가 뛰어난 데다, 시리즈의 인기에 기대어 〈셜록: 유령 신부(The Abominable Bride)〉라는 제목의 영화로 국내에 개봉되기까지 한 만큼 영화로서 이 글에서 다루어도 손색이 없을 것이다.

| 셜록: 유령신부(2015)
감독: 더글러스 맥키넌
출연: 베네딕트 컴버배치, 마틴 프리먼, 앤드루 스콧 외

'셜록 홈스' 시리즈 중 첫 번째로 출판된 저서 『주홍색 연구(A Study in Scarlet)』에서 룸메이트가 된 셜록과 왓슨이 런던의 '베이커가 221B번지'로 이사를 오면서 두 캐릭터와 이 주소 사이에 뗄 수 없는 역사가 시작되었다. 사실 코난 도일이 221B번지를 소설에 등장시킨 시점에는 이 주소가 실제로 존재하지 않았다고 한다.

하지만 이후 수많은 셜록 홈스의 팬들이 베이커가 221B번지로 편지를

| 베이커가(Baker Street)와 셜록 홈스 조각상(Sherlock Holmes Statue)

| 베이커가(Baker Street) 221B번지의 셜록 홈즈 박물관(Sherlock Holmes Museum)

보내자 원래는 다른 이름이었던 도로가 베이커가로 통합되었고, 221B라는 번지가 현재의 위치에 지정되었다는 것이다. 지금 이곳에는 셜록 홈스 박물관이 들어서고, 많은 관광객이 찾는 런던의 명소가 되었다.

현재 베이커가 221B번지 주변에는 셜록 외에도 다른 영화나 소설에 등장한 장소들이 여럿 있다. 소설이나 영화의 배경을 찾아가 보기를 좋아하는 사람이라면 셜록 홈스 박물관에서 출발해 관심 있는 장소들을 몇 군데 둘러보아도 좋을 것이다. 셜록 홈스 박물관에서 지하철로 두 정거장 거리에는 애거사 크리스티의 추리소설 『패딩턴발 4시 50분(4:50 from Paddington)』의 배경인 패딩턴역이 있다. 영국 추리소설 역사에서 또 한 명의 중요한 작가인 애거사 크리스티의 팬이라면 가볼 만한 장소이다. 여기서 다시 지하철이나 버스를 타고 20분가량 가면 영화 〈노팅힐(Notting Hill)〉에서 줄리아 로버츠와 휴 그랜트가 머물렀던 소박하지만 로맨틱한 동네도 걸어볼 수 있다.

그리고 BBC 〈셜록〉의 팬이라면 방문 리스트에 추가해야 할 곳이 한 군데 더 있다. 사실 BBC의 〈셜록〉을 실제로 촬영한 장소는 베이커가 221B번지도 아니고 세트장도 아닌 베이커가 221B번지에서 걸어서 20분쯤 걸리는 곳인데, 극 중 셜록과 왓슨이 거주하는 집 1층에 위치해 화면에 자주 등장하는 스피디 샌드위치 가게를 검색하면 쉽게 찾을 수 있다. 이곳에 가면 이미 여러 명의 셜록 팬들로 붐비고, 가게 앞으로는 긴 줄이 늘어서 있을 것이다.

2 런던의 문화와 런던

런던을 한 번쯤은 꼭 가볼 만한 곳으로 만드는 요소는 여러 가지가 있다. 어떤 사람은 뮤지컬을, 어떤 사람은 건축물을, 어떤 사람은 박물관에서 미술품을 관람할 수도 있다. 하이드 파크의 호수에서 보트를 타고 한가로이 노를 젓

| 웨스트민스터 사원(Westminster Abbey)

| 거킨 빌딩(Gherkin Building, 중앙)과 런던 금융지구(London Financial District)

다가 구름 사이로 햇볕을 받는 것도 런던을 즐길 수 있는 방법일 것이다.

이 모든 것들은 긴 역사를 거치며 런던의 문화로 차곡차곡 쌓인 것들이다. 런던의 역사는 고대 로마인들이 발을 들여놓은 때로부터 2000년이 지났고, 앵글로색슨족이 이 지역을 차지하려고 경쟁하던 시대부터 헤아려도 1000년은 족히 넘는다. 그야말로 유서 깊은 도시라 할 수 있다. 런던에는 영국의 왕가가 머무는 궁전들이 있고, 지어진 지 수백 년이 지난 웨스트민스터 사원부터 거킨(Gherkin, 오이) 빌딩으로 불리는 철골로 된 현대식 유리 건물까지, 다양한 볼거리를 통해 도시의 긴 역사를 파노라마처럼 볼 수 있다.

하지만 런던을 더 매력적으로 만드는 것은 이와 같은 즐길 것들과 관광 요소만 존재하는 것이 아니라 이곳을 근거지로 하는 다양한 문화가 실제로 존재하며 도시 속에 녹아들어 있다는 점이다. 어떤 문화(상품)를 접했는지에 따라

| 템스 강변(Thames Riverside)과 웨스트민스터 궁전, 빅벤(Big Ben)

런던 곳곳에서 각자 다른 스토리를 떠올릴 수 있다. 그것이 〈셜록〉을 좋아하는 사람이, 런던 어디에나 있을 법한 샌드위치 가게 앞에 아침부터 줄을 서게 만드는 이유일 것이다.

그러면 〈셜록〉에 등장하는 몇몇 장소를 살펴보도록 하자.

3 셜록의 런던

〈셜록〉시리즈에는 런던의 여러 장소가 등장해 인상적인 미장센을 만들어 낸다. 그중 세 군데를 살펴보도록 하겠다. 스포일러가 될 수 있는 내용이 포함되어 있으니 아직 〈셜록〉 시리즈를 다 보지 않은 사람이라면 주의하기 바란다.

첫 번째는 성 바르톨로뮤 병원이다. 이곳의 옥상은 시즌 3에서 셜록이 악당인 모리어티(앤드루 스콧, Andrew Scott)와 대치하다 자신의 주변 사람들을 해치지 않는 조건으로 스스로 뛰어내린 곳으로, 셜록이 죽음을 위장하기 위해 선택된 장소다. 그리고 성 바르톨로뮤 병원은 닥터 왓슨(마틴 프리먼, Martin Freeman)의 모교이자, 셜록과 왓슨이 처음 만난 장소이기도 하다. 극 밖으로 나와보면, 성 바르톨로뮤 병원은 12세기에 건립된 영국에서 가장 오래된 병원이다. 물론 현재도 종합병원으로서 의료서비스를 제공하고 있다. 병원 건물은 1666년 대화재와 제2차 세계대전의 포화를 이겨내고 아직까지 건재하다.

　두 번째는 카디프 국립박물관인데, 국립 앤티크 박물관으로 등장한다. 이곳은 시즌 1의 두 번째 에피소드 '눈먼 은행원(The Blind Banker)'에서 사건의 중요한 실마리를 쥐고 있는 중국 출신의 도자기 전문가가 일하는 곳으로 설정되어 있다. 카디프 박물관의 건축은 1912년에 시작되었으나 제1차 세계대전의 영향으로 1927년에야 비로소 완공되었다. 그 때문에 현재의 건물 장식은 원래 계획했던 것보다 훨씬 간략한 상태로 마무리된 것이라고 한다. 이곳에는 극 중에서처럼 중국 도자기 전시실이 있고, 전시 미술품 중에는 오귀스트 르누아르(Auguste Renoir), 클로드 모네(Claude Monet), 빈센트 반 고흐(Vincent van Gogh), 르네 마그리트(René Magritte) 등이 그린 (상대적으로 덜 유명한) 그림도 전시되어 있다.

　마지막으로 가장 흥미로운 곳은 렌스터 가든이다. 이곳은 영국의 일반적인 주거지 건축양식대로 건물과 건물 사이에 공간이 없이 전면부가 연결된 형태를 띤다. 하지만 이 중 23~24번지는 실제 건물이 아니라 전면부만 존재

하는 곳으로, 그 뒤로 지나가는 철도 구조물을 보이지 않게 하는 위장에 불과하다. 도시의 겉모습을 일관되게 유지하려는 런던 사람들의 미의식을 엿볼 수 있다. 이 가짜 벽은 표면이 흰색으로 칠해져 있어 외관상 다른 집들과 별 차이가 없어 보인다. 하지만 자세히 들여다보면 창문이 투명한 유리가 아니라 불투명한 회색이기 때문에, 다른 점을 눈치채는 순간 조금은 음산한 느낌이 들기도 한다. 여기서 왓슨의 약혼자인 메리(어맨다 애빙턴, Amanda Abbington)가 간호사가 아니라 사실은 스파이였음이 밝혀지는데, 장소의 특성과 극의 이야기를 절묘하게 결합시킨 부분이라 하겠다.

4 셜록에 나오지 않는 런던

지금까지 방송된 10편의 에피소드에 등장하지 않는 런던 혹은 영국의 한 부분이 있다면 바로 음식이다. 영국 음식이 맛없다는 것은 따로 설명할 필요 없이 널리 알려진 '사실'이다. 셜록의 냉장고에는 음식이라 할 만한 것들이 들어 있지 않다. 셜록과 왓슨이 먹는 영국 음식은 허드슨 부인(우나 스텁스, Una Stubbs)이 가져다주는 홍차와 221B 1층에 들어선 스피디의 샌드위치뿐이라 해도 과언이 아니다.

이와는 대조적으로 BBC의 셜록과 비슷한 시기에 현대의 뉴욕을 배경으로 셜록 홈스를 새로이 해석한 미국 CBS의 〈엘리멘트리(Elementary)〉에서는 등장인물들이 식당에서 대화를 나누거나, 셜록과 왓슨이 타이 또는 베트남 음식을 테이크아웃해서 먹는 장면이 종종 등장한다. 심지어 뉴욕판 셜록의 형인 마이크로프트는 유명 레스토랑을 운영하는 사람이기도 하다. 런던과 뉴욕은 세계 경제의 중심지이자 전 세계 사람들이 모이는 다양성이 특징인 도시이지만, 거주자들이 일상에서 누리는 음식 문화의 차이가 두 작품에 은연중에 반영되어 있다.

하지만 필자가 관광객으로서 런던에서 느꼈던 것은 영국식 음식이 맛이 없기 때문에 오히려 다른 나라의 음식을 경험하기에 좋은 곳일 수도 있다는 것이다. 런던은 영국 음식의 빈 곳을 메우기라도 하려는 듯 외국의 음식 문화를 폭넓게 받아들이고 있다. 조금 여유가 있는 여행자라면 영국 음식보다 다른 나라의 음식을 선택했을 때 맛있게 먹을 수 있는 가능성이 더 높을 것이다. 특히 이민의 역사가 오래된 중국과 인도 음식을 검색하면 괜찮은 레스토랑을 발견할 확률이 높다.

〈셜록〉은 런던에 살고 있는 다양한 인종을 보여주는 데에는 인색한 편이다. 2011년 기준으로 런던의 인구 중 백인 이외의 인종이 약 40%를 차지하고 있지만[*], 주요 배역 중 셜록에게 반감을 가진 경찰 한 명을 제외하면 모두 백인이라는 사실이 이를 보여준다(중국 서커스단이 범죄에 연루된 에피소드는 일단 제외하더라도). 뉴욕의 〈엘리멘트리〉에서는 과감하게 왓슨 역할을 중국계 여배우인 루시 리우(Lucy Liu)에게 맡겼고, 극 중에도 다양한 인종 그룹이 등장하고 있다는 사실과 비교하면 큰 차이점이라 할 것이다.

이런 점 때문에 〈셜록〉의 런던이 실제 런던과 다를 수 있지만, 〈셜록〉은 매우 잘 만들어진, 매력적인 시리즈다. 그리고 런던을 여행하면서 만나게 되는 〈셜록〉의 그림자 또한 여전히 매력적일 것이다.

---

[*] 인구센서스 조사는 10년 주기로 실시되고 있으며, 현재 2021년 센서스 조사가 진행 중이다.

3장

특별한 하루가 시작된다, 에든버러

김형보 | 동의대학교 공과대학장, 도시공학과 교수, 영국 튜캐슬대학교 연구교수

| 칼튼 힐(Calton Hill)에서 내려다본 에든버러

1 신비함의 장소: 자막이 흐르면 어느새 에든버러 속으로 가 있다

　주인공 엠마가 자전거를 타고 달려가는 거리, 뒤엉킨 차량들로 복잡한 도로, 좁은 골목길과 붉은색 2층 버스들, 보도 위의 빨간 전화박스, 세월의 흔적을 느끼게 하는 석조 건축물, 시가지 곳곳에 촘촘히 연결된 합벽 건축물, 도로와 보도에 적절히 배치된 유명인의 조각상들이 영화 〈원 데이(One Day)〉의 시작을 가득 채운다.

　뒤이어 펼쳐진 광활한 자연, 다소 경사가 있는 엄청난 규모의 자연녹지와

| 원 데이(2011)
감독: 론 셰르피
출연: 앤 해서웨이, 짐 스터게스 외

도시 언저리에 드넓게 펼쳐진 갈대 언덕이 보인다. 이처럼 아름다운 자연과 인공의 조화는 무슨 비법을 가지고 있는 것일까? 주인공 엠마와 덱스터가 대학 졸업식 다음 날 아침 함께 올라 대화를 나누는 장소는 에든버러 시가지가 한눈에 들어오는 홀리루드 파크 정상이다. 아름다운 장면에 감탄사가 절로 나오는 곳이다.

영화에서는 중세 건물이 즐비한 구시가지와 그에 못지 않게 클래식한 분위기의 신시가지를 연결하는 계단 길이 군데군데 보인다. 이 길은 묘하게도 과거와 현재를 연결하는 지름길처럼 느껴진다.

| 에든버러 시가지

곡선 형태의 골목길과 경사지가 많은 지형 구조라 그런지 도시의 모습이 입체적이다. 오랜 시간을 거슬러 올라가 시간의 흐름에 따라 세밀하게 디자인된 모습 하나하나가 멋스럽다.

2006년에서 1988년으로 되돌아가면서 전개되는 이 영화에서 론 셰르피(Lone Scherfig) 감독은 첫 장면을 통해 아름다운 에든버러의 모습을 보여주고 싶었던 것이 아닐까 하는 생각이 든다. 한 번 보면 계속 보고 싶은 스코틀랜드 에든버러, 진짜 영국을 보려거든 런던을 가지 말고, 런던 교외 지역인 잉글랜드와 스코틀랜드 지방을 가라고들 한다. 그리고 아름다운 도시 에든버러는 꼭 방문해야 할 첫 번째 버킷 리스트다.

2 단 하루를 살아도 만나고 싶은 사랑: 〈원 데이〉

영화는 종합예술로, 하나의 컷이 아닌 연속성을 통해 스토리와 배경이 전개된다. 〈원 데이〉를 처음 봤을 때는 바람둥이인 남자와 그를 짝사랑하는 여자의 사랑 이야기로만 생각했는데, 두 번째 볼 때는 영화의 스토리가 더욱 깊게 마음을 파고들어 찡한 여운을 느꼈다. 단 하루를 살아도 함께하고 싶은 사랑이 무엇인지를 생각하게 하는 감동의 러브 스토리다.

스코틀랜드 방언까지 현지인처럼 사용하는 배우들의 연기력과 섬세한 표정 때문일까? 영화는 관객들을 바로 스코틀랜드 속으로 빠져들게 한다. 엠마 역을 맡은 앤 해서웨이(Anne Hathaway)는 오드리 헵번(Audrey Hepburn) 이후 필자가 인정하는 최고의 미인이다. 〈악마는 프라다를 입는다(The Devil Wears

Prada)〉로 관객들과 친숙해졌고, 〈레 미제라블(Les Misérables)〉의 주연을 맡으면서 스타덤에 올랐다. 영국식 영어를 매우 잘해서 영국계 배우처럼 보이지만 캘리포니아 출신인 그녀는, 영화 속에서 1988년부터 20년 동안의 변화를 감탄스러울 정도로 구현해 낸다. 덱스터 역을 맡은 짐 스터게스(Jim Sturgess) 또한 미워할 수 없는 바람둥이 역할을 잘 소화해 냈다. 20년이라는 시간 동안 엠마 앞에 나타날 때마다 매번 다른 사람인 것처럼 새로운 모습을 보여준다.

〈원 데이〉는 이미 전 세계적인 베스트셀러로 명성을 떨친 바 있는 동명의 원작 소설을 영상에 옮긴 것이다. 영국 ≪선데이 타임스≫ 베스트셀러 1위를 시작으로 유럽뿐만 아니라 31개 언어로 번역출판되어 전 세계를 휩쓴 작품이다. ≪뉴욕 타임스≫는 "두 남녀의 20년이라는 시간을 섬세하게 그려 이제껏 없었던 새로운 로맨틱 스토리를 만들어내었다"라는 극찬을 했다. 원작자 데이비드 니컬스(David Nicholls)는 영화의 각본을 직접 맡아 원작 소설 고유의 분위기를 스크린 속에서 다시 한번 그림같이 풀어냈다는 평을 들었다.

연출을 맡은 론 셰르피 감독은 "데이비드 니컬스의 문장이 가진 위트는 정말 매력적이다. 원작과 시나리오 모두 데이비드가 직접 집필했기 때문에 두 작품은 상당히 비슷한 느낌을 준다. 그와 함께한 작업은 정말 특별하고 만족스러웠다"라며 신뢰와 감사를 표현했다.

〈원 데이〉는 두 남녀가 우정과 사랑 사이에서 엇갈리는 감정을 20년 동안 매년 7월 15일이라는 특별한 하루를 통해 보여준다. 1988년 7월 15일에 언급되었던 '세인트 스위딘스 데이'라고 불리는 날은 "그날 비가 내리면 40일 동

안 계속 비가 내리고, 반대로 맑다면 40일 동안 아름다운 날씨가 이어진다"라는 영국 전설 속의 'One Day'다. 영화 속에서는 1988년부터 2011년까지 스무 해 동안의 7월 15일만을 보여주며 세월과 함께 변화하는 인물들의 모습을 보여준다.

앤 해서웨이는 1980년대 촌스러운 대학생에서 세련되고 성숙한 여인으로 거듭하는 모습을 잘 표현했다. 짐 스터게스는 시대별 의상을 멋스럽게 소화한다. 방송 진행자로서 그가 보여주는 화려한 장면들은 시간 속 문화의 변화를 잘 드러낸다.

영화의 장면마다 잔물결처럼 은은하게 퍼지는 음악들 중 특히 빼놓을 수 없는 곡이 주인공 엠마와 덱스터의 사랑을 더욱 빛나게 했던 엘비스 코스텔로(Elvis Costello)의 「Sparkling Day」다. 들으면 들을수록 빠져드는 음악에 마비되는 느낌이랄까? 아름다운 사랑에 더없는 여운을 남긴다.

3 걷고 싶은 길과 도시의 아이덴티티: 매력적인 자연요소와 장소의 정체성

영화에서는 사랑을 더욱 아름답게 만드는 감성의 장소가 여러 곳 소개된다. 세계의 문화중심지 런던은 물론이고, 낭만과 예술의 도시 파리와 몽생미셸 근처의 프랑스 북서부 브르타뉴 등이 스크린에 담긴다. 하지만 주인공의 움직임과 함께 영화의 첫 장면과 마지막 장면을 가득 채우는 도시는 에든버러다. 그곳은 걷고 싶은 길이 있고, 도시의 아이덴티티를 느끼게 하는 장소다.

한 나라의 수도는 유무형의 값어치를 가진다. 영국의 수도가 런던이듯이, 스코틀랜드의 수도는 에든버러다. 유럽의 많은 도시들이 저마다의 역사적 품격을 자랑하는데, 그중에서 가장 아름다운 수도로 손꼽히는 곳이 바로 에든버러다.

에든버러는 영국을 찾는 많은 이들이 런던 다음으로 꼭 들르고 싶어 하는 도시라고 한다. 런던에서 북쪽으로 약 600km 떨어져 있으며, 기차로는 런던

킹스크로스역에서 출발하여 다섯 시간 정도면 도착할 수 있는 도시다. 대표적 관광지인 에든버러성은 런던 근처의 윈저성보다도 방문객이 많다고 한다.

에든버러에서만 볼 수 있는 매력이 있다면, 인공적이지 않은 자연 그 대로의 매력과 노력에 의해 조성된 다른 한편의 매력들이다. 에든버러의 자 연요소는 마력이 있다. 흔들리는 갈대처럼 변화무쌍한 날씨는 환상적이다. 특히 여름의 경우는 방금까지도 쨍쨍하던 날씨가 갑자기 비를 뿌리며 변덕 을 부린다. 해류와 편서풍의 영향으로 기후가 온화해 겨울에도 영상 3~4℃ 를 유지한다. 여름에도 15℃로 선선함을 유지하는 이런 동네가 어디 있을 까? 간혹 한겨울에는 살을 에는 듯한 살벌함을 보여주기도 한다. 또한 밤 11시에야 겨우 해가 져 백야를 느끼게 하는 여름과 오후 3시에도 어둠을 경험해야 하는 겨울도 도시 이미지와 분위기를 좌우하는 요소다. 영국의 이런 변화무쌍한 날씨는 많은 예술가들이 표현하고 싶어 하는 주제이기도 한데, 영국의 대표적 국민 화가 윌리엄 터너(William Turner)는 영국의 변덕스

| 에든버러성(Edinburgh Castle)

러운 하늘을 가장 아름답게 표현한 화가로 손꼽힌다.

4 다채로운 매력의 도시: 전통과 현대의 공존

에든버러는 11세기에 건설된 약 천 년의 역사를 간직한 유서 깊은 도시다. 오래된 만큼 사연이 끊임없이 나온다. 물론 단순히 오래되었다고 해서 많은 이야기가 서리는 것은 아니다. 시간과 사연들을 잘 관리했기 때문이다. 건물과 동네와 도시도 마찬가지다. 에든버러는 지형학적으로 그리고 역사적으로 반쪽으로 나뉜 양파마냥 확연히 분리된다. 구시가지에는 중세의 요새와 '로열 마일'이 있고, 신시가지는 신고전주의가 눈에 띈다. 중세 분위기의 구시가지와 18세기 이후 신고전주의 양식으로 조성된 신시가지가 길 하나를 사이에 두고 대조적이면서도 조화를 이루며 펼쳐져 있고, 그 구분의 중심에는 에든버러

| 프린스가(Prince' Street)

| 홀리루드하우스궁전(The Palace of Holyroodhouse)

기차역이 입지하고 있어 독특하고 개성 있는 도시가 되었다.

영화 초반의 장면들은 에든버러의 가장 아름다운 전경과 특징을 모두 보여주고, 도시구조적인 측면도 모두 알려주는 것 같다. 신시가지와 구시가지, 그 주변을 둘러싼 아름다운 전원의 모습들, 에든버러가 더욱 아름다운 것은 평지가 아닌 경사지가 조화롭게 잘 구성되어 있어 입체적으로 보이기 때문이다. 도시 안에 신과 구, 자연을 모두 포함한다. 좋은 도시란 오래된 것이 구석구석에 잘 버텨주고, 새로움과 오래됨이 잘 엮여 있는 곳이다.

그런 이유에서인지 1985년 유네스코에서는 이곳의 신시가지와 구시가지를 묶어 세계문화유산으로 지정했다. 프린스가를 경계로 남쪽에는 구시가지, 북쪽에는 신시가지가 해안까지 자리 잡고 있다. 11세기에 에든버러성이 만들어지기 시작하면서 성채를 비롯한 많은 관광 명소가 조성되었고, 에든버러성은 도시를 대표하는 랜드마크가 되었다. 성은 시내를 한눈에 내다볼 수 있는 높은 지대에 서 있다. 17세기 초까지 스코틀랜드왕이 살았던 곳으로, 안에는 당시의 유물들이 전시되어 있으며, 대관식 때 사용하던 '운명의 돌'도 볼 수 있다.

에든버러성과 홀리루드하우스궁전은 과거 왕의 전용도로였던 1.6km 길이의 돌길 로열마일로 연결된다. 구시가지의 중심도로라 할 수 있는 로열마일에는 왕가의 거처 이외에도 많은 건축물이 즐비해 있다. 영화에서 엠마와 덱스터가 손잡고 달려가는 장면에서 보이는 계단이 연이어져 있던 곳 역시 바로 구시가지의 중심 로열마일이다.

5 단 하루를 살아도 가고 싶은 장소: 고혹적인 에든버러

'걷고 싶은 도시'란 '걸어서 즐거운 도시'다. 이는 거대한 스케일로 단일화된 것이 아니고, 섬세하며 사람 눈높이에서 다양한 모습이 눈앞에 펼쳐지는 즐거운 도시공간이다. 연인들은 화려하고 번쩍거리는 상업 거리가 아닌, 에든버러 같은 역사와 문화가 넘치고 예상치 못하는 만남이 이루어질 수 있는 공간을 원한다.

청초한 소녀의 아름다움과 우아한 연인의 성숙함을 함께 지닌 고혹적인 매력의 에든버러는 너무 아름다워 꿀처럼 달콤하면서도 그곳에 빠지면 녹아들만큼 신비함과 마력이 있다. 거리에는 신비감과 우울함이 공존하고, 건물에는 다양함과 화사함이 있다. 하늘에서는 구름과 바람이 마법을 부리고, 기후는 감성과 사랑을 안겨준다. 단 하루를 살아도 함께하고 싶은 사랑이 에든버러일 수밖에 없는 이유다.

4장

인디언이 남긴 대자연의 품속에
첨단문명이 자리하다, 시애틀

남인희 │ 제2대 전행정중심복합도시건설청장

| 스페이스 니들(Space Needle)과 시애틀 전경

| 시애틀의 잠 못 이루는 밤(1993)
감독: 노라 에프론
출연: 톰 행크스, 맥 라이언, 빌 풀
만, 로스 맬링거 외

1 영화의 줄거리

　이름부터 매력적인 도시, 자유로운 영혼들
이 모여 사는 인디언의 고향, 주민 대안의 도시
계획이 수립된 도시, 에메랄드 도시, 운명적인
사랑에 빠진 사람을 잠 못 이루게 하는 도시,
내가 가장 좋아하는 도시. 이러한 헌사로 시애
틀을 표현하기에는 여전히 부족하다. 시애틀
은 인구 65만 명의 아담한 도시지만 그 위상만
큼은 인구 1천만 명의 도시가 부럽지 않다.

　필자가 1993년에 개봉된 영화 〈시애틀의

38

잠 못 이루는 밤(Sleepless in Seattle)〉을 보면서 이런 멋진 로맨틱 영화의 배경으로서 시애틀이 안성맞춤이라는 생각이 든 것은 아마도 이 도시의 아름다움에 더해 자유로운 영혼이 곳곳에 스며 있기 때문일 것이다. 여자 주인공 멕 라이언(Meg Ryan)의 청순한 이미지 또한 이 영화가 큰 울림을 주는 데에 일조했다는 사실에 나는 수긍할 수밖에 없다.

영화의 줄거리는 다음과 같다. 건축가 샘 볼드윈(톰 행크스, Tom Hanks)은 시카고에서 아들 하나를 두고 아내와 행복한 가정을 꾸리던 중 아내를 암으로 잃으며 새로운 삶을 찾고자 시애틀로 이사를 온다. 한편 볼티모어의 신문 기자 애니 리드(멕 라이언)는 남자 친구와 결혼을 앞두고 있다. 그런데 샘 볼드윈의 아들이 아빠의 외로움을 달래주고자 라디오 방송국에 사연을 신청한

다. 운전을 하며 이 방송을 듣던 애니 리드는 어쩐지 이 남자에게 끌려 자신의 운명적인 파트너일지도 모른다는 엉뚱한(?) 생각을 하게 된다. 이런 마음 때문에 약혼자도 점점 멀리하고 시애틀로 샘 볼드윈을 찾아가지만 다른 여자와 만나는 광경을 목격하고는 돌아온다. 운명적인 만남이란 존재하지 않는다고 결론을 내린 그녀는 약혼자를 다시 가까이하려 하지만 이상하게도 마음이 내키지 않아 결별을 선언한다. 그러고는 우여곡절 끝에 뉴욕 엠파이어 빌딩에서 샘 볼드윈과 정말 운명적으로 만나게 된다.

2 시애틀의 이름 유래

시애틀이라는 이름은 인디언 추장의 이름을 본따 붙였는데, 이는 추장에 대한 경의와 그 정신을 모두 포함하고 있을 것이다.

워싱턴 대추장(아마도 미국의 대통령을 말하는 듯)이 우리의 땅을 사고 싶다는 연락을 해왔다. 그러나 나는 이해할 수 없다. 어떻게 당신들은 하늘과 땅을 사고 팔수 있다고 생각하는가? 그것은 우리들에게 참으로 이해하기 힘든 이상한 일이 아닐 수 없다.

우리들은 반짝이는 물과 바람의 상쾌함을 소유하고 있지도 않은데 어떻게 그것을 우리들로부터 사겠다고 하는가? 이 땅의 모든 것은 우리들에게는 신성한 것들이다. 반짝이는 모든 나무와 해안, 깊은 숲속의 안개, 초원 그리고 노래하는 모든 벌레들 말이다. 이 모든 것들이 우리들에게는 추억과 경험을 통해서 신성한 것들이되는 것이다.

…….

만일 우리가 우리의 땅을 판다면, 바람이 우리에게 소중하다는 것을, 바람이 우리를 도와 그것의 영혼을 나눠주고 있다는 것을 기억해야 한다. 바람은 우리의 조상들이 처음으로 내쉰 숨소리이면서 한숨이다.

바람은 또한 우리의 아이들에게 삶의 영혼을 알려준다. 따라서 만일 우리가 우리의 땅을 판다면 그대들은 들판의 꽃들에 의해 향기로운 바람의 속삭임을 여전히 느낄 수 있는 곳으로 간직하고 신성히 여겨야만 할 것이다.

그대들은 그대들의 아이들에게 우리가 우리의 아이들에게 가르쳤던 것들을 가르치겠는가? 이 땅이 우리의 어머니라는 사실을?

…….

새 생명이 어머니의 심장 고동 소리를 사랑하듯, 우리는 이 땅을 사랑한다. 그래서 만일 우리가 이 땅을 판다면, 우리가 이 땅을 사랑했던 것만큼 이 땅을 사랑하라. 우리가 이 땅에 신경을 썼던 만큼 신경 써야 한다.

이 글은 서부 개척 시대인 1854년 미국 대통령 프랭클린 피어스(Franklin Pierce)가 파견한 백인 대표들이 스쿼미시 인디언들을 위협하면서 그들의 땅을 팔 것을 제안한 데에 대한 추장 시애틀(Chief Seattle)의 답변이다. 미국 독립 200주년 기념 고문서의 비밀해제를 계기로 120년 만에 빛을 본 편지의 일부다.

3 시애틀의 환경

미국 서부 북단에 위치한 시애틀은 위도가 47.5°나 되어, 우리와 비교하면 대한민국 국경을 넘어 블라디보스토크와 비슷하다. 그러나 지중해성 기후로 인해 여름엔 무더우며, 겨울에는 비가 많이 내리고 따뜻하다. 그래서 포도 재배량도 캘리포니아 다음으로 많다. 연간 화창한 날씨가 55일 정도에 불과해 습도가 높은 도시다. 커피 소비가 많은 것도 이런 기후 때문일 것이다. 위치를 보면 엘리오트만과 길이가 약 40km에 달하는 담수호인 워싱턴호 사이의 좁은 땅에 자리 잡고 있는데, 아시아와 알래스카의 관문항으로서 아름다운 경관의 세계적인 항만(선창의 길이가 무려 80km)을 자랑한다. 1914년 파나마 운하가 완공되어 중요성이 더욱 높아졌고, 1916년 엘리오트만과 워싱턴호 사이의 운하도 완공되어 물류거점이 되었다.

재미있는 것은 로마와 마찬가지로 일곱 개의 언덕 위에 세워진 도시로 알려져 있는데, 거듭된 도시설계와 대규모 간척사업으로 지금은 그 원형을 찾을 수 없다는 것이다. 어느 도시나 마찬가지겠지만 시애틀은 봄에 더욱 멋있다. 항구 주위의 언덕마다 형성된 주택지구의 풍광은 봄마다 바다를 배경으로 더욱 환상적으로 피어난다. 영화 〈시애틀의 잠 못 이루는 밤〉에서 건축가 톰 행크스의 집으로 등장한 로맨틱한 수상가옥 보트하우스가 500여 개나 해안선을 따라 즐비하게 늘어서 있는 모습을 볼 수 있다.

| 시애틀 워터프런트(Seattle Waterfront)

4 시애틀의 역사와 도시계획

시애틀은 1800년대 후반 벌목 사업으로 번창하기 시작했다. 중국인 노동자가 대거 유입되면서 백인 실업자가 증가했고, 급기야 1885년에는 반중국인 폭동이 일어나기도 했다. 1889년에는 대화재가 발생하여 도심지가 완전히 파괴되어 폐허로 변했다. 그러나 1889년부터 유콘강 클론다이크 금맥이 발견되어 골드러시로 많은 사람들이 모여들면서 도시가 확장되었다. 시애틀은 유콘이나 알래스카로 향하는 관문도시였기 때문에 번창할 수 있었다. 1909년 알래스카-유콘퍼시픽 박람회를 계기로 더욱 유명해졌으며, 제1차 세계대전 당시에는 조선산업으로 호황을 누리기도 했다. 대공황이 닥쳤을 때에는 침체되기도 했으나, 보잉사가 크게 성장하고 1979년에 마이크로소프트사가 옮겨오면서 도시가 되살아났다. 그 후 아마존닷컴, 리얼네트워크 등의 기술업체들이 자리 잡으면서 1990년대에 들어 인구가 크게 증가했다.

도시계획도 이러한 역사와 산업의 흐름과 밀접한 관계가 있다. 전술한 1889년 대화재 시 도심지에 들어차 있던 목조건물이 거의 소실되었다. 원래 이 지역은 표고가 낮아 하수설비가 불량해 오물이 역류하는 일이 비일비재했다. 그래서 대화재 이후 1층을 매립하는 대규모 도시개발 계획이 수립되었다.

이에 따라 신시가지는 구시가지보다 약 7m 높은 지대에 건설되었다. 자동차 도로는 기존 도로를 이용하고, 건물과 인도만 2층 높이에 건설하다 보니 아이들이 차도로 떨어지는 일이 빈번했다. 그래서 차도 등도 모두 2층 높이로 건설했다는 일화는 유명하다. 당시 묻혀버린 건물 1층은 현재 언더그라운드가 되어 관광자원이 되었다.

또 한 가지 유명한 역사는 시민대안 도시계획이다. 1984년 시애틀시 당국은 기존의 도시계획을 크게 바꾼다. 민간이 건설하는 사무소 건물에 보유시설, 임대주택, 소공원 등을 포함시킬 경우 규정 이상의 개발을 허용하는 이른바 인센티브 조닝(Incentive Zoning) 제도를 도입한 것이다. 이에 따라 원래 30

| 아마존 시애틀 본사(Amazon Corporate Headquarters)

층으로 제한되었던 건물이 보너스를 얻어 60층까지 올라가는 등 도시 전체에 개발 붐이 일었다. 그러나 과도한 개발 분위기를 걱정하는 시민들이 많아졌고 1988년 시민들은 마침내 시민대안계획을 세우기에 이른다. 우리말로 모자를 뜻하는 'cap'으로 불린 시민대안계획은 매년 새로운 개발의 용량을 제한하고, 도심부 전역의 용적률을 낮추며, 건물 높이를 정해줌으로써 고층 개발을 막는 것을 골자로 했다. 시민대안계획이 세워지자 부동산 개발업자들과 건설회사 들은 대대적으로 반대 활동을 했지만, 1989년 실시한 시민투표에서 62%의 찬 성으로 가결되어 시애틀의 정식 도시계획으로 채택되었다(정석, 2000).

　일련의 과정을 보면서 필자는 이런 생각을 해봤다. 시애틀 추장과 인디언들 의 자연을 사랑하는 영혼의 희원(希願)이 몇 세대를 지나도 살아 숨 쉬고 있는 것이 아닌가 하고……

　그러나 최근 도심지에서는 개발 붐이 다시 일고 있다. 1994년에 설립된 세 계 최대의 전자상거래 기업 아마존 본사가 2007년 이곳으로 이주하고, 규모가 급성장한 아마존을 따라 바이오, IT 벤처기업들이 몰려들자 토지이용 규제를 어느 정도 풀지 않을 수 없는 상황에 이르렀다. 도심의 인구가 급증하면서 주택가격과 임대료도 급등하고 있는 실정이다. 새로운 성장동력을 확보하기 위해서는 토지이용규제 완화가 불가피하겠지만 자연 사랑을 당부한 인디언의 정신은 계승되기를 바랄 뿐이다.

5 시애틀의 명소들

시애틀에서 가장 활기찬 곳을 보려면 100년 전통의 재래시장인 파이크 플레이스를 찾아야 한다. 과일, 채소, 해산물 등 식료품은 물론 화훼점, 음식점, 공예품점이 즐비한 곳이다. 특히 농민들이 직접 재배한 각종 유기농 농산물을 들고 나와 판매하는 파머스 마켓도 빼놓을 수 없는 명소다. 이곳에는 1971년부터 시작한 스타벅스 1호점도 있다. 스타벅스는 우리나라 사람들이 가장 선호하는 커피 전문점이기도 하다. 워낙 많은 관광객이 기념품을 사기 위해 줄

| 파이크 플레이스(Pike Place)

| 스타벅스 1호점(The 1st Starbucks)

을 서기 때문에 조용한 곳은 아니다. 이 가게에서는 스타벅스의 초창기 로고를 사용한다. 지금 쓰이고 있는 녹색 바탕이 아니라 갈색 바탕에 다른 모습의 여신이 그려져 있다. 지금 로고에 있는 여신은 그리스 신화에 나오는 '세이렌(Siren)'인데, 선원들을 달콤한 노래로 유혹하여 죽음에 이르게 한다. 커피맛으로 사람들을 유혹하려고 이런 로고를 생각해 냈을지도 모를 일이다.

스타벅스에는 여러 가지 스토리텔링이 숨어 있다. 스타벅스는 숭고한 자연에 도전하는 인간의 집착과 어리석은 탐욕과 망상을 그린 허먼 멜빌(Herman Melville)의 소설 『모비 딕(Moby Dick)』에 나오는 일등항해사의 이름에서 따왔다고 하는데, 이 사람이 커피를 좋아한다는 점에서 착안해 작명한 것으로 유명하다. 1912년에 창업한 스타벅스는 원래 원두만 파는 가게였다고 한다. 그래서인지 최고 품질의 프리미엄급 에스프레소를 마실 수 있는 곳이 시애틀 스타벅스 리저브다.

시애틀 야경의 중심에는 시애틀을 상징하는 랜드마크인 '스페이스 니들'이 있다. 비행접시 모양의 건물인데 끝부분이 바늘처럼 뾰족한 모양을 하고 있

으며, 지상 150m 되는 곳에 서울타
워처럼 회전식 레스토랑이 있어 식
사하면서 시애틀 전경을 구경할 수
있다. 시애틀은 스페이스 니들을
빼놓고 보더라도 우주와 관련이 많
다. 항공우주 기업 보잉의 본사도,
주요 우주산업 기업과 우주 클라우
드 파트너십을 맺은 마이크로소프
트의 본사도 시애틀에 위치해 있
다. 지금은 해체된 시애틀의 NBA
농구팀 슈퍼소닉스(초음속) 팀명 또
한 항공 산업체가 많다는 점에서 유
래한 것이다.

| 스페이스 니들(Space Needle)

6 영혼의 도시, 시애틀

시애틀을 영혼의 도시라 부르고 싶다. '영혼'을 인디언 말로는 '가슴속의 가
슴'이라고 한다. 참으로 절묘한 표현이다. 인디언 추장이 그들의 영혼이 깃든
신성한 대지를 문명인이라 일컫는 자들에게 넘겨주면서 그들이 사랑했던 만
큼 이 땅을 사랑하라고 했던 그 당
부가, 아직도 시애틀라이트의 가슴
과 가슴을 따라 전해져 오는 듯한
느낌이 드는 신성한 도시다.

비록 외형적으로는 보잉, 마이크
로소프트, 아마존닷컴 등 첨단 문

명들이 파고들긴 했지만, 시애틀 대지를 신성시하는 인디언들의 정신은 이어
질 것으로 기대한다. 시애틀 근교에 살고 있는 마이크로소프트사의 빌 게이츠
(Bill Gates) 회장이 재산을 사회에 환원한 것도 인간이 자연에 빚지고 있다는
시애틀의 전설적 에스프리에 닿아 있을 것이다.

참고문헌

정석. 2000.9.18. "시민이 세우는 도시계획". ≪지역내일≫. https://www.localnaeil.com/News/View/1393.

5장

율리시스의 서사가
일상에서 재현되는 도시, 더블린

서민호 | 국토연구원 연구위원, 미국 국무부 풀브라이트(Fullbright) 방문학자

| 리피강(River Liffey)과 더블린 시내

1 더블린에서 만난 또 하나의 현대적 서사

더블린 그래프턴가에서 버스킹하는 '그(글렌 핸사드, Glen Hansard)'와 체코에서 이주해 와 거리에서 잡지와 꽃을 팔며 생계를 꾸려가는 '그녀(마르케타 이르글로바, Markéta Irglová)'. 두 번째 만난 날 그들은 사우스 그레이트 조지가의 월턴이라는 악기점 구석에서 낡고 구멍 난 어쿠스틱 기타와 피아노를 연주하며 그가 만든 노래를 함께 부르기 시작한다.

| 원스(2006)
감독: 존 카니
출연: 글렌 핸사드, 마르게타 이르글로바,
앨리이스테어 폴리, 캐서린 핸사드 외

······ I don't know you. But I want you. All the more for that words fall through me. And always fool me and I can't react(난 당신을 모르지만, 난 당신을 원해요. 그래서 난 더욱더 할 말을 잃고, 늘 바보였던 것처럼 어쩔 줄 모르겠네요). ······

아카데미수상위원회가 매우 엄격했던 그동안의 규정을 이례적으로 적용하면서까지 오스카상을 수여하고자 했던 영화 〈원스(Once)〉의 주제가인 「Falling Slowly」는 마르케타 이르글로바가 제80회 아카데미상 시상식에서 "우리가 서로 얼마나 다르든 간에 결국에는 우리 모두가 연결될 수 있을 것"이라고 얘기한 것처럼 거리에서 살아가는 젊은 예술가들의 꿈과 용기, 사랑과 희망을 우리에게 들려준다.

영화 〈원스〉는 아일랜드의 수도 더블린에서 3주라는 짧은 시간 동안 핸디캠 두 대만을 가지고 촬영된 아일랜드 출신 존 카니(John Carney) 감독의 2006년 작 저예산 독립영화로, 이 시대를 살아가는 모든 인디 음악인들과 젊은 예술가들을 위한 영화다. 영화는 거리에서 노래를 부르는 '그'가 그의 노래에 담긴 슬픔과 희망을 응원하는 거리의 소녀 '그녀'를 만나고, 이후 그녀의 응원에 힘입어 오디션을 보기 위한 앨범까지 녹음한 뒤에 런던으로 떠난다는 단순한 플롯으로 구성되어 있다. 86분의 러닝타임 동안 관객에게 보여주는 장면은 '그'와 '그녀'의 어설픈 대화와 하다 만 사랑 이야기, 약간 촌스럽기도 한 어쿠스틱한 음악과 배경이 되는 더블린의 일상적 도시 풍경뿐이다. 영화는 단지 더블린의 어느 거리에서 만난 두 남녀의 일상을 시간의 흐름에 따라 담담히 비춘다.

그럼에도 불구하고 〈원스〉가 불러일으킨 반향은 실로 놀라웠다. 선댄스 영화제와 더블린 영화제 관객상, 아카데미 영화주제가상은 차치하고라도, 미국에서 두 개 관으로 개봉한 독립영화가 불과 80일 만에 140여 개

관으로 상영관을 늘린 경이적인 기록을 보이며, 종국에는 관객들이 선정한 '2007년 최고의 영화'가 되었다. 수많은 영화에서 보았던 그 흔한 멜로나 액션, 남녀 간의 갈등이나 해피엔딩도 등장하지 않는 〈원스〉가 이렇게 많은 이들에게 사랑과 찬사를 받으며 오래도록 기억되는 이유는 무엇일까. 대부분의 관객들은 "이 영화는 뮤지컬의 진정한 미래다. 화려함과 웅장함이 아닌 수수함과 절제의 설득력을 보여준다"라는 ≪뉴욕타임스≫ 비평에 공감할지 모른다. 하지만 필자에게 영화 〈원스〉는 젊은 예술가들의 삶과 꿈이 더블린이라는 도시를 통해 융해되어 드러나는, 마치 『율리시스(Ulysses)』의 21세기적 오마주 같은, 더블린에 대한 또 하나의 정통적이고 현대적인 서사로 다가온다.

2 율리시스의 현대적 오마주, 〈원스〉

아일랜드가 낳은 세계적 문호 제임스 조이스(James Joyce)는 20세기 영문학의 대표적 작품 『율리시스』를 끝낸 직후 이런 말을 한 적이 있다. "나는 항상 더블린에 대해 쓴다. 내가 더블린의 심장에 다가간다는 것은 세계 모든 도시의 심장에 다가간다는 말이다. 그 세부 속에 전체가 담겨 있다." 『율리시스』는 1904년 6월 16일 아침 8시부터 그다음 날 오후 2시까지 더블린에서 일어난 18개 장면을 하나의 단편적 서사로 엮어 풀어낸, 영문학 사상 가장 독특하고 현대적인

| 제임스 조이스(James Joyce) 조각상과 얼 스트리트(Earl Street)

대작이다. 표면적으로는 스티븐과 블룸 부부가 하루 동안 더블린에서 겪는 사건들에 대한 기록이지만, 우리의 삶을 지배하는 생각이나 규범들이 우연이나 관념적 이미지에 기인할 수 있음을 일상의 세밀한 묘사를 통해 이야기한다. 제임스 조이스가 22살의 나이에 그의 조국 아일랜드를 떠나 영원한 방랑의 길로 들어서기 전까지 더블린 곳곳의 거리와 주점을 하염없이 방랑했기 때문에서인지, 『율리시스』에는 20세기 초 더블린의 사회상과 그곳을 살아가던 이들의 우울하고 냉소적인 모습들이 매우 생생하게 기록되어 있다.

　〈원스〉에 대해 이야기하기 전에 『율리시스』에 대해 장황하게 설명하는 이유는, 〈원스〉 역시 『율리시스』처럼 더블린 거리에서 만난 남녀 간의 일상적 모습을 관찰자적 장면 구성을 통해 현실적 서사의 이미지들을 전달하고 있기 때문이다. 〈원스〉에서는 결코 많지 않은 인물들 간의 만남을 마치 다큐멘터리처럼 관찰자의 시선으로 담아내는 화면구도가 중요한 역할을 한다. 특히 대화만으로는 전혀 짐작할 수 없는 주인공들의 내적 심리를 영화 곳곳에 삽입된 그들의 음악을 통해 간접적으로 전달하는 뮤지컬과 같은 구성이 영화 속 감정의 흐름을 이해하는 중요한 실마리로 작용한다. 이러한 구성은 제임스 조이스가 단 하루의 이야기를 현대적 서사로 묘사하기 위해 의도한 『율리시스』의 심리적 구성, 즉 더블린 거리의 모든 사소한 사물과 풍경, 인물들의 생각이나 감정, 여기서 떠오르는 연상이나 무의식을 극도로 세밀하고 현실적이면서도 있는 그대로 묘사한 것과 상당히 유사하다. 이제부터 〈원스〉가 어떻게 더블린만의 서사적 이미지를 전달하는지 몇 가지 사건을 중심으로 이야기해 보자.

3 역사와 예술, 젊은 영혼이 하나로 융해되는 도시

어느 날 밤 더블린 그래프턴가. 거리에서 버스킹하는 '그'를 먼발치에 있는 관객이 조명하는 듯한 시선과 함께 〈원스〉의 오프닝 크레디트가 올라간다.

이제 조금 알 것 같아. 이해하는 데에 오랜 시간이 걸렸어…….

조용한 어쿠스틱 기타 반주로 담담히 노래를 시작하던 '그'는 가사에 담긴 심경을 격정적인 노래와 기타 반주로 분출하기 시작한다. 아무 관객도 없이 홀로 거리에서 노래를 부르던 '그'가 자신의 노래 속으로 빠져드는 순간, 먼 발치에 머물던 카메라의 시선이 점점 그에게 다가가며 '그'의 얼굴과 몸짓을 통해 드러나는 내적 심상을 보여준다. 3분이 넘는 시간 동안 아무런 대사도 없는 다큐멘터리식 롱테이크로 거리 공연을 담담히 보여주는 장면이다. 그러나 관객은 더블린 거리의 스산한 밤 풍경과 그 속에서 버스킹하는 한 남

자의 사랑과 슬픔, 외로움에 대한 이야기를 거리의 한 행인의 시선에서 점점 '그' 남자 자신이 되어 들여다보는 것처럼 느낀다. 노래가 끝나고 단 한 명의 관객인 '그녀'가 박수치는 장면이 롱테이크로 이어지면서, 관객은 이전의 그 시선이 마치 '그녀'의 시선일 수도 있다고 생각하게 된다. 이어지는 '그'와 '그녀'의 짤막한 대화를 통해 우리는 '그녀' 역시 거리에서 잡지를 팔며 살아가는 또 한 명의 젊은이고, '그녀'가 '그'의 노래에 담긴 사랑과 그리움을 가슴 깊이 이해하고 있으며, 그러한 진심을 노래로 부르는 '그'와 좀 더 이야기하고 싶어 하는 그녀의 열망을 타자의 시선으로 관찰하게 된다.

이 상황은 세계 어느 도시에서도 생길 수 있는 하나의 평범한 장면으로 치부될 수 있다. 그러나 영화 속 도시 풍경이나 등장인물 간의 대화, 그리고 연주되는 노래의 분위기를 조금만 깊게 관찰해 보면, 이 상황이 더블린에서만 일어날 것 같은 독특한 서사적 이미지를 담고 있다는 사실도 유추할 수 있다. 먼저 영화 속에 등장하는 '그'의 버스킹은 우리에게도 잘 알려진 아일랜드 출신 싱어송 라이터 데이미언 라이스(Damien Rice)나 밴 모리슨(Van Morrison)을 떠오르게 한다. 헤어짐의 기로에 선 연인들의 슬픔과 애절함이 절실히 담겨 있는 가사에서부터, 조용한 기타 반주로 독백처럼 시작된 노래가 격정적 내면의 외침으로 고조되고, 다시 체념적 독백처럼 마무리되는 음악적 구성, '그'의 단순한 버스킹에서 데이미언 라이스나 밴 모리슨 같은 분위기가 자연스럽게 떠오르는 것은, 아마도 '그'의 노래가 아일랜드 특유의 정서를 담고 있기 때문일 것이다.

잘 알려진 것처럼 아일랜드는 우리를 뛰어넘는 한(恨) 많은 질곡의 역사가 있다. 아일랜드인 스스로가 자신들의 나라를 "이 세상에서 가장 슬픈 나라"로 부를 만큼, 아일랜드는 800년에 걸친 잉글랜드의 식민지배로 고통받았다. 또한 1845년부터 시작된 7년간의 대기근으로 인구의 절반이 아사(餓死)하거나 다른 나라로 유랑할 수밖에 없었던 슬픈 역사를 갖고 있다. 그래서인지 아일랜드의 문학이나 음악 속에는 우리 한국인이 공감할 수 있는 한과 슬

| 하프브리지(Harp Bbridge)

품, 고독과 그리움의 정서가 깊이 배어 있고, 아일랜드의 예술인들은 그들의 역사 속에 축적된 문화와 정서를 간직하고 표출하기를 포기하지 않았다. 그 결과 아일랜드는 그들만의 예술혼을 담은 세계적 대문호나 걸출한 음악가들을 많이 배출해 왔다. 버나드 쇼(Bernard Shaw), 윌리엄 예이츠(William Yeats), 새뮤얼 베케트(Samuel Beckett)와 같은 노벨문학상 수상자는 물론이고, 세계 최정상의 밴드 U2와 웨스트라이프(Westlife), 독특한 음악세계를 구축한 에냐(Enya) 등 수많은 뮤지션들이 아일랜드만의 혼(魂)과 정서를 그들의 작품에 담아내고 있다.

더블린 도심에는 새로운 건물이 많지 않다. 100년 이상 된 역사적 건물들이 즐비하게 존치되어 있으며, 제임스 조이스나 새뮤얼 베케트의 작품 속에 등장하는 장소들도 대부분 보존되어 있다. 그래서 현재의 더블린을 걷는 것은 100년 전 문학작품 속의 더블린을 걷는 행위가 된다. 실제로 더블린에서는 매해 6월 16일 『율리시스』의 주인공 블룸의 일과를 그대로 재현하는 '블룸즈데이(Bloomsday)' 행사가 개최되고 있으며, 새뮤얼 베케트의 희곡에 등장한 인상적 장면들을 직접 그 장소에서 재현하는 행사를 자주 개최한다.

더블린만의 전통적 분위기는 오래된 흔적을 간직한 도시 풍경만으로는 완성되지 않는다. 더블린 거리를 걷다 보면 일상적인 모습들로 치부하기에는 너무나도 다양한 음악가, 화가, 행위예술가들의 버스킹을 목격할 수 있다. 자세히 살펴보면 그들은 더블리너뿐만이 아닌 세계 각국에서 여행을 온 또는 체류하기 위해 온 젊은 예술가들로 구성되어 있음을 알 수 있다. 아일랜드 특유의 정서를 결합한 이들의 버스킹에 주변 행인들이 자연스럽게 참여하여 춤을 추고 함께 노래하는 모습, 더블린에서는 이것이 너무나도 일상적이다. 그래서인지 더블린은 늘 젊은이들로 가득 차 있다. 실제로 더블린은 30대 이하 인구 비율이 40%를 넘는, 세계에서 가장 젊은 도시이기도 하다. 그리고 그 젊은이들이 표현하는 예술적 에너지와 질적 수준 역시 다른 도시들을 뛰어넘는다. 이렇듯 더블린에서만 느낄 수 있는 역사와 문학, 예술이 하나가 된 듯한 모습은 더블린이 1991년 유럽 문화 수도, 2010년 유네스코 문학 도시로 지정되면서 인정받고 있다.

| 그래프턴가(Grafton Street)

4 사람이 공간의 주인이 되어 삶의 역사를 만들어가는 곳

　그래프턴가 어딘가에서 바라본 행인의 시선처럼 멀리서 줌인 되는 '그'와 '그녀'의 두 번째 만남. 사우스그레이트 조지가의 커피점 사이언스 플레이스의 창문 너머로 흐릿하게 반사되어 비추는 '그'와 '그녀'의 짧은 대화. 거리 건너편 악기점 월턴에서 즉흥적으로 연주되는 '그'의 자작곡과 '그녀'의 합주. 그리고 다시 조지가 아케이드 어딘가로 행인들의 일부가 되어 사라지는 '그'와 '그녀'의 모습. 10분 남짓한 시간 동안 화면을 채우는 이 장면들은 우리가 거리에서 흔히 볼 수 있는 평범한 사람들 간의 대화나 움직임과 크게 다르지 않다. 굳이 특별하다고 할 만한 것은 악기점에서 연출되는 '그'와 '그녀'의 즉흥적 노래와 합주뿐인데, 이 역시 더블린의 여타 악기점에서 흔히 볼 수 있는 일상적인 모습일 뿐이다. 하지만 관객은 이렇게 평범하고 일상적 장면들에서 '그'와 '그녀'가 음악적 열정을 공유하고, 그들의 우연한 만남이 서로에게 운명처럼 작용할 수 있음을 예감한다. 그와 그녀의 짧은 대화와 눈빛 교환, 즉흥연주 속 노래 가사나 제스처만으로도 우리는 거리에서 우연히 만난 두 남녀 사이에 어떤 교감이 시작되고 있음을 느끼는 것이다.

　그들의 두 번째 만남은 영화 속에서 '그'와 '그녀'의 이야기를 본격적으로 형성해 가는 중요한 사건이다. 그러나 그 만남에 등장한 장면들 속에 녹아든 도시 풍경들은 관객들이 더블린이라는 도시를 다양하게 상상할 수 있게 만드는 또 하나의 이야기를 전달한다. 영화 속에서 '그'가 버스킹하고 '그'와 '그녀'가 만나던 더블린의 그래프턴가는 실제로도 거리를 걷거나 배회하기에 편하고, 거리에 멈춰서 쉬거나 구경하기 좋으며, 많은 볼거리와 이벤트로 학습하고 타인과 소통할 수 있는 공간이다. 세계적 도시설계가 얀 겔(Jan Gehl)이 좋은 공공 공간에서 발생할 수 있다고 분류한 필수적·선택적·사회적 활동 모두가 이곳에서는 일상처럼 하나가 되어 펼쳐진다. 〈원스〉에서 묘사된 더블린 어느 거리의 극히 사실적인 모습은, '도시에 이런 공간이 많으면 얼마나 좋을까, 만약 그렇다면 영화의 주인공처럼 나에게도 우연한 만남이 하나의 인생 이야기로 현실에서 벌어지지 않을까'라는 생각을 은연중에 관객에게 전달하는 중요한 장치가 된다.

더블린의 그래프턴가는 약 110년 전 제임스 조이스가 거닐던 더블린 거리들과 크게 다르지 않다. 더블린에는 100여 년의 역사를 간직한 건물과 상점들이 아직도 많이 있고, 『율리시스』에서 블룸이 샌드위치와 버건디를 즐기던 데비번스나 아일랜드 독립 영웅 마이클 콜린스(Michael Collins)가 즐겨 찾던 더 듀크 같은 펍들도 여전히 영업을 하고 있다. 이러한 역사와 공간들이 거리에 즐비해서인지 세계 각국의 관광객이나 이방인들은 더블린 거리를 걷는 행위만으로도 수백 년간 축적된 더블린의 문학적·예술적 자산들과 온전히 결합하여, 자신이 무언가 스토리를 갖는 현대적 서사의 한 장면을 연출하고 있다는 느낌을 받게 된다.

더블린 거리가 과거와 현재, 문학과 예술이 온전히 융해된 매력적인 모습을 간직한 데에는 그 누구보다 더블리너들의 애정이 크게 작용했다. 조지 스트리트 아케이드가 19세기 후반 화재로 소실되었을 때는 시민들의 자발적 모금운동을 통해 그 공간의 복원이 가능했다. 12년 전 그래프턴가의 상징적 공간인 뷸리스 오리엔탈 카페가 폐업할 위기에 처했을 때는 시민들의 캠페인과 정치가들의 노력으로 그 공간을 유지할 수 있었다. 18세기부터 현재에 이르는 오랜 역사의 흔적을 고스란히 간직한 더블린 거리는 특정한 몇몇에 의해 갑자기 형성된 것이 아닌, 더블리너 모두가 수백 년간 조금씩 만들고 보존해 온 온전한 시민의 거리인 것이다. 그래서 더블린 거리에서는 거리를 구성하는 모두가 이방인이 아닌 주인처럼 행동하고, 격식을 갖추지 않은 다양한 이벤트와 만남이 매우 자연스럽게 일어난다. 그곳에 있는 모두가 온전히 도시 공간의 주인으로 활동하고, 다양한 모습의 사람들을 경험하며, 서로의 이야기를 함께 나눌 수 있는 곳, 바로 그곳이 더블린이다.

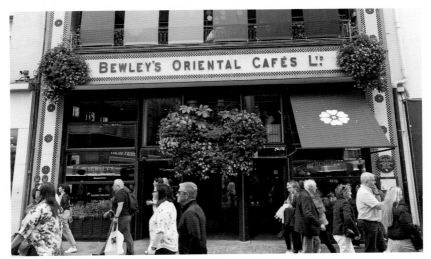

| 불리스 오리엔탈 카페(Bewley's Oriental Cafe)

5 지금도 만들어지고 있을 더블린만의 서사

〈원스〉의 더블린, 그리고 110년 전 『율리시스』에 기록된 또 하나의 더블린. 더블린에는 여전히 사람들이 살아가는 이야기가 있고, 사람들이 생활하는 풍경이 있다. 여느 유럽 도시 못지않게 많은 역사적 건축물이 있고, 수많은 예술가들의 터전이 된 곳. 인류 역사상 최악으로 기록된 대기근의 고통을 겪은 가난한 농업국을 탈피하여 국민소득 5만 달러와 완전고용 신화를 달성한 켈틱 호랑이(Celtic Tiger)의 심장. 세계 10대 IT기업의 유럽 헤드쿼터 중 아홉 개가 위치해 있으며, OECD에서 선정한 가장 비즈니스하기 좋은 10대 도시 중한 곳. 인구 50만 명이 채 안 되는 유럽 변방의 작고 오래된 도시 더블린이 세계적 도시들 사이에서 찬란히 빛날 수 있는 이유는, 아마도 그곳에서 살아가는 사람들이 빛나기 때문일 것이다. 그리고 그 속에서 더블린을 살아가는 수많은 사람들의 이야기를 발견할 수 있기 때문일 것이다.

사람들이 머물고 소통하기 좋은 거리와 도시적 풍경, 그리고 그 속에서 일어나는 일상적이지만 다채로운 소통과 이벤트는 많은 젊은이들과 예술가들이 더블린을 그리워하게 하는 원천이다. 그리고 그들이 더블린을 노래하고 더블린의 모습을 그리워할 때마다 더블린은 더욱더 많은 기억과 작품들 속에서 살아 숨 쉬며 정통적인 모습으로 역사에 새겨진다. 이것이 바로 더블린을 더블린이게 하는 진정한 가치다. 사람들이 살아가는 진솔한 모습에 주목하게 되는 곳. 누군가의 평범한 이야기가 하나의 거대한 서사로 다가올 수 있는 곳, 그곳 더블린에서 오늘은 또 어떤 이의 서사가 펼쳐지고 있을지 궁금해진다.

6장
비키, 크리스티나, 바르셀로나

김동근 | 국토연구원 연구위원

| 사그라다 파밀리아 대성당(Sagrada Familia Cathedral)과 바르셀로나

1 영화에 대하여

〈내 남자의 아내도 좋아(Vicky Cristina Barcelona)〉. 다소 도발적이면서 자극적인 제목의 이 영화는 영화감독 우디 앨런(Woody Allen)과 스칼릿 조핸슨(Scarlett Johansson), 페넬로페 크루스(Penélope Cruz)가 한 영화에 등장한다는 점 하나만으로도 꽤 많은 영화 애호가 사이에서 화제가 된 영화이다. 스칼릿은 〈어벤져스〉 시리즈 등을 통해 할리우드에서 널리 알려졌고, 후안 안토니오 역을 맡은 스페인 출신의 배우 하비에르 바르뎀(Javier Bardem)은 칸 영화

| 내 남자의 아내도 좋아(2009)
감독: 우디 앨런
출연: 스칼릿 조핸슨, 페넬로페 크루
스, 하비에르 바르뎀, 레베카 홀 외

제, 골든글러브 등의 시상식에서 다수의 상을 받으며 연기력을 인정받았다. 그리고 페넬로페 크루스는 이 영화를 통해 2009년 아카데미 시상식에서 여우조연상을 받았으며, 우디 앨런도 골든글러브 시상식 뮤지컬 코미디 부문 작품상을 수상했다.

그렇다고 해도 〈내 남자의 아내도 좋아〉라는 국내 개봉 제목만 봐서는 이 영화 도대체 뭔가 싶기만 하다. 이 영화의 원제는 '비키 크리스티나 바르셀로나'이다. 그리고 이 제목에 모든 것이 들어 있다.

영화는 카탈루냐에 관심이 많은 건축학도 비키(리베카 홀, Rebecca Hall)가 절친한 친구 크리스티나(스칼릿 조핸슨)와 함께 여름휴가를 보내기 위해 바르셀로나에 도착하는 장면으로부터 시작한다. 겉으로는 학구적이고 이성적이지만 솔직하지 못한 성격의 비키, 자신의 욕망에 지극히 충실하면서도 현실과의 괴리를 느끼는 크리스티나, 이 두 사람 앞에 후안 안토니오(하비에르 바르뎀)가 나타난다. 그리고 대뜸 어이없는 제안을 한다. "나와 함께 오비에도*로 날아가서 주말을 보냅시다." 크리스티나는 그의 제안에 덜컥 동

• 오비에도는 아스투리아스의 주도(主都)로, 바르셀로나에서 스페인 북부 해안 쪽으로 약 600km 떨어진 곳에 있다.

의해 버리고, 보호자 역할을 자처하는
비키는 크리스티나를 따라나선다.

　여기까지 줄거리를 보면, 이 영화
는 어디까지나 아름다운 여성들을 유
혹하는 한 유부남과, 알면서도 아찔한
매력에 빠져 허우적대는 불륜을 다룬
영화에 지나지 않는다. 더욱이 그들 앞에 후안의 이혼한 아내 마리아 엘레나
(페넬로페 크루스)가 갑자기 행패를 부리며 나타났을 경우에는 말이다. 마리아는
넘치는 재능과 정서적 불안정이 함께하는 위험한 마녀 같은 인물로 등장한다.

　국내 개봉명 〈내 남자의 아내도 좋아〉라는 제목이 조금 과한 감이 있지만,
어쨌거나 이 영화는 후안 안토니오로 인하여 변화하는 비키, 크리스티나라는
두 인물의 상반된 시점과 가치관을 보여주는 데에 초점을 맞추고 있다.

　하나같이 불안정한 등장인물들인 크리스티나, 후안, 마리아는 오히려 새로
운 인간관계 속에 안정된 일상을 형성한 반면, 평범하면서도 일상적인 삶을
추구한 비키와 약혼자 더그(크리스 메시나, Chris Messina)는 오히려 내적 갈등 상
황에 놓인다는 것이 이채롭다.

2 영화의 세 번째 주인공, 바르셀로나

　이 영화에서는 이들 등장인물 말고도 제3의 주인공이 있다. 영화감독 우디
앨런이 직접 지은 영화 제목 'Vicky Cristina Barcelona'에서 볼 수 있듯이, 영
화의 세 번째 주인공은 바로 바르셀로나가 아닐까.

　비키와 크리스티나는 바르셀로나에 오면서 일상에서 벗어나 가보지 않은
새로운 길을 걷기 시작한다. 바르셀로나에서 일어날 수 있는 일들, 아니 바르
셀로나가 아니면 일어나지 않을 일들, 우디 앨런 감독은 카탈루냐가 가진 독

특한 예술적 향기와 문화를 후안 안토니오와 마리아 엘레나라는 인물을 통해 묘사하고, 이를 영화라는 매력 넘치는 그릇에 담아 내놓았다. 이 모든 것은 바르셀로나가 아니면 맛볼 수 없는 것들이다. 감독은 각 인물의 행동과 감정 변화를 묘사하는 과정 속에서 바르셀로나의 역사적, 문화적, 예술적 자산이 영화의 곳곳에 포진하도록 했다. 영화는 처음부터 비키와 크리스티나를 통해 호안 미로(Joan Miró)와 건축가 안토니 가우디(Antoni Gaudi)라는, 바르셀로나가 낳은 가장 유명한 예술가를 소개하고 보여주는 것으로 시작한다.

3 바르셀로나와 안토니 가우디

영화에는 가우디가 설계한 총 4개소의 건축 작품이 등장한다. 사그라다 파밀리아 성당, 구엘 공원, 카사 밀라, 구엘 파빌리온.

| 카사 밀라(Casa Mila)

그들의 눈에 가장 먼저 띄는 것은 사그라다 파밀리아 성당의 높고 좁은 첨탑이다. 1882년 이래 계속 건설 중인 이 성당은, 영화에서는 마치 옥수수 같은 네 개의 첨탑을 보여주지만 건설이 완공되면 총 18개의 첨탑이 세워질 예정이다. 170m에 달하는 주탑은 향후 이 성당의 모습을 완전히 탈바꿈시킬 정도로 거대하다. 보는 방향에 따라 다른 인상을 주는 점이 특이한데, 익히 알려진 동쪽 벽은 탄생의 벽으로, 세밀하면서도 복잡한 기풍으로 예수 탄생과 관련된 모습을 조각해 놓았

| 구엘 파크(Park Guell)

다. 반면, 서쪽 벽과 내부는 모던하면서도 현대적인 모습을 띠고 있으며 재료도 석재가 아닌 콘크리트로 제작되는 등, 200년여에 걸쳐 그 시대상을 담아온 역사적인 건축물로 가치가 높다. 가우디의 건축 계획안에 따르면 성당의 남쪽 부분이 도로를 넘어서 인접 블록 일부를 차지하고 있기 때문에 향후 주변 지역까지 자연스레 재개발이 이루어질 예정이다.

이어서 이상한 휴머노이드 석상 사이를 헤매는데, 이곳은 1912년 완공된 가우디의 카사 밀라로 바위를 뚫어 만든 건축물 같다는 의미에서 라페드레라(la Pedrera, 채석장)라고도 불린다. 물결치는 외관과 함께 독특한 옥상과 굴뚝이 유명한데, 건축 당시나 지금이나 변함없이 디자인의 논란이 끊이지 않는다. 현재 건물 내부는 1900년대 초 바르셀로나 부호들의 생활상을 보여주는 전시장으로 이용되고 있다.

세 번째 가우디의 작품은 비키가 오비에도에서 바르셀로나로 돌아온 뒤에 후안 안토니오와 마주칠 때 등장한다. 구엘 파크는 바르셀로나 도심 북쪽의

| 람블라 거리(Las Ramlas)

산기슭에 자리 잡고 있다. 당초에는 주택과 정원이 어우러진 고급 주택단지로 만들어질 계획이었으나, 상업적으로 실패하고 건축주인 구엘이 바르셀로나 시에 매각하면서 현재는 시립 공원으로 조성되었다. 구엘 파크는 경사진 토지를 십분 활용해 정문의 경비실 건물(현재는 기념품 판매소)에서 계단을 지나, 도리스식(Doric) 기둥, 그 위의 광장까지 입체적인 공간구성을 보여준다. 특히 광장과 테라스 아래 계단 사이의 분수와 다양한 색상으로 뒤덮인 용 조각상이 유명한데, 영화에서도 비키와 안토니오는 바로 용 조각상 앞에서 만나게 된다.

구엘 파크는 화려한 타일과 섬세한 곡선으로 초현대적으로 디자인된 진입부와 테라스가 유명하지만, 구엘 파크의 대부분은 자연주의 작가인 가우디의 면모를 유감없이 보여준다. 주변에 흩어진 돌을 쌓아 올린 가교는 구엘 파크의 또 다른 얼굴로서, 가우디는 비정형의 자연석을 불규칙하면서도 교묘하게 배치해 고딕양식의 건축물로 재탄생시켰다. 동시에 카탈루냐 특유의 거친 돌과 메마른 자연을 도시 안에서 느낄 수 있게 해준다.

네 번째 가우디의 작품은 영화의 후반부에 등장한다. 후안 안토니오는 비키를 구엘 파빌리온 앞으로 불러내는데, 이때 구엘 별장의 철제 용무늬 대문과 마구간 및 건축물 일부가 보인다. 이 구엘 파빌리온은 구엘과 가우디의 만남을 상징하는 건축물로서, 이곳이 마음에 들었던 구엘은 이후 모든 건축을 가우디에게 맡기게 되었고, 구엘의 후원 속에서 구엘 저택, 구엘 파크 등이 탄생한다.

이 영화는 가우디의 작품 이외에도 바르셀로나의 다채로운 모습을 담고 있다. 비키-더그 커플과 크리스티나-후안 커플은 오래되었지만 여전히 매력적인 테마파크인 티비다보에서 여가를 즐기고, 크리스티나는 마리아 엘레나와 함께 시우타데야 파크 분수에서 사진을 찍기도 한다. 그 외에도 산파우 병원, 국립 카탈루냐 미술관 등을 볼 수 있다.

4 보행자를 위한 도시

특히 크리스티나가 사진작가로 첫걸음을 내딛으면서 꽃가게가 늘어선 거리 사진을 찍는데, 이곳이 바로 람블라 거리이다. 카탈루냐 광장에서 크루즈항 터미널 근처의 포트 벨까지 이어지는 쇼핑가인 이곳은 바르셀로나의 중심지로서 약 1.3km의 보행 전용도로로 조성되어 있다. 두 줄로 늘어선 오래된 가로수 아래에 꽃가게를 비롯한 상점과 많은 관광객이 몰려들어 활기찬 공간을 이룬다. 람블라 거리를 중심으로 보케리아 시장, 구엘 저택, 레이알 광장, 콜럼버스 탑 등 각종 명소들이 포진해 있기도 하지만, 행위예술가와 음악가, 화가 등 거리 예술인이야말로 람블라 거리의 주인이라 할 수 있다. 이 지역은 좁고 긴 골목들과 고풍스러운 건축물, 아늑함을 주는 광장, 지역 주민과 관광객에게 쉼터를 제공해 주는 분수와 가로수에 이르기까지 유럽 도시 건축문화를 보여주는 좋은 사례라 할 수 있다. 바르셀로나를 느끼고 싶다면, 한 번쯤은 람블라 거리의 인파 속에서 노상 카페에 앉아 커피를 마시며 지나가는 행인과 상점을 구경하는 관광객을 평화롭게 바라보는 것도 좋을 듯 싶다.

5 역사와 전통을 지키려는 보이지 않는 노력

영화에서는 드러나지 않지만, 바르셀로나가 아름다운 도시로 꼽히는 데에는 단지 가우디 같은 건축가가 지은 독특한 건축물이 있기 때문만은 아니다.

바르셀로나는 그 어떤 도시보다 도시계획에 따라 조성된 계획도시이며, 이 도시계획 지침은 200년 가까이 시간이 흐른 지금도 여전히 그 힘을 발휘하고 있다. 바르셀로나는 18세기까지 도시를 방어할 목적으로 고딕양식의 성벽을 쌓았다. 그러나 산업혁명기에 들어서며 인구가 폭증하고 주택, 산업시설 등에 대한 개발 압력이 커지면서 도시의 성벽은 도시 확장을 어렵게 하는 요인이 된다. 결국 도시의 성장은 한계에 다다르고, 도시환경은 날로 악화되었다. 이때 등장한 인물이 일데폰스 세르다(Ildefons Cerdà)로, 세르다의 도시설계를 통해 바르셀로나는 근대도시이자 계획도시로 탈바꿈하게 된다.

세르다는 격자구조의 도로망을 갖춘 신시가지 에이샴플레를 계획하고, 도시 블록의 기본단위로 가로와 세로가 113m인 정사각형 블록 '만사나'를 제안했다. 각 블록에는 57m×57m의 중정을 두어 채광과 통풍을 위한 공간인 동시에 지역 주민이 공동으로 이용하는 공공공간을 조성했다. 건축물은 최대 7층으로 지었으며 이 중 지상 1층은 상업용도, 2층부터는 주거용도로 활용했다 (부이쒸정장 · 송대호, 2015). 건축물은 도로에 맞추어 건축선을 지정하되, 도로와 도로가 만나는 가각 부분은 사선으로 조성하여 시각적 답답함을 줄이도록 했다. 바르셀로나 도시계획 지침에 가우디도 예외는 아니어서, 영화에 등장한 카사 밀라나 카사 바트요도 가우디만의 자유로운 건축양식을 보여주는 동시에 엄격한 세르다의 도시설계 틀을 지키고 있다.

| 에이샴플레(Eixample)

이러한 정사각형 블록의 도시설계는 현시점에도 유효한데, 예를 들어 주차장이 필요한 요즘 시대에 맞추어 중정 높이를 2층으로 조정하고, 1층과 지하부는 공용 주차장을 조성하는 등 도시 계획의 틀 안에서 현대적으로 재해석하려 노력 중이다.

이처럼 바르셀로나는 카탈루냐 문화와 가우디의 예술혼으로 가득 찬 공간인 동시에, 아름다운 도시로서의 역사와 전통을 지키려는 보이지 않는 노력의 결과물이다. 그러한 점에서 뉴욕만을 영화 소재로 삼았던 대표적인 뉴요커 영화감독 우디 앨런이 이 영화를 통해 뉴욕을 벗어난 것일지도 모르겠다.*

참고문헌

부이꿰쩡장·송대호. 2015. 「세르다의 도시활력 개념을 적용한 바르셀로나 도시계획 특성에 관한 연구」. ≪대한건축학회연합논문집≫, 17권 2호.

* 참고로, 우디 앨런 감독은 영화에 여전히 뉴욕을 등장시키고 있다. 비키의 남자 친구 더그가 비키에게 전화를 했을 때, 오래된 범선이 정박된 뉴욕의 사우스가 항구 모습을 엿볼 수 있다.

7장
위기를 새로운 삶의 기회로, 개척의 도시 시카고

송준민 | 제이콥스플래닝앤디자인㈜ 대표

| 시카고 전경

1 감각을 환기하는 물, 바람과 빌딩숲의 도시

미국 중서부의 산업과 교통의 중심지, 두툼한 시카고 피자, 시카고 건축학파, 마이클 조던(Michael Jordan), 록그룹 시카고(Chicago), 시카고 컵스와 시카고 화이트 삭스, 재즈와 블루스, 시카고 마피아 보스 알 카포네 등, 시카고 하면 떠오르는 요소들이다. 시카고에 처음 방문했을 때 마주한 도시의 풍경은 매우 이질적이면서도 운치 있게 느껴졌다. 그 이질감은 필자의 시야를 압도하는, 어마어마한 규모로 빽빽이 들어선 건물들에서 온 것이었고, 그 빌딩숲을 사이에 두고 도시 중앙을 가로지르는 운하와 그를 따라 들어선 바와 레스토랑, 그곳에서 흐르는 재즈와 블루스, 운하를 타고 불어오는 바람이 조화를 이루며 낭만을 불러왔다.

 도시 전체를 아우르는 마천루가 이루는 빌딩숲이 삭막하고 비인간적인 분위기를 조성할 법도 한데, 시카고는 활기차고 다채로우며 생동감이 넘치는 표정을 하고 있었다. 미시간호를 따라 정렬된 100년이 넘는 건축사들은 여러 '때'가 공존하며, 시간의 흔적을 풍부하게 만들어준다. 즉, 시카고에는 제인 제이콥스(Jane Jacobs), 리처드 플로리다(Richard Florida) 등 여러 도시학자가 매력적이고 창조적인 도시가 되기 위한 중요 요소로 꼽는 다양성(이 경우에는 시각적 다양성이 더 맞을 듯하다)이 존재한다. 오래된 건물과 유명 건축가들이 설계한 초고층 건물들은 각자의 개성을 자랑하면서도 조화롭게 어울려 절묘한 스카이라인을 형성한다. 영국 소설가 하버트 웰스(Herbert Wells)가 1910년에 발표한 소설 『잠에서 깨어났을 때(When the Sleeper Wakes)』에서 200여 년 만에 잠

| 미시간 애비뉴(Michigan Avenue)와 두세이블브리지(DuSable Bridge)

71

| 내 남자친구의 결혼식(1997)
감독: 폴 존 호건
출연: 줄리아 로버츠, 더멋 멀로니,
캐머런 디아스 외

에서 깨어난 주인공이 규모가 커진 런던을 보고 놀랐던 것이 이런 느낌이었을까. 크루즈를 타고 시카고의 지평선을 감상하는 것은 필자에게 새로운 시각적 경험이었다. 강변을 가로지르는 50여 개의 철교는 그곳에 깃든 역사와 추억을 보여준다.

시카고는 물리적인 경관에서 느낄 수 있는 '시간'의 흔적과 함께 물과 바람이라는 자연적 요소를 통해 '공간'을 경험할 수 있다. 시카고는 미시간호의 남쪽 끝 근변에 있다. 1848년 미시간호와 일리노이주의 미시시피강, 시카고강이 인공운하로 연결되고, 1860년 철도가 개통되면서 시카고는 국가의 주요 거점도시가 되었다. 대규모의 내륙항이 형성되고 제조업, 물류기지가 들어섬에 따라 금융도시로 발전한 것이다. 이 미시간호에서 사시사철 바람이 불어와 시카고는 '바람의 도시'로 불리기도 한다. 미시간호의 오크가 해변과 도심을 가로지르는 운하, 세계의 다른 어느 도시와 비교해도 그만의 독특한 시각적 풍경을 제공하는 건축물들의 향연, 그곳에 불어오는 촉각을 곤두세울 정도의 바람, 그리고 청각을 자극하며 도시에 흐르는 재즈와 블루스는 시카고를 특권적 공간으로 만들기에 충분했다.●

2 '내 남자친구의 결혼식' 속의 시카고

영화의 오프닝은 아니 디프랑코(Ani DiFranco)의 「Wishin' and Hopin'」이

● 특권적 공간이란 특정 장소에 대한 이해와 향유를 기반한 개념으로 그곳에 걸음을 멈추게 하거나 산책하고 싶게 만드는, 매력적인 공간을 말한다(오하라 가즈오키, 2008: 24~25).

라는 음악과 함께 시작한다. 아무리 바라고 원해도 표현하지 않으면 사랑을 이룰 수 없다는 가사로 영화 전체의 내용을 내포하고 있다. 9년간 우정과 사랑 사이를 오가던 이성 친구 마이클 오닐(더멋 멀로니, Dermot Mulroney)의 갑작스러운 결혼 소식에 뒤늦게 그에 대한 자신의 감정을 깨달은 줄리언 포터(줄리아 로버츠, Julia Roberts)가 자신의 사랑을 되찾기 위해 그의 결혼식 전야제에 참석한다. 영화는 줄리언이 마이클과 그의 예비 신부 킴벌리 윌리스(캐머런 디아스, Cameron Diaz)의 결혼식을 막기 위해 고군분투하는 모습을 그린다. 호건 감독은 영화에서 사랑의 다양한 모습과 방식을 보여준다. 특히 사랑에 서투른, 사랑 표현에 인색한 줄리언과 사랑에 열정적이며 그 사랑으로 빛나는 킴벌리는 선명히, 상이한 사랑의 방식을 드러낸다. 음치인 킴벌리가 노래방에서 사랑하는 약혼자를 향해 "당신을 위해서라면 뭐든지 할 수 있다"라고 외치던 노래, 「I Just Don'

t Know What to Do with Myself」는 그녀의 영화 속 캐릭터를 잘 드러내는 노래이다. 줄리언은 먼 길을 돌아 자신의 감정을 깨닫지만 결국 그 사랑을 떠나보낸다. 영화는 삶 가운데 만날 수 있는 각기 다른 형태의 사랑을 보여준다. 그리고 '영원히 행복하게 살았습니다'라는 공식 대신 삶 속에서 여러 형태의 사랑으로 함께 호흡을 맞추며 춤을 추어 나가자고 전한다.

도시의 이미지들이 영화에 활용되는 경우가 있다. 예컨대 뉴욕은 〈섹스 앤 더 시티(Sex and the City)〉 혹은 〈악마는 프라다를 입는다〉와 같은 영화에서 젊은 여성들의 소비 형태나 라이프스타일을 그릴 때 배경으로 등장한다. 이러한 영화들에서 도시는 단순히 이미지나 배경으로 사용되는 것이 아니라, 도시 문화를 드러내는 역할, 혹은 중요한 미장센의 도구로 사용되기도 한다. 시카고 또한 많은 영화의 배경이 되었다. 〈다크나이트(The Dark Knight)〉에서는 고담의 배경 도시가 되었고, 뮤지컬 영화 〈시카고(Chicago)〉에서는 관능과 재즈, 갱스터 문화가

지배하던 1920년대의 도시의 뒷골목을 그려냈다. 이는 모두 도시의 핵심적 인상을 잡아내어 특정 이미지를 영화에 투영한 것이다.

〈내 남자친구의 결혼식(My Best Friend's Wedding)〉의 시카고는 대도시가 부각시킨 현대성에 호응하는 근대적 도시문화와 도시의 소비문화를 도시경관(레스토랑, 상점, 대형 고급 호텔 등), 인물들의 도시 경험, 등장인물을 통해 나타낸다. 1920년대에 독일 문예평론가 발터 벤야민(Walter Benjamin)에게 백화점은 19세기 말부터 인류 사회를 지배해온 소비지상주의를 이끈 상징물이었다. 이 영화에서는 킴벌리와 마이클이 결혼을 준비하며 백화점에서 쇼핑하고, 예복을 맞추는 장면 등의 과정을 담아 그것들을 드러낸다. 특히 시카고 다운타운의 거리 중에 멋진 건물과 화려한 상점이 많은 미시간 대로 주변, 유니온리크 클럽과 힐튼 호텔의 콘래드 힐튼, 드레이크 호텔, 77 웨스트 와커 오피스 등의 장소가 등장한다.

영화 속 주인공들의 캐릭터나, 그들의 도시 경험을 통해 시카고의 특성이 드러나기도 한다. 여주인공 킴벌리는 화이트 삭스 구단주의 딸이자 시카고 대학교의 건축학도로 누구나 떠올릴 수 있는 시카고의 특징적 요소를 보여준다. 이 과정에서 레이크 쇼어 드라이브와 코미스키 파크도 등장한다. 또한 결혼식이 열리는 저택에서 마이클을 쫓아가는 줄리언을 보며 하객들이 "그녀는 뉴욕에서 왔다"라고 하는 대목에서는 시카고인과 뉴요커의 차이를 살짝 엿볼 수 있다.

영화 전체에 흐르는 활기차고 따뜻한 분위기와 미시간 호숫가, 시카고 건물 전경의 낭만적인 모습이 어우러진다. 줄리언과 마이클이 보트 위에서 춤을 추는 애틋한 장면에서는 운하를 따라 낭만이 흐르는 빌딩숲의 모습을 아름답게 담아낸다.

| 시카고 시어터(Chicago Theater)

3 문화와 자본 사이, 그 어디쯤

시카고는 1871년에 도시의 반 이상이 불타는 대형 화재를 겪었다. 요즘은 마천루하면 뉴욕이 먼저 떠오르지만, 수직 도시 번영의 혁명은 시카고에서 시작되었다. 대화재 이후 도시를 재건하는 과정에서 피해 복구를 위해 대니얼 버넘(Daniel Burnham), 루트 웰본(Root Wellborn) 등 재능 있는 건축가들이 시카고로 모여들었고, 이것은 훗날 시카고학파의 출현으로 이어졌다. 철골 건축물 분야의 선구자가 된 그들은 철저한 도시계획과 함께 다양한 현대식 건물의 건축을 시도하여 시카고는 미국 최대의 마천루를 가진 도시로 다시 태어났다. 소실된 땅은 건축 실험의 놀이터가 되었고 세계 첫 마천루(홈 인슈어런스 빌딩, 1885년 당시 높이 60m), 시어스타워(442m), AON센터(346m), 존 행콕 센터(344m) 등이 기술과 자본을 상징하며 우뚝 들어섰다. 직사각형의 강철구조, 자연광을 받기에 적합한 넓은 유리창들은 상업적인 활기를 더해주어 많은 기업가들의 관심을 모왔고, 1950년 중반부터 고밀도의 상업지구가 형성되었다. 또한 화재 후 남은 건축물을 보존하여 과거 시카고의 흔적을 남기고자 노력했다. 대표적인 사례로는 시카고 워터 타워가 있다. 1909년 버넘이 중심이 되어 고안한 '시카고 플랜'은 시민의 복리와 효율성을 높이는 데에 목표를 두고, 교통·산업·상업 네트워크의 효율성을 높이고자 했다. 시카고는 물류와 상공업의 중심지였으므로 고속도로 건설, 도로의 확장과 직선화, 철도망 재편을 추진하는 교통체제의 정비와 확장이 주요 사안이었으며, 도시 전역에 걸쳐 공원을 조성하고, 녹지 체계 및 수변 지역을 개선하며, 도시 심장부에 시빅 센터를 조성하도록 구상했다.

　이렇게 계획적인 도시 시카고는 즉흥연주처럼 자유로운 영감을 주는 요소들이 도시 깊숙이 흐른다. 도심에 흐르는 재즈 운율은 콘크리트 건물의 투박한 외관을 감미롭게 변화시킨다. 1920년대까지 시카고는 재즈의 중심지였고, 머디 워터스(Muddy Waters), 척 베리(Chuck Berry) 같은 유명 가수가 시카고에서 활동했다. 시카고에 흐르는 블루스처럼 이 영화는 서사와 함께 음악이 어우러져 흐른다. 「Wishin' and Hopin'」이라는 오프닝곡을 시작으로, 줄리언이 거짓으로 약혼자를 만들어 마이클의 질투를 유발하는 장면에서 다이애나 킹(Diana King)의 「I Say a Little Prayer」를 영화 속 인물들이 합창하는 모습이 인상적으로 그려졌으며, 결혼식이 열리는 저택에서 킴벌리, 마이클, 줄리언이 각자의 사랑을 향해 질주하는 모습 뒤로 흐르는 재키 드 섀넌(Jackie De Shannon)의 「What the World Needs Now is Love」도 그들의 이야기와 잘 어우러진다. 2005년에 문을 연 밀레니엄 파크는 최근 시카고의 상징으로 주목받는 곳이다. 그 안에는 건축의 거장 프랭크 게리(Frank Gehry)가 설계한 프리츠커 파빌리온 등 인상적인 공공 미술품들이 도시재생 수단으로서 도시의 비전을 공유하며 자리 잡고 있다. 도시 곳곳에 흩어져 있는 필드 자연사박물관, 시카고 미술관 등의 다양한 박물관도 다양한 문화와 예술을 접할 수 있는 공간이다.

　도심 한복판에 있는 호숫가의 넓은 땅이 부동산업자들의 이익을 위한 공간이 아니라 야외음악당으로 변모한 것은 시카고가 단순히 마천루로 촘촘히 채

| 밀레니엄 파크(Millennium Park)

워진 인공도시가 아니라 예술과 자연이 함께 호흡하는 문화도시이며, 인간주의적 가치를 지향한다는 것을 잘 보여준다. 도시는 발터 벤야민의 예술이론 개념인 '아우라'를 발산하는 현재성과 일회성을 가진 예술작품이 아니라, 끊임없이 변화하는 살아 숨 쉬는 생명체와 같다. 빼곡히 들어선 마천루의 모습은 도시의 '살아 있는 문화'보다는 '전시된 문화'로 드러나는 듯하다. 공간을 이용하는 시민들은 그곳을 체험하기보다 관람자나 관찰자의 입장에서 바라보게 된다는 이야기다. 하지만 그 안에 담은 인본주의적 가치, 흔적(도시의 정체성)을 담으려는 노력, 체험할 수 있는 공간(다양한 예술, 문화 콘텐츠를 통하여), 그리고 이러한 도시공간 곳곳을 누비고 향유하는 사람들이 도시에 활력을 더해줌으로써 시카고는 자본과 문화 사이 그 어디쯤에서 팽팽한 줄다리기를 하며 진화하는 듯이 보인다.

4 개척의 삶: 자신의 노래를 찾아서

〈내 남자친구의 결혼식〉에는 돌이킬 수 없는 삶의 찰나들이 스며들어 있

| 프리츠커 파빌리온(Pritzker Pavilion)

다. 결혼을 앞둔 마이클이 줄리언과 마지막으로 둘만의 시간을 보내기 위하여 보트를 타는 장면이 좋은 예이다. 그곳에서 "누군가를 사랑하면 사랑한다고 즉시 크게 말해. 그렇지 않으면, 그 순간은 그냥 지나가 버릴 거야"라는 킴벌리의 말을 전한 마이클에게 줄리언은 끝끝내 자신의 마음을 고백하지 못한다. 영화에서 보트는 다리를 지나 나오며 잡을 수 없는 그 순간을 지나쳐간다. 그리고 어둠을 지나 새로운 시작을 암시하듯이 환한 햇살을 맞이한다.

화마가 휩쓴 아픈 기억을 안은 시카고는 위기의 상황에 복구와 재건에 집중했고, 화려한 신도시로 빠르게 부활했다. 19세기 급성장의 대명사로서 미국 인구조사에 등장한 지 50년 만에 인구가 200배 이상 증가했다. 제인 제이콥스가 활기차고 다양하며 에너지가 넘치는 도시는 자기 재생의 씨앗이 된다고 말한 것처럼, 시카고의 역동적 특징은 미국 발전의 원동력인 개척자 정신의 거울처럼 비쳤으며(박진빈, 2010), 시카고를 개성 있는 도시로 탈바꿈시키는 힘이 되었다. 줄리언은 현재의 순간에 충실하지 못했던 대가로 사랑을 놓쳐야 했지

만, 시카고라는 도시는 현재의 상황을 받아들이고, 그에 대해 도전하고 개척하는 노력으로 오늘날의 모습을 갖추었다.

영화의 마지막에 줄리언은 새로운 시작을 맞이하는 신랑과 신부에게 줄리언과 마이클의 노래였던 「The Way You Look Tonight」를 선물한다. 그녀가 사랑을 떠나보내며 새롭게 맞이하는 시작 앞에서. 류시화 작가는 『새는 날아가면서 뒤돌아보지 않는다』에서 어느 아프리카 동부의 한 부족은 영혼이 자신만의 노래를 가지고 있다고 믿는다고 소개한다. 모두가 이 세상에 오는 이유와 목적이 다른 것처럼, 각자의 노래도 모두 다르다고 생각한다는 것이다. 류시화 작가는 이 부족이 실제로 존재하는지와 상관없이, 모든 인간에게는 자신만의 노래가 있다고 이야기한다. 대화재 이후 위기에서 그들만의 노래를 찾아 나가고 있는 시카고의 모습이 떠오른다. 시각에 따라 해피엔딩일 수도 아닐 수도 있는 영화의 결말. 위기를 겪고 일어나 도약하는 시카고처럼, 줄리언에게 던져진 새로운 시작을 응원한다. 사랑을 하면서도 그 사랑을 온전히 누리지 못했던 우리 안의 모든 줄리언을 응원하며……

참고문헌

박진빈. 2010. 「미국적인, 너무나 미국적인: 개척의 도시 시카고」. 《내일을 여는 역사》, 41호., 208~229쪽.
류시화. 2017. 『새는 날아가면서 뒤돌아보지 않는다』. 서울: 더숲.
오하라 가즈오카(大原 一興). 2008. 『마을은 보물로 가득차 있다』. 김현정 옮김. 서울: 아르케.

8장

역사의 도시 보스턴, 미국의 정신을 엿보다

임동우 | 홍익대학교 건축도시대학원 교수

| 보스턴 항(Boston Harbor)의 스카이라인

1 역사의 도시 보스턴

　보스턴은 한국인들에게도 매우 잘 알려져 있는 미국의 도시다. 사실 보스턴이 그리 크지 않은 도시인데도, 한국인을 비롯한 많은 외국인들에게 잘 알려진 이유는 아마도 지역의 유수한 학교나 미국의 역사와 관련 있을 것이다. 미국의 독립선언은 실제로 필라델피아에서 이루어졌지만, 영국으로부터 독립전쟁이 시작된 곳이 보스턴이었다. 그보다 앞서 영국의 청교도들이 메이플라워호를 타고 1620년 미국으로 넘어와 도착한 곳도 보스턴 인근의 케이프코드

곳이다. 이러한 태생적 배경 때문인지, 보스턴은 미국의 독립기념일이 되면 미국인들이 찾는 제1의 관광지가 된다. 그야말로 미국의 역사가 살아 숨 쉬는 도시이기 때문이다. 지금은 뉴욕의 화려함이나 샌프란시스코의 자유로움 등에 가려져 무언가 세련되지 못한 느낌의 도시로 보이지만, 보스턴은 그동안 미국의 도시 역사를 만들어온 주역이었으며, 현재도 새로운 역사를 써나가고 있다. 보스턴은 미국에서 제일 처음으로 대학교가 설립된 곳이고, 제일 처음 지하철이 도입된 곳이다. 최근에는 북미 지역에서 가장 큰 공사 중 하나였다는 빅 딕(Big Dig: 고속도로 I-93의 지하화사업) 프로젝트로 도시를 공부하는 사람들에게는 매우 흥미로운 도시가 아닐 수 없다. 우리에게는 잘 알려져 있지 않지만 보스턴은 행정구역에 속하는 상당 부분의 땅을 간척사업을 통해 얻었으며, 산업으로는 집카(Zipcar)나 페이스북과 같은 스타트업 기업들이 태동한 곳이기도 하다. 작은 도시이지만, 이러한 다양성과 역동성이 있어 그런지 제인 제이콥스는 물론이고, 케빈 린치(Kevin Lynch), 루이스 멈퍼드(Lewis Mumford) 등 여러 도시학자들은 보스턴을 참고하여 이야기들을 많이 풀어낸다.

그런 반면, 보스턴은 영화의 배경으로 그다지 각광받는 도시는 아니다. 뉴욕이나 시카고처럼 화려하지도 않고 서부의 로스앤젤레스나 샌프란시스코처럼 자유로운 분위기의 도시도 아니다. 그나마 보스턴을 배경으로 한 우리에게 익숙한 영화로는 〈러브 스토리(Love Story)〉를 비롯해 〈굿 윌 헌팅(Good Will Hunting)〉, 〈소셜 네트워크(The Social Network)〉, 〈21〉 등이 있다. 물론 이마저도 행정구역상으로는 보스턴에 접해 있는 케임브리지의 하버드와 MIT를 배경으로 한 영화들이긴 하다. 다만 최근 들어 보스턴에서 영화 관련 산업을 지원하면서 이전보다는 많은 영화들을 보스턴에서 촬영하고 후반작업을 하기도 한다. 하지만 이러한 영화들은 애당초 영화사에 주는 인센티브를 고려해 배경을 설정해서 그런지, 그다지 보스턴의 정취를 담아내지 못하고 있다. 그나마 국내에서도 꽤 알려진 은행 강도를 다룬 영화 〈타운(The Town)〉은 과거 보스턴의 악명 높았던 찰스타운이라는 동네를 무대로 삼아 보스턴의 모습을

| 디파티드(2006)
감독: 마틴 스콜세지
출연: 리어나도 디캐프리오, 맷 데이
먼, 잭 니콜슨 외

굉장히 잘 보여준다.

하지만 오늘 소개하고 싶은 영화는 따로 있다. 우리에게는 홍콩영화 〈무간도(無間道)〉의 리메이크작으로 더 잘 알려져 있고, 리어나도 디캐프리오(Leonardo Dicaprio)가 주연을 맡아 유명한 영화 〈디파티드(The Departed)〉이다. 또 영화에 관심 있는 사람이라면 누구나 알고 있는 리얼리티의 거장 마틴 스코세이지(Martin Scorsese)가 감독을 했기에 더 관심이 가는 영화다. 게다가 브래드 피트가 제작했다는 사실은 덤이다. 사실 마틴 스코세이지와 리어나도 디캐프리오는 영화 〈더 울프 오브 월스트리트(The Wolf of Wall Street)〉, 〈갱스 오브 뉴욕(Gangs of New York)〉, 〈에비에이터(The Aviator)〉 등 많은 작품을 함께 했는데, 〈디파티드〉는 어찌 보면 배우의 색깔이 가장 덜 드러난 것 같기도 하다. 그런데도 이 영화는 〈무간도〉라는 느와르를 어떻게 서양 문화권에 녹여낼지를 상당히 고민한 것으로 보인다. 이러한 노력이 인정되어 2007년 아카데미에서 작품상, 감독상, 각색상, 편집상 등을 수상했다(역시 남우주연상은 받지 못했다).

2 이민자의 도시들

감독은 왜 느와르 장르의 영화를 연출하면서 시카고도 뉴욕도 아닌 보스턴을 택했을까. 그동안 수많은 갱영화가 시카고와 뉴욕을 배경으로 제작되었다. 그런데 왜 굳이 학자 이미지가 강한 보스턴을 배경으로 〈디파티드〉를 찍었을까. 아마도 이는 미국 역사에서 보스턴이 이민자들, 특히 영화의 등장인물들이 주를 이루는 아일랜드계 이민자들이 만들어낸 역사와 이미지가 강하게 남아 있는 곳이기 때문일 수도 있다. 우리가 이미 알고 있듯이 미국은 이민자의 나라이며 이민자들 간의 경쟁과 암투, 차별이 만연한 나라이다. 그중 보스턴은 사실 한국인들에게는 잘 알려져 있지 않았지만 1970년대까지도 미국에서 인종차별과 인종 간 갈등이 가장 심했던 도시로 유명하다. 이러한 이유에서 인종이나 출신 지역에 따라서 거의 자신들만의 폐쇄적인 커뮤니티를 이루고 살았고, 〈디파티드〉는 그중에서도 아일랜드 이주민들이 모여 살았던 사우스보스턴 일대를 무대로 하고 있다.

보스턴과 아일랜드 하면 사실 제일 먼저 떠오르는 것은 우리에게도 잘 알려진 존 F. 케네디(John Fitzgerald Kennedy)이다. 지금은 보스턴 출신 아일랜드계가 미국 정계를 주름잡고 있지만, 사실 예전에는 매우 폐쇄적이고 공격적이었다. 지금도 보스턴은 아일랜드계 출신이 시장을 하고 있는데, 이러한 공공조직뿐 아니라 건설노동조합이나 상인조합 등 여러 계층의 단체들이 아일랜드계에 의해 움직이고 있다. 이는 〈디파티드〉의 출연자 대부분이 백인인 것과 무관하지 않다. 당시 보스턴은 경찰이건 갱이건 공무원이건 할 것 없이 대부분 백인, 특히 아일랜드계 이민자들이었고, 이는 영화 초반 빌리(리오나도 디캐프리오)가 경찰학교 흑인 동기에게 "넌 졸업하고 대책이 없을 거다"라고 말하는 한마디에 잘 함축되어 있다.

이러한 백인 중심의 문화는 '보스토니안(Bostonian)'이라는 단어에도 잘 나타난다. 미국 동부에 살았던 사람이라면 보스토니안이라는 단어에 담긴 특별함

혹은 유별남에 대해 조금이나마 이해할 것이다. 뉴욕에서는 단 한 달만 살아도 서로가 '뉴요커'라 부르며 스스로도 뉴요커라고 자부하겠지만, 보스토니안의 경우는 보스턴에 사는 사람을 모두 지칭하지 않는다. 물론 단어의

의미는 '보스턴에 사는 사람' 혹은 '보스턴 출신 사람'을 의미하지만, 필자 역시 보스턴에 10년 이상 살았는데도 불구하고 나 자신은 물론이고 그 누구도 나를 보스토니안이라 부르지 않는다. 이는 보스토니안이라는 단어의 폐쇄성 때문이다. 앞서 이야기한 대로 특정 인종, 특정 계층으로서 가족 대대로 보스턴 일대에 살아온 사람들 정도만이 스스로를 보스토니안이라고 자부한다. 그리고 그중에서도 유별나기로 유명한 아일랜드계가 많이 밀집해 있던 (영화의 배경이기도 한) 사우스보스턴의 아이리시들은 스스로를 혹은 그 지역을 '사우디'라고 더 세분화해서 구분하기도 한다. 즉 누구나 보스턴에 와서 살 수는 있지만 아무나 보스토니안이 될 수는 없는 것이다.

보스턴 사람들의 이러한 자부심은 아마도 역사에 기인하는 것이 클 것 같다. 이곳이 서울의 종로처럼 미국의 정치 1번지여서일 수도, 미국이라는 나라가 생기게끔 해준 영국과의 독립전쟁이 시작된 도시여서일 수도, 또 미국의 지성 혹은 세계의 지성을 상징하는 학교들이 있어서일 수도 있다. 이 모든 것이 복합적으로 기인하는 것일 수도 있다. 그 이유가 무엇이건 보스턴이 주도(State Capital)인 매사추세츠주의 자동차 번호판에 "The Spirit of America(미국의 정신)"라고 쓰여 있는 것을 보면 이들의 자부심이 어느 정도인지 가늠할 수 있다(미국은 각 주마다 자동차 번호판에 자신들의 주를 상징하는 문구를 넣을 수 있다). 그리고 뉴욕주의 주도가 뉴욕이 아니라 올버니인 것처럼 미국에서는 많은 경우, 주도는 대도시가 아니라 별도의 행정도시가 그 역할을 수행하는 경우가

| 스테이트 하우스(State House)

| 비컨힐(Beacon Hill)과 찰스강(Charles River)

| 백베이(Back Bay) 지역

많다. 보스턴 역시 역사의 시작부터 정치와 행정의 중심 역할을 해서 그런지 매사추세츠주의 주도를 맡고 있으며, 이는 영화의 한 장면에 나오기도 한다. 영화에서 콜린(맷 데이먼, Matt Damon)은 새로 이사한 아파트에서 금박의 돔이 있는 건물을 보며 흐뭇해하는데, 바로 이 건물이 스테이트 하우스, 즉 매사추세츠주의 주청사 건물이다. 이는 콜린의 성공에 대한 욕망과 야망을 단적으로 보여주는 장면인데, 그가 새로 이사한 동네가 바로 비컨힐이다.

비컨힐은 보스턴의 가장 오래된 지구, 네이버후드(Neighborhood)로 인구가 채 1만 명이 되지 않는다. 이 지역은 보스턴에서 가장 땅값이 비싼 지역이며 정치의 중심지다(보스턴의 네이버후드는 행정구역이 아니라 문화·역사적 영역으로 볼 수 있다. 영화의 배경인 사우스보스턴 역시 행정구역이 아니라 네이버후드다). 우리에게도 낯설지 않은, 존 케리(John Kerry) 민주당 상원의원[공화당의 조지 부시(George Bush)와 대통령 선거에서 맞붙은]이 사는 동네이기도 한 이 비컨힐은 그 이름처럼 높은 언덕이 있던 지역이었다. 지금은 예전보다 많이 낮아진 것이라고 한다. 보스턴 정착 초기에 많은 간척사업이 진행되었는데, 그 당시 비컨힐을 깎아 토사를 공급했다고 전해진다. 당시에 이 토사로 새로운 땅을 만든 지역 중 하나가 백베이라는 지역이다. 이 백베이 역시 부동산 가치로는 보스턴에서 1, 2위를 다투지만, 역사적인 가치가 있어서인지 여전히 비컨힐이 보스턴에서는 가장 가치가 높은 지역으로 이름을 날린다. 이 두 지역 모두 붉은 벽돌로 된 빅토리안 스타일의 집들이 많아 관광객들에게도 인기가 많고, 특히 가을에는 더욱더 깊은 정취를 느끼게 해주는 곳이다.

백베이와 비컨힐이 보스턴의 역사와 전통을 대변하는 지역이라고 하면, 영화의 배경인 사우스보스턴은 당시로서는 새로움을 대변하는 지역이다. 지리적으로도 중심지에서 꽤나 떨어진, 당시로는 신도시와 같은 지역이었다. 주택 공급 부족으로 많은 문제가 발생하자 짧은 기간에 많은 주택을 공급하여 사람들이 이주하게끔 한 곳이었다. 그 때문에 사우스보스턴은 백베이나 비컨힐과 같은 정취가 없다. 벽돌보다는 나무사이딩으로 집을 지었으며, 트리플데커라는 보스턴에서 유행한 다가구주택으로 조성한 지역이기도 하다. 중산층이나 저소득층이 집을 소유할 수 있도록 아주 싸게 집을 공급하는 것이 목표였기 때문에 그다지 주변 환경이 좋은 곳은 아니다. 영화를 보신 분들은 대략 예상을 하셨겠지만, 갱단의 두목 코스텔로(잭 니컬슨)가 활동하던 이 사우스보스턴 지역은 그다지 안전한 동네가 아니었다. 이는 불과 10여 년 전까지만 해도 마찬가지였다. 보스턴에서 늘 사건 사고가 많이 일어나는 지역 중 하나였으며, 외부 사람들에게 매우 배타적인 동네로 유명했다.

3 회복의 도시, 그리고 화합

사우스보스턴은 2008년 경제위기를 기점으로 오히려 새로운 동네로 거듭나는 중이다. 서민층이 대출을 받아 집을 사서 살던 이 지역은 경제위기가 닥치자 가장 먼저 타격을 받은 지역 중 하나가 되었다. 이는 어떤 이에게는 고통이었지만, 또 누군가에게는 기회였다. 이 배타적인 동네에 외지인(여기서의 외지인은 외국인이 아니라 사우디를 제외한 다른 보스턴 거주자들을 말한다)들이 비집고 들어갈 틈이 생긴 것이다. 경매나 매매를 통해 수많은 트리플데커, 혹은 더블데커들이 팔려 새로운 중산계층의 보금자리가 되었다. 새로운 중산계층으로는 지식층이 많았다. 비슷한 시기에 보스턴과 그 인근에는 전 세계에서 가장 큰 BT(바이오 테크놀로지) 산업 클러스터가 생겼고, 또 사우스보스턴에는 이노베이션 지역이 들어와 새로운 일자리가 무수히 생기고 있었다. 때문에 보스턴으로 이주하는 새로운 계층이 생겨났고, 사우스보스턴은 이들을 위한 주거지역으로 조금씩 아주 조금씩 바뀔 수밖에 없었던 것이다. 새로운 계층이 들어오자 지역에는 새로운 카페와 레스토랑이 생기고, 그와 함께 지역 주민들의 삶의 환경은 조금씩 개선되었다. 보스턴의 대학교수가 된 필자의 한 흑인 친구도 몇 년 전 이 지역으로 집을 사서 들어갔다. 사실 이것이 별것 아닌 것 같아 보여도, 1990년대까지만 해도 보스턴에 사는 흑인 대부분은 도체스터 혹은 럭스베리라는 지구에서 사는 것이 당연시될 정도로 보스턴은 인종에 따라 사는 지역이 명확히 구분되었다. 하지만 이러한 구분이 경제위기를 계기로 새롭게 재정립되며 인종 간 혹은 계층 간의 뒤섞임이 일어날 수 있게 된 것이다.

물론 도시를 직접 다루는 영화는 아니지만, 〈디파티드〉를 보면 보스턴의 사회적 배경에 대해 조금은 이해할 수도 있다. 그리고 이 영화는 그 사회적 배경을 공간적 배경에 잘 녹여낸다. 리얼리티의 거장이라고 불리는 마틴 스코세

이지 감독은 아마도 이 도시적 리얼리티를 영화에 잘 녹여내고 싶었던 듯하다. 사실 보스턴에 대해서 잘 알지 못하는 사람에게는 이 영화에 나오는 사회공간적 배경이 별로 눈에 들어오지 않을 수도

있다. 그럼에도 불구하고 스코세이지 감독은 인물의 대사로 다 담아내지 못하는 환경이나 욕망, 상황 등 여러 가지 요소를 배경에 녹여내어, 만약 당신이 보스턴에 대한 역사와 지식이 있다면 그 영화적 장치에 푹 빠져들게 만들었다. 보스턴을 다녀와 본 사람에게는 한 번쯤 추천해 보고 싶은 영화이고, 또 영화를 본 사람에게는 보스턴 여행을 꼭 추천하고 싶다.

2부 관계와 소통을 꿈꾸는 도시

City Tour on a Couch:
30 Cities in Cinema

9장

도쿄, 너와 나 사이의 거리를 묻는다

박세훈 | 국토연구원 선임연구위원

| 도쿄 타워와 도쿄 시내

1 다시 쓰는 도쿄 이야기

이렇게 생각해 보자. 여기 마치 애인인 양 가깝게 지내는 친구가 있다. 어느 날 타이완 여행에서 돌아온 그 친구가 타이완 남자 친구의 아이를 가지게 되었으며 결혼하지 않고 아이만 낳을 것이라 얘기한다면 당신은 어떻게 반응할까? 혹은 당신의 딸아이가 모처럼 집에 와서 이렇게 선언한다면 무어라 할 것인가? 당신은 어떻게 이럴 수가 있냐고, 앞으로 어쩔 셈이냐고 큰소리가 오가는 장면을 상상할 것이다. 그러나 만약 그 말을 듣고도 묵묵히 듣기만 하고 더 이상 묻지 않는다면 우리는 그 관계를 어떻게 생각해야 할까? 영화 〈카페 뤼미에르(咖啡時光)〉는 도시에서 태어나 도시에서 자란 세대에게 사람들 사이의 거리를 묻는다, 우리가 얼마나 가까워질 수 있는지를.

〈카페 뤼미에르〉는 타이완 출신 감독 허우 샤오시엔(侯孝賢)의 2003년 영화다. 줄거리를 요약하기 난감한 이 영화는 크게 두 가지 인간 관계를 축으로 한다. 하나는 도쿄에 사는 요코(히토토 요, 一青窈)와 다카사키(군마현의 중소도시)에 사는 부모님과의 관계이며, 다른 하나는

| 카페 뤼미에르(2003)
감독: 허우 샤오시엔
출연: 히토토 요, 아사노 다다노부,
하기와라 마사토 외

다큐멘터리 작가 요코와 2대째 고서점을 운영하는 하지메(아사노 다다노부, 淺野忠信)의 관계다. 감독은 계속 이 두 관계를 번갈아 보여주면서 도시 세대의 삶의 방식을 이야기한다. 이 영화를 이해하는 하나의 단서는 이 영화가 일본 감독 오즈 야스지로(小津安二郎) 탄생 100주년 기념작이라는 점이다. 즉, 아시아를 대표하는 감독 허우샤오시엔이 지난 세대 거장 오즈에게 보내는 오마주로 이해할 수 있다. 오즈 야스지로는 〈동경 이야기(東京物語)〉로 잘 알려진 일본 출신의 세계적인 감독이다. 그는 〈동경 이야기〉에서 노부부와 젊은 자식들과의 갈등을 통해 일본 가족제도의 붕괴를 이야기한 바 있다. 〈카페 뤼미에르〉 역시 가족 간의 관계를 이야기의 중심에 두고 있다는 점에서 오즈를 따르고 있다. 카메라 움직임의 절제, 회화적인 화면구성 등 기술적인 면에서도 오즈를 연상케 한다. 그러나 두 영화의 유사점은 여기에 그친다. 허우샤오시엔은 이방인의 시선에서 젊은 세대의 도쿄 이야기를 전혀 새롭게 구성했다. 도시 세대의 내면적 고립과 외로움, 그 속에서 새로운 소통의 가능성이 그것이다. 이는 우리 자신의 이야기이자 미래 세대의 이야기이기도 하며, 도쿄의 이야기이자 아시아의 이야기이기도 하다.

2 말이 없는 가족, 말이 없는 친구

이 영화에서 발생한 유일한
사건은 아마도 요코의 임신일
것이다. 그마저도 '사건'답게 다
루어지지 않는다. 타이완 여행
에서 돌아온 요코는 성묘차 부
모님 댁에 들러 임신 사실을 털
어놓고 미혼모가 되겠다고 선

언한다. 그런데 요코에 대한 부모의 반응이 이상하다. 타이완 남자 친구에 대
해 자세히 묻지 못하고 앞으로 어떻게 할 것인지 추궁하지도 못한다.

감독은 아버지의 침묵을 롱 컷으로 잡아 어색하고 답답한 공기를 더 무겁게
표현한다. 부모는 야단치기는커녕 속 시원하게 캐묻지도 못한다. 마치 요코
는 아무렇지도 않게 부모를 편하게 생각하지만, 부모는 요코를 남처럼 어렵게
생각하는 듯하다.

요코와 하지메의 관계도 상식적으로 이해하기 어렵다. 요코는 하지메에게
한밤중에 전화를 걸어 꿈 이야기를 하고, 하지메는 요코가 아플때 집으로 찾
아와 음식을 만들어준다. 함께 타이완 출신 음악가의 자취를 찾아다니고 취미
를 공유한다. 영화 곳곳에서 하지메가 요코를 친구 이상으로 생각하고 있음을
암시하는 장면이 나온다. 둘은 연인이라고 할 수는 없지만, 단순한 친구 이상
임은 분명하다. 그러한 하지메에게 요코는 지나가는 말처럼 대수롭지 않게 자
신의 임신 사실을 알린다. 하지메는 당황하지만 더 이상 묻지 않는다. 마치 임
신은 둘의 관계의 본질이 아니라고 외면하는 듯하다.

하지메는 전철의 소리를 녹음하는 독특한 취미가 있다. 도쿄의 모든 전철역
을 돌아다니며 소리를 듣고 녹음하고 이를 자신의 녹음기에 모은다. 한 번은
요코가 하지메에게 묻는다.

"하지메, 전철 소리를 녹음하면서 네가 듣는 건 뭐야?"

"전철역마다 소리가 미묘하게 다르거든. 그 다른 게 재미있어."

"그런가? 그렇구나."

전철 소리를 모으는 합리적인 이유가 설명되지 않는다. 하지메가 전철 소리를 모으는 것을 왜 재미있어 하는지, 무엇에 도움이 되는지, 장차 그것으로 무엇을 할 예정인지 우리는 알지 못한다. 아마 요코도 알지 못할 것이다. 단지 요코는 하지메가 하는 일을 그대로 인정하고 내버려 두는 것이다.

이 영화는 가장 가까운 관계(가족이든, 친구 혹은 연인이든)임에도 서로의 삶에 깊이 개입하지 못하는 사람들의 모습을 보여준다. 아버지는 딸에게 말을 하지 못하고, 하지메는 요코에게 다가가지 못한다. 아버지로서 친구로서 합당한 권리를 주장하지 못한다. 더 알고 싶고 정리하고 싶지만, 거기서 말하기를 멈추고 침묵을 선택한다. 그것이 요코에 대한 애정이 없거나 무책임하기 때문은 아닐 것이다. 어쩌면 요코의 삶의 방식을 그대로 인정해 주려는 배려일지도 모른다. 여기서 침묵은 외롭고 불완전한 사람들의 관계를 유지해 주는 든든한 버팀목이 된다.

3 아시아, 가깝고도 먼 나라들

이 영화에는 몇 가지 알레고리가 등장한다. 그중에 주목할 만한 것이 주인공인 다큐멘터리 작가 요코가 타이완 출신 음악가인 장원예(江文也)의 삶을 추적한다는 것이다. 이는 마치 허우샤오시엔이 오즈 야스지로의 작품을 오마주하는 것과 같다. 요코는 과거 장원예가 자주 들렀던 서점과 카페를 조사하고 그의 일본인 아내를 만나 과거의 이야기를 듣는다. 공교롭게 요코 자신이 타이완 남자 친구의 아이를 갖게 된다. 요코는 타이완 남자 친구가 마마보이여서 결혼할 생각이 없다고 하면서도 아이는 자신이 키울 것이라고 선언한다. 영화 자체는 도쿄의 소소한 일에 머물러 있지만 영화의 시점은 일본과 타이완과의 관계, 특히 장원예로 상징되는 과거와 요코의 아이로 상징되는 미래에 이르기까지 넓게 펼쳐져 있다.

타이완과 일본의 관계는 우리와 일본의 관계 이상으로 복잡하다. 타이완은 우리와 같이 일제의 식민지지배를 경험했지만, 양안관계(兩岸關係)라는 대륙과의 관계와 본성인(本城人)과 외성인(外城人)이라는 복합적인 정체성의 문제로 일본에 대한 감정이 단순하지 않다. 일본은 식민지 지배자였지만 동시에 타이완 근대화에 기여했다. 중국 편에서 보면 영토·역사 문제에서 갈등관계에 있지만 미국 편에서 보면 자유민주주의의 가치를 공유하고 있는 동맹국인 것이다. 타이완에게 일본은 단순히 친구일 수도 적일 수도 없다. 요코와 요코의 남자 친구처럼 정리되기 어려운 관계인 것이다.

허우샤오시엔은 이전 작품을 통해 일상의 수준에서 역사적인 문제를 솜씨있게 다루어왔다. 〈비정성시(悲情城市)〉, 〈희몽인생(戱夢人生)〉, 〈호남호녀(好男好女)〉 등이 대표적이다. 그러나 이 영화에서는 역사적 문제를 정면으로 다루기보다는 몇 가지 알레고리를 통해 아시아 국가들 사이의 복잡한 관계를 우회적으로 이야기한다. 타이완과 일본의 관계뿐만이 아니라 우리와 일본의 관계도 마찬가지다. 오늘날 한일 관계는 정치적으로 매우 어려운 상황에 있지만, 경제적으로는 어느 때보다 긴밀하다. 한국은 원천기술과 부품소재 산업의 상당 부분을 일본에 의존하고 있다. 매년 수백만 명이 관광, 사업, 학업을 이유로 상대국을 방문한다. 쉽게 싸울 수도, 화해할 수도 없다. 언젠가 덩샤오핑(鄧小平)이 말한 대로 "어려운 문제는 우리보다 지혜로운 미래세대에게" 맡기는 것이 나을지도 모를 일이다.

다시 영화로 돌아오자. 요코와 부모님, 요코와 하지메, 요코와 타이완 남자 친구 사이의 아이, 불완전하지만 어느 것 하나 깔끔하게 정리되지 않는다. 허우샤오시엔은 넌지시 이야기한다. 지난 시절과 싸우지 말라고, 그대로 인정하고 기다리는 것이 최선일 뿐이라고.

4 같이, 또 따로 사는 사람들

〈카페 뤼미에르〉를 아시아 국가들 사이의 관계로 읽어내는 것은 지나친 상상일지 모르겠다. 오히려 허우샤오시엔은, 전작들과는 다르게, 무거운 역사문제를 정면으로 다루기보다 영화를 도시에 대한 민속지학으로 끌고 간다. 요코와 하지메는 도쿄의 거리를 걷고 또 걷는다. 진보초(神保町)에서 신주쿠(新宿)로, 그리고 다시 오차노미즈로, 전철을 타고 다시 내린다. 특별할 것이 없는 도쿄의 거리, 전철과 차들, 사람들의 모습을 지루할 만큼 오랫동안 보여준다.

| 신주쿠(新宿)

| 오차노미즈(御茶ノ水)

도쿄의 거리를 통해 우리가 보는 것은 전철을 타고 내리는 사람들이다. 어디론가 다급히 가는 사람들, 맹렬하게 전진하지만 신기하게도 부딪치지 않는 사람들, 함께 있어도 함께 있지 않은 사람들이다. 요코와 하지메와 같은 사람들이다.

도쿄는 세계에서 가장 큰 도시 중 하나다. 가나가와현을 포함한 도쿄권 전체를 보면 인구가 3500만 명에 이른다. 도쿄 도심의 인구밀도도 상상을 초월한다. 매일 수백만 명의 사람들이 전철역에서 쏟아져 나오고, 그곳으로 들어간다. 이들은 마치 각자 정해진 위치를 아는 것처럼 부드럽게 움직인다. 가깝게 모여 살면 사람들 사이의 관계도 더 가까워지는 것일까, 아니면 더 멀어지는 것일까? 도쿄는 이 질문에 답하기 좋은 실험장이다.

내 짧은 도쿄 생활의 경험으로는 도쿄 사람들은 고도로 밀집된 도시에서 살아가는 방법을 터득한 듯이 보였다. 사람들은 인간관계를 지극히 중요하게 여기면서도 서로의 삶에 간섭하지 않는다. 친구 사이에도 예의를 지키며, 부모

| 센소지사(淺草寺)와 도쿄스카이트리(東京スカイツリー)

와 자식 사이, 남편과 아내 사이에도 격식을 따진다(적어도 나에겐 그렇게 보였다). 서구의 많은 연구자들은 일본 도시가 갖는 공동체성을 강조하면서, 도시화된 사회이지만 농촌사회의 전통이 여전히 남아 있음에 주목했다. 그러나 이는 진실의 한 면만을 본 것이다. 일본인의 공동체는 철저한 개인주의(서구식 개인주의와는 다른)를 기반으로 한다. 도쿄는 그러한 라이프스타일의 정점이라 할 수 있다.

이처럼 도쿄를 하나의 생활양식으로 생각한다면 이는 우리 미래의 모습일 수도 있다. 우리는 앞으로 더 모여 살 것이고 그럴수록 함께 하는 삶의 방식을 배워야 할 것이다. 그것이 타인의 삶에 개입하지 않고 거리를 유지하는 것이라면 불가피하게 우리는 더 외로워질지도 모르겠다. 홀로 식사를 하는 도쿄의 젊은이들처럼 말이다.

5 걱정 안 해도 돼, 내가 알아서 할게

직장 상사의 장례식에 가기 위해 요코의 집에 온 부모님에게 요코는 이렇게 말한다.

"걱정 안 해도 돼……. 그래도 결혼은 안 할 거야."

부모 입장에서는 걱정을 안 할 수 없을 것이다. 무엇이든 말해주고 싶고, 무엇이든 들어보고 싶다. 그래도 아버지는 침묵으로 일관한다.

우리가 관계의 거리를 좁히지 못하고 살아야 한다면 그 삶은 어떤 삶일까? 부모와 자식이, 남편과 아내가, 친구와 친구가 함께 의지하고 기대며 살아야 하는 것 아닌가. 왜 정리할 수 없는 관계를 만들고 그것에 몸을 의지하는 것일까? 왜 전철 소리를 녹음하는 데에는 그토록 진지하면서 자신의 인생에 정작 중요한 것은 직시하지 못하는 것일까? 왜 그렇게 하면 안 된다고 서로에게 주장하지 못하는 것일까? 우리는 이제 관계를 새롭게 만들고, 정리하고, 다시 시작할 능력을 잃어버린 것일까? 이 이야기는 무기력하고 외로운 젊은이들의 이야기다.

그럼에도 허우샤오시엔의 시선은 의외로 따뜻하다. 영화 후반부에 집에 들른 아버지를 위해 요코가 이웃집에서 사케와 술잔을 빌리는 장면이 있다. 요코의 어머니는 놀라면서 어떻게 옆집에서 술잔까지 빌리냐고 하며 창피하다고 한다. 이에 요코는 천연덕스럽게 간장 같은 것도 자주 빌린다고 말한다. 부모 세대에서는 상상할 수 없는 일이다. 그러고 보니 영화의 시작 부분에 요코가 옆집 아

주머니에게 타이완에서 가져온 선물을 주는 장면이 있었다. 요코는 이웃집과의 거리를 수월하게 좁히고 있었다. 요코는 부모세대가 전혀 이해할 수 없는 방식으로 새로운 관계를 만들어내고 있었다. 그러니 요코에겐 나름의 삶의 방식이 있었던 것이다.

다시 생각해 보니 아버지의 침묵이 너무 고맙다. 다가설 수 없다고 너무 서운해하지 말자. 당장 관계가 깔끔하게 정리되지 않는다고 조급해 하지 말자. 모든 게 이해되지 않는다고 불안해 하지 말자. 어쩌면 그것이 오늘을 사는 최고의 지혜일지도 모른다.

10장
과거와 미래가 공존하는 도시, 하이델베르크

김정곤 | 서울주택도시공사 스마트시티 사업단장

| 하이델베르크 전경

1 영원한 고전, Alt Heidelberg

19세기 말 독일 북부 작센 칼스버그 왕가의 황태자이자, 〈황태자의 첫사
랑(The Student Prince in Heidelberg)〉의 주인공 카를 하인리히(에드먼드 퍼돔,
Edmund Purdom)는 결혼을 4개월 앞두고 있었는데, 결혼 전에 좀 더 인간적인
부드러움을 배우기 위해 하이델베르크 대학교로 유학을 간다. 하이델베르크
에 도착한 그는 숙박업을 하며 주점을 운영하는 곳을 숙소로 정한다. 그 집에
는 하이델베르크 대학교 남학생들의 관심 대상인 하숙집 주인의 조카 케이티(앤
블라이스, Ann Blyth)가 살고 있었는데 카를 하인리히는 케이티를 보고 한눈에 반
해 사랑에 빠진다. 귀족사회에서 생활하며 거만하기만 했던 그가 사랑에 빠지

면서 일반인들과 생활하며 마음의 변화를 겪는다.

영화 〈황태자의 첫사랑〉은 빌헬름 마이어푀르스터(Wilhelm Meyer-Foörster)의 『알트 하이델베르크(Alt Heidelberg)』라는 소설을 영화화한 것이다. 이 소설은 대학생의 낭만과 아름다운 러브 스토리를 담고 있어 여러 세대에 걸쳐 많은 사랑을 받고 있으며, 지금도 러브 스토리의 대표적 상징으로 거론되기도 한다. 『알트 하이델베르크』는 1899년에 중편소설로 발표된 다음, 1901년에 희곡으로 각색되었고, 1924년에는 지그문트 롬베르크(Sigmund Romberg)의 〈학

| 황태자의 첫사랑(1954)
감독: 리처드 소프
출연: 앤 블라이스, 에드먼드 퍼돔, 존 에릭슨, 루이스 칼헌 외

생 왕자(The Student Prince)〉 오페레타로, 1927년에는 무성영화로, 1954년에는 뮤지컬 영화로 만들어져 반복적으로 대중의 감성을 자극해 왔다.

『알트 하이델베르크』는 이처럼 소설뿐만 아니라 오페레타 등 다양한 장르로 세계 각국에 알려지면서 대표적 뮤지컬 제작사였던 MGM사에 의해 1954년 미국 영화로 제작된다. 바로 이 영화가 리처드 소프(Richard Thorpe) 감독의 〈The Student Prince in Heidelberg〉이며, 이후 'The Student Prince'로 줄여서 표현되었다. 한국어로는 '학생 황태자'로 번역되지만, 일본에서 '황태자의 첫사랑'으로 번역되면서 우리나라에도 동일한 제목으로 수입되어 커다란 인기를 누렸으며, 지금까지도 〈황태자의 첫사랑〉으로 잘 알려져 있다.

2 철학자의 도시 하이델베르크

　나이가 어느 정도 있는 이들은 하이델베르크를 영화 〈황태자의 첫사랑〉을 통해서 알게 되었을 것이다. 그래서 하이델베르크를 직접 방문하는 관광객들은 영화 속의 이미지를 상상하기도 한다. 이처럼 실제 도시 이미지보다 영화 속 이미지가 더 부각되는 경우가 있는데, 대표적인 도시가 바로 독일의 역사도시 하이델베르크다.

　하이델베르크는 라인강의 지류인 네카(Neckar) 강변에 위치하고 있다. 13세기에 건설된 하이델베르크성은 〈황태자의 첫사랑〉의 배경으로서 하이델베르크 시민이 가장 사랑하고 자랑하는 도시의 상징이자, 역사적으로 귀중한 자원이다. 이 때문에 하이델베르크에는 매년 전 세계에서 300만 명 이상의 관광객이 방문한다. 또한 하이델베르크는 이를 에워싸고 있는 산과 조화를 이룬 아름다운 자연경관, 유리한 기후조건을 가진 생태적 환경도시이며, 독일에서 여가를 보내기에 가장 좋은 도시이기도 하다.

| 하이델베르크성(Heidelberg Castle)

시인 프리드리히 횔더린(Friedrich Hölderlin)은 하이델베르크에 대해 "독일에서 가장 목가적이며 아름다운 도시"라고 찬양했다. 『알트 하이델베르크』 소설에서는 하이델베르크를 "아름답고 명예로운 나의 도시, 네카강 기슭 라인(Rhein) 근처에 그대보다 나은 도시는 없으리라. 벗들이 모여 즐거운 도시, 지혜에 넘치고 술에 넘친다"라고 표현한다. 이처럼 네카 강변에 한 폭의 그림처럼 아름답게 자리 잡은 하이델베르크는 영화 주인공의 명품 연기와 멋진 하모니를 이루며 황태자의 분위기를 물씬 자아낸다.

대학의 청춘을 얘기하고 있는 빌헬름 마이어푀르스터의 소설을 영화로 각색한 〈황태자의 첫사랑〉에는 역사적 배경과 주인공의 러브 스토리를 잘 묘사할 수 있는 하이델베르크 중심지의 대학 건물, 도서관 등이 조화롭게 전달된다. 당시 영화의 배경이 되었던 건축물들은 잘 보존되어 아직까지도 이용되고 있으며, 전 세계에서 방문하는 수많은 관광객들에게 과거의 추억과 역사를 제공하고 있다.

또한 주인공 카를 하인리히가 머물렀던 곳으로 주점과 숙박업의 배경이었던 장소 '로텐 옥센(붉은 황소, Roten Ochsen)'은 1703년에 처음 문을 연 곳으로 〈황태자의 첫사랑〉 촬영 이후 호프집으로 변신해 지금은 하이델베르크를 방문하는 관광객이라면 누구나 한 번은 찾아가는 아주 유명한 곳이 되었다. 관광객들은 이곳에서 영화 주인공이 그랬던 것처럼 청춘의 꿈과 낭만이 넘치는 대학도시 하이델베르크를 느낄 수 있을 것이다. 과거 건축물을 그대로 보전해 온 이 호프집은 오랜 피아노 연주와 마술로 맥주를 마시는 방문객들에게 볼거리를 제공하기도 한다.

하이델베르크는 독일을 대표하는 작가이자 철학자인 요한 볼프강 폰 괴테(Johann Wolfgang von

| 하이델베르크 대학교(Universität Heidelberg)

Goethe)가 즐겨 찾던 도시이기도 하다. 환갑이 넘은 그가 서른 살의 마리안네 (Marianne von Willemer)를 하이델베르크에서 만나 데이트를 하면서 "네카강 다리에서 바라보는 경치는 세계 어느 곳도 따르지 못한다"라고 했고, 마리안네는 괴테와 나누었던 사랑의 감정을 "사랑하고 사랑받은 나는 이곳에서 행복했노라"라는 시구(詩句)를 남겼다. 이처럼 하이델베르크는 수많은 작가, 철학자들이 즐겨 찾는 '철학자의 길'이 보존되고 있어 많은 문학작품에서 묘사될 만큼 사랑을 받아온 도시다. 그리고 〈황태자의 첫사랑〉이라는 영화를 통해 전 세계 일반인들, 특히 연인들에게 사랑받는 도시가 되었다.

3 영화 속 하이델베르크

어둡고 답답한 분위기의 왕궁에서 성장한 황태자 카를 하인리히는 하이델베르크 대학교로 유학을 와서 궁정 생활과는 전혀 다른 자유롭고 활기찬 대학 생활의 분위기에 젖게 된 후 학생들 사이에서 동경의 대상인 하숙집 주인의 조카딸 케이티와 함께 아름다운 교육의 도시 하이델베르크 대학교와, 아름다운 네카강과, 카를테오도어 다리 등을 배경으로 사랑하는 연인들의 얘기를 펼친다. 중세 대학들은 우리와는 달리 별도의 캠퍼스가 없이 도시 내부에 주택 등과 함께 어우러져 있다. 때문에 영화 속의 하이델베르크 대학교는 도시 중심에 위치하고 있다.

특히, 학교에서 가장 단거리로 카를테오도어브리지까지 가장 짧은 거리로 연결되는 골목길에는 지금도 하이델베르크 대학생들이 즐겨 찾는 맥줏집과 카페들이 모여 있다. 맥주 문화에도 영화의 흔적이 의례적으로 남아 도시의 문화적 요소로 자리매김하고 있다. 녹색 모자를 쓰고, 그들의 전통대로 1000cc

| 카를테오도어브리지(Karl-Theodor Bridge)

의 맥주를 단숨에 마시면서 독창과 합창으로 영화의 주제곡 「Drink, Drink, Drink」를 부르는 모습은 마치 영화를 재현한 듯한데, 이를 통해 영화 주제곡은 세계적으로 더 유명해졌다.

낭만과 사랑의 상징처럼 느껴지는 하이델베르크 대학교는 독일에서 가장 오래된 대학으로, 1386년에 설립된 유럽에서 세 번째로 오래된 대학이기도 하다. 하지만 하이델베르크 대학교는 더 이상 유구한 역사에 따른 명성에만 기대지 않는다. 약 4만 5000명의 외국인 학생과 학자, 그리고 연구와 지식 집약의 글로벌 대학도시로 변모했다. 영화의 배경이 된 도시 중심지는 현재 18~29세의 인구가 가장 많이 살고 있으며, 18~64세가 전체 인구의 3분의 2를 차지하여 활력 있는 도시를 만들고 있다.

하이델베르크는 독일의 다른 도시들과 달리 정주지 면적, 일자리, 인구가 지속적으로 증가하는 도시이며, 유네스코가 지정한 역사문화 도시로서 경제, 삶의 질 등 분야에서도 독일에서 항상 5위 안에 속한다.

하이델베르크는 〈황태자의 첫사랑〉이 묘사한 낭만의 대학도시에서 한 걸음 더 나아가 미래 과학을 선도하는 유럽의 대표 도시가 되기 위한 노력을 시작했다. 대표적으로 2013년부터 시작한 'IBA(International Bauausstellung, 국제건축박람회) 지식도시 하이델베르크(Wissenschaft Stadt Heidelberg)' 프로젝트를 들 수 있다. 이 프로젝트는 시의 오랜 역사와 문화자원, 10명의 노벨상 교수와 국제적 연구소 등 학문적 자원을 가지고 있는 대학을 연계해 유럽의 대표적 과학도시로 거듭나겠다는 위한 목표를 세웠다. 특히 이 프로젝트는 하이델베르크 중앙역과 그 주변 옛 미군 군사용지를 활용하여 대학, 교육, 주거, 비즈니스 기능 등을 포함한 지구로 바꿔나가는 도시재생사업이다. 2003년 중앙역 서쪽 화물역 부지가 중심부에 위치하고 있어 프로젝트 명칭을 반슈타트 (Bahnstadt)라 명명했으며, 하이델베르크 중심부에 위치한 독일에서 대표적인 도시개발 프로젝트다. 이곳은 현재 하이델베르크 구시가지보다 116헥타르 더 큰 새로운 지역으로 발전하고 있다. 6500명 이상이 살게 될 예정이며, 6000명이 연구·과학 기반 기업을 중심으로 이곳에서 일하게 될 것이다. 첫 번째 주민들은 2012년 6월에 이 새로운 지구로 이사했다.

무엇보다도 반슈타트는 기후보호 측면에서 표준을 설정했고, 모든 건물들은 이미 패시브 하우스 표준에 따라 지어졌다. 이 지구는 세계에서 가장 큰 패시브 하우스 정착지 중 하나가 되었다. 신규 트램 노선과 자전거 친화적인 교통계획이 마련되어 차를 두고 떠날 수 있으며, 상점, 유치원 및 탁아소, 초등학교는 최대한의 보행 접근성이 보장된다.

이와 같이 하이델베르크는 낭만과 사랑의 영화 〈황태자의 첫사랑〉의 배경이 되었던 과거의 역사적 자산을 보존하면서, 단순한 관광도시가 아니라 대학과 도시가 어우러진 전통적인 역사와 문화자산을 기반으로 지식 집약의 과학도시를 구상해 미래를 선도하는 도시로 거듭나고 있다. 아마도 앞으로 〈황태자의 첫사랑〉의 러브 스토리를 상상하며 하이델베르크를 찾는 관광객들은 미래도시 하이델베르크를 함께 경험하게 될 것이다.

참고문헌

Museum fuer Architektur und Ingenieurkunst NRW. 2009. *IBA meets IBA*. Gelsenkirchen: Stadt Heidelberg
Peper, Søren. 2015. "Monitoring in der Passivhaus-Siedlung Bahnstadt Heidelberg". Passivhaus Institut. https://www.heidelberg.de/hd/HD/Leben/Heidelberg_Bahnstadt.html
Stadt Heidelberg. 2007a. "Stadtentwicklungsplan Heidelberg 2015". Heidelberg: Stadt Heidelberg.
_____. 2007b. *Bahnstadt Heidelberg*. Heidelberg: Stadt Heidelberg.
_____. 2012. *Wissenschaft Stadt*. Heidelberg: Stadt Heidelberg.
_____. 2013. *Bahnstadt-Handbuch*. Heidelberg: Stadt Heidelberg.

11장

청춘들이여, 타이베이를 꿈꿔라[*]

한지은 | 한국교원대학교 지리교육과 조교수

| 중정기념당(中正紀念堂)

1 할배들 따라 타이베이로?

2012년 한국 노배우 네 명의 배낭여행기를 다룬 〈꽃보다 할배〉라는 예능 프로그램이 전례 없는 큰 인기를 얻었다. 프랑스와 독일, 스위스 등에 이르는, 누구나 한 번쯤 꿈꾸어 보았을 법한 유럽 배낭여행에 이어 선택된 여행지는 타이완[**]이

* 이하 장에서 한문의 한글 표기는 1912년 신해혁명을 기준으로 이전은 국문음, 이후는 중국어 발음으로써 기입했다.
** 타이완의 공식 국호는 '중화민국(中華民國, Republic of China)'이지만 상대방을 합법적 정부로 인정하지 않는 중국과 함께 하는 올림픽 등 국제행사에 '차이니즈 타이베이(Chinese Taipei)'처럼 이른바 '하나의 중국, 다른 표기(一中各表)'가 사용되고 있다.

었다. '장제스(蔣介石)의 나라', 한때 '자유중국'으로 불리며 냉전의 상징으로 기억되어 온 타이완은 이 프로그램 방영 후 한국인에게 가장 사랑받는 해외여행지 중 하나로 부상했다. 사실 그동안 타이베이는 에펠탑이나 루브르 박물관이 있는 예술의 도시 파리, 알프스의 절경을 감상할 수 있는 루체른처럼 한국인에게 잘 알려진 여행지는 아니었다. 그러나 '꽃할배'들을 사로잡은 타이완의 매력에 빠진 한국인이 급증하면서, 2014년 2월 타이완교통부 관광국에서는 이 프로그램을 만든 나영석 프로듀서에게 타이완 관광 공헌상을 수여하기까지 했다.

한국은 물론이고 타이완 현지에서도 인기를 얻은 이 프로그램이 찾아낸 새로운 타이완, 그리고 타이베이의 매력은 무엇이었을까? 우선, 절도 있는 헌병 교대식을 볼 수 있는 중정기념당(中正紀念堂)과 고대부터 내려온 진귀한 보물로 가득한 국립고궁박물원(國立故宮博物院), 한때 세계 최고층을 자랑하던 타이베이101빌딩의 전망대처럼 타이베이를 대표하는 유명 관광지들이 앞자리를 차

| 국립고궁박물원(國立故宮博物院)

| 룽산스(龍山寺)

지했다. 그밖에 타이베이에서 가장 오래된 사찰이자 타이베이 사람들의 종교적 중심인 룽산스(龍山寺), 식도락의 천국으로 불리는 야시장과 저렴한 노천 온천에 이르기까지 타이베이의 여러 일상 속 장소들이 부담 없이 즐길 수 있는 해외여행지이자 타이베이의 매력으로 발견되었다. 익숙하면서도 이국적인 분위기의 장소들, 때론 부담스러울 만큼 친절한 시민들, 무엇보다 사시사철 달콤한 망고빙수를 즐길 수 있는 최고의 효도 관광지, 우리는 이제 '진짜' 타이베이에 관해 알게 된 것일까?

2 영화로 타이베이를 이해하는 방법

영화라는 매체를 통해 20세기 타이베이를 가장 잘 그려낸 감독으로 양더창(楊德昌)•과 차이밍량(蔡明亮)이 있다. 두 감독은 〈비정성시(悲情城市)〉로 세

• 국내에서는 '에드워드 양'으로 더 잘 알려져 있다.

계적 명성을 얻은 허우샤오시엔과 함께 1980~1990년대 타이완의 기억과 역사, 현실에 주목하는 이른바 타이완 '뉴웨이브(新浪潮)' 영화를 이끈 것으로도 유명하다. 허우샤오시엔이 주로 도시와 대비되는 농촌의 삶에 주목한 것과 달리, 두 감독은 하루가 다르게 변화하는 타이완 최대 도시 타이베이에 주목했다. 1990년대 〈청소년 나타(靑少年那咤)〉, 〈애정만세(愛情萬歲)〉, 〈하류(河流)〉 등 타이베이 3부작에서 차이밍량 감독은 타이베이에서 전통적 요소와 서구적 요소가 만

| 타이페이 카페 스토리(2010)
감독: 샤오야취안
출연: 구이룬메이, 린천시 외

들어내는 균열과 혼란을 사실적으로 그려냈고, 양더창 감독은 타이베이 3부곡으로 불리는 〈타이페이 스토리(靑梅竹馬)〉 *, 〈공포분자(恐怖分子)〉, 〈고령가 소년 살인사건(牯嶺街少年殺人事件)〉부터 유작이 된 〈하나 그리고 둘(一一)〉까지 대부분의 작품을 타이베이를 배경으로 촬영했다. 생전의 한 인터뷰에서 "내 목표는 분명하다. 그것은 바로 영화로 타이베이시의 초상화를 그리는 것이다"(黃建業, 1995)라고 밝혔을 만큼 그는 빠르게 변화하는 타이베이와 도시민들에 깊은 관심을 보였다. **

주지하다시피 한국과 함께 '아시아의 네 마리 용'으로 불렸던 타이완은 20세기 중반 급속한 산업화를 이루었다. 그러나 이 기간은 눈부신 경제성장률 수치와 함께 도시화와 현대화가 급속히 진행되면서 대도시 속의 삶의 문제가 심화된 시기였다. 공동체적 가치와 전통은 미국 문화로 대표되는 서구적 가치에

• 臺北은 외래어 표기법상 '타이베이'로 표기하지만, 이 글에 언급된 영화의 경우 개봉 당시 제목을 그대로 사용했다.
•• 양더창 감독이 타계한 뒤 열린 2007년 부산국제영화제에서는 '타이베이의 기억'이라는 제목으로 양더창 감독의 특별전이 열리기도 했다.

의해 위태로워졌고, 자본이 지배하는 대도시에서 소외와 단절은 갈수록 깊어졌다. 무엇보다 일제 식민지배에 뒤이은 국민당의 통치, 냉전의 유산 등 20세기의 정치적 격동 속에 타이베이 사람들은 정체성에 대한 무거운 질문을 짊어져야 했다. 우리는 20세기 말 대도시 타이베이에서 살아가는, 때로는 권태롭고 때로는 위태로운 삶의 모습을 이들 감독의 영화에서 확인할 수 있다. 〈고령가 소년 살인사건〉에서 국민당과 함께 대륙에서 온 공무원과 군인의 집단 거주지 쥐엔춘(眷村), 〈애정만세〉의 난개발로 황폐한 공원이나 〈공포분자〉속 위험스러워 보이는 가스 저장탱크와 완공되지 못한 빌딩, 〈하나 그리고 둘〉의 가정의 따뜻함이라곤 찾을 수 없는 고급 아파트 등은 이 시기 타이베이의 모습을 대표하는 장소였다.

그러나 21세기 타이베이를 배경으로 하는 영화들에서는 더 이상 이처럼 고독하고 위태로우며 혼란스러운 대도시 타이베이의 모습은 찾아볼 수 없다. 〈청설(聽說)〉, 〈오브아, 타이페이(Au Revoir Taipei)〉, 〈타이페이 카페 스토리(第36個故事)〉, 〈늑대가 양을 만났을 때(南方小羊牧場)〉 등 타이완은 물론이고 우리나라에서도 꽤 인기를 얻은 여러 영화에서 타이베이를 상징하는 장소들은 서점, 카페, 야시장, 도시락가게, 학원가, 편의점, 야식집, 전철역, 길거리 공연장 등이다. 영화의 주인공들 또한 과거 '중년의 위기'에 빠진 중장년이나 해체 위기에 놓인 중산층 가족, 퇴폐와 무기력 그리고 배금주의에 매몰된 젊은이들이 아니라 화려한 미모를 뽐내는 풋풋한 20대 청춘들로 바뀌었다. 늦은 밤까지 서점과 편의점, 학원에서 아르바이트를 하거나 부모님이 운영하는 작은 음식점에서 부모를 도우며 살아가는 이 젊은 주인공들은 소박하고 아기자기한 타이베이의 다양한 장소에서 자신만의 속도와 가치를 소중히 여기며 살아가는 모습으로 그려진다.

무엇이 영화 속 타이베이의 모습을 이토록 변화시켰을까? 물론 타이베이 도시 자체의 변화가 주요한 원인이겠지만, 어쩌면 이는 영화를 통해 타이베이를 이해하는 방식이 달라졌음을 의미하는 것은 아닐까? 2000년대 말 시작된 타이베이시의 각종 영화정책은 이러한 질문을 해결하는 데에 중요한 실마리를 제공해 준다. 2008년 설립된 타이베이시 영화위원회는 타이베이에서 촬영하는 영화에 장소 협조·융자·편집·마케팅 등의 각종 서비스를 제공하고 있으며, 타이베이시 문화국에서는 2010년부터 타이베이의 도시 이미지 제고와 영화산업 발전을 위해 타이베이 관련 영화에 대한 지원금 제도를 운영하고 있다. 타이베이를 다루거나 타이베이에서 촬영되는 영화, 다국적 작품이라도 타이베이에서 진행되거나 타이베이의 인력을 고용할 경우가 지원 대상이 된다. 이 제도를 통해 〈오브아, 타이베이〉, 〈늑대가 양을 만났을 때〉 등의 영화가 지원을 받았는데 이 작품들은 국내외 영화제에서 주목을 받는 동시에 타이베이의 이미지 개선에 공헌했다는 긍정적 평가를 받았다.

이처럼 도시의 이미지를 제고하고 도시 관광을 활성화하는 마케팅 수단으로 영화를 활용하는 타이베이시의 최근 정책을 잘 보여주는 영화가 〈타이페이 카페 스토리〉다. 이 영화는 2008년 타이베이시 관광국에서 기획한 타이베이 도시영화 프로젝트의 일환으로, 타이베이 시정부가 영화 촬영과 홍보 등에 상당한 지원을 한 것으로 알려져 있다. 타이베이 관광 활성화가 지원의 주요 동기였다는 점에서 보통의 도시 홍보영상물처럼 타이베이의 명소들을 망라한 영화라고 오해할 수도 있지만, 이 영화는 대부분의 장면은 타이베이의 한적한 거리에 자리한 작은 카페를 배경으로 진행된다.

주인공 두얼(구이룬메이, 桂綸鎂)은 오랫동안 꿈꾸던 자신만의 카페를 마련하는데, 여동생 창얼(린천시, 林辰晞)이 장난스럽게 시작한 물물교환을 계기로 타이베이의 작은 카페는 다양한 이야기와 서로의 가치가 공유되는 장소로 자리 잡는다. 영화 촬영을 위해 만든 카페는 촬영 후 영화사에서 점장과 직원을 고용해 실제로 영업하기

도 했는데, 영화 속 모습대로 실내를 장식하고 영화에 등장한 커피와 각종 디저트를 판매하면서 한국인 여행객도 즐겨 찾는 관광 명소가 되기도 했다.•

〈타이페이 카페 스토리〉에서 타이베이의 풍경은 조용한 카페, 인적 드문 전철 안, 멀리 전차가 지나는 옥상처럼 대부분 배경으로만 처리되지만, 도시 자체가 이야기의 중심으로 등장하는 장면이 있다. 두얼은 어느 날 35개의 비누에 담긴 35개의 도시 이야기를 교환하겠다는 남자를 만나게 되는데, 그가 들려준 마지막 35번째 이야기의 도시가 바로 타이베이다. 이 장면에서는 사람이 한 명도 없는 타이베이의 명소 타이베이101빌딩, 미라마 쇼핑몰의 대관람차, 중정기념당의 자유광장 등이 등장하는데 모든 장소에서 인물은 한 사람도 등장하지 않는다. 인적 없는 거리, 텅 빈 채 돌아가는 관람차와 회전목마, 비둘기만 날고 있는 광장의 모습은 초현실적으로 느껴질 만큼 현대 도시 타이베이의 면모를 드러낸다.

한편 타이베이시 문화국의 지원을 받은 〈오브아, 타이베이〉의 중국어 제목은 '한 페이지의 타이베이(一頁臺北)'다. 중국어에서 '한 페이지(一頁)'와 '하룻밤(一夜)'은 동음어로 이 영화가 하룻밤 동안 타이베이에서 벌어지는 이야기인 동시에 서점에서 시작되는 이야기라는 점을 중의적으로 보여준다. 영화에서 남녀 주인공이 처음 만나고 마지막에 재회하는 '청핀 서점(誠品書店)'은 타이베이를 대표하는 문화공간이자 24시간 영업하는, 잠들지 못한 타이베이의 청춘

• 이 카페는 임대계약 만료로 2015년 3월 29일 영업을 종료했다.

| 타이베이101빌딩(臺北101)

들을 위한 장소다. 그밖에도 타이베이101빌딩, 야시장, 24시간 편의점, 지하
철, 밤의 공원 등 이 영화 속에서 등장하는 타이베이의 야경은 주인공이 그토
록 가고 싶어 하는 프랑스 파리만큼이나 낭만적인 모습으로 그려진다.

　이처럼 오늘날 영화 속 타이베이는 더 이상 공허하고, 비정하며 오염된 도
시가 아니다. 세련되지만 정감 있고, 소박하면서도 현대적인 도시, 그것이 21
세기 타이베이 영화가 타이베이를 이해하는 방법인 것이다.

3 타이베이의 청춘들은 왜 거리로 나섰나

　〈타이페이 카페 스토리〉는 카우치 서핑을 하는 여행객들에게 카페를 숙소
로 제공하면서도 정작 스스로는 한 번도 여행을 떠나지 못했던 주인공이 자신
만의 이야기를 그리기 위해 35개 도시로 여행을 떠나는 것으로 마무리된다.
그런데 흥미롭게도 이 영화뿐 아니라 21세기 타이베이 영화들에서 '떠남'은 매

우 익숙한 주제이다.

〈늑대가 양을 만났을 때〉에서 주인공 아둥은 '학원에 가야겠다'라는 쪽지를 남기고 떠나버린 여자 친구를 찾아 타이베이의 학원가인 난양가(南陽街)로 온다. 영화 앞부분 "난 난양가로 왔다. 이곳 사람들은 더 많은 답을 알고 싶어 하고, 더 먼 곳을 가고 싶어 한다"라는 주인공의 독백에서처럼 일명 '복습거리(復習街)'로 불리는 난양가에는 입시준비뿐 아니라 유학 및 각종 시험을 준비하며 더 먼 곳으로 떠나려는 젊은이들로 가득하다.

〈오브아, 타이베이〉의 주인공 카이의 유일한 목표 또한 여자 친구가 있는 프랑스로 떠나는 것이다. 영화 속 부모님의 허름한 국수가게를 돕는 카이의 모습에는 "파리는 사랑의 나라야", "(타이베이에서) 내 하루는 너무 똑같아", "너랑 같이 파리를 걷는 걸 계속 생각해"라며 어설픈 프랑스어로 독백하는 카이의 목소리가 겹쳐진다. 카이는 틈틈이 서점에서 프랑스어를 독학하며 꿈을 키우지만, 여자 친구와의 관계가 틀어지려 하자 프랑스행 비행기표를 구하려고 지하조직의 심부름까지 맡는 무모함을 보이기까지 한다.

어째서 작은 일에도 묵묵히 최선을 다하며 일상을 즐기는 것처럼 보이던 타이베이의 청춘들이 이 소박하고 아름다운 도시를 벗어나는 것을 꿈꾸게 된 것일까? 나날이 심화되는 빈부격차에도, 지금도 여전한 권위주의적 정치에도, 종족문제(族群問題)와 양안관계(兩岸關係)로 대표되는 복잡한 정체성의 갈등에도 무심한 듯 보였던 영화 속 타이베이의 청년들은 사실 답답한 현실의 무게를 잊기 위한 유일한 방법으로 떠나는 것을 꿈꾸게 된 것은 아닐까?

그렇지만 지난 몇 년간 현실 속 타이베이의 청년들은 도시를 벗어나기를 꿈꾼 영화 속 주인공들과는 많이 다른 모습을 보여주었다. 2014년 3월 타이베이에서는 중국과의 서비스무역협정 비준을 반대하는 청년들의 시위가 계속되었고, 심지어 국회에 해당하는 입법원(立法院)을 23일간 점거하고 농성에 들어가는 초유의 사건이 있었다. 정부의 밀실 협상에 항의하기 위해 검은 옷 차림에 노란 해바라기를 들고 거리로 나선 이들이 바로 21세기 타이베이의 청년들이었다.[•]

시위를 일으킨 배경에는 협정 체결로 인해 타이완 경제의 중국 종속이 가속화되고 중국 노동력의 유입으로 청년 일자리가 줄어들 것이라는 위기감이 있었다. 사실 주택 가격을 비롯하여 나날이 높아진 물가에 비해, 지난 10여 년간 타이완의 임금은 제자리걸음이었고, 일자리의 상당수는 중국 대륙으로 넘어갔다. 더 넓은 시장과 더 값싼 노동력을 얻을 수 있는 기업에는 중국과의 교류가 희소식이었지만, 타이완의 청년들에게는 절망적인 미래를 의미하는 것이었다. 어쩌면 유일한 선택지는 능력이 있다면 당장 기회를 찾아 이 도시를 떠나거나, 그렇지 못할 경우 답답한 현실을 언젠간 벗어나겠다는 희망으로 버티는 것이 아니었을까.

그러나 처음 정부의 밀실협상에 대한 단순한 반감에서 출발했던 학생운동이 계속되면서, 타이완 청년들은 비민주적이고 권위주의적 정치 현실, 심화되고 있는 계급과 지역 간의 격차, 중국과의 통일과 독립에 대한 입장 차이 등 오늘날 타이완 사회가 안고 있는 다양한 모순에 대해 보다 깊이 인식하게 되었다. 이것이 바로 조용하고 사회에는 무심했던 영화 속 주인공과 달리, 거리로 나서 자신들의 목소리를 내기 시작한 현실 속 21세기 타이베이의 청춘들이 만들어갈 도시, 타이베이가 궁금한 이유이다.

참고문헌

타이베이시 문화국. http://www.culture.gov.taipei/.
타이베이시영화위원회. http://www.taipeifilmcommission.org/.
黃建業. 1995. 『楊德昌電影硏究』. 臺北: 臺灣遠流出版公司.

• 이 사건은 '해바라기학생운동(太陽花學生運動)'으로 불린다.

✈ 타이베이를 여행하는 방법

① 추천할 만한 여행 코스

룽산스(龍山寺), 타이완총통부(中華民國総統府), 2·28평화기념공원, 중정
기념당(中正紀念堂), 스스난춘(四四南村), 타이베이101빌딩, 청핀 서점(誠
品書店), 단수이(淡水) 일몰, 스린 야시장(士林夜市).

| 스린 야시장(士林夜市)

이 코스는 현재의 타이베이를
구성하는 중요한 기억의 장소들
을 모은 것입니다. 장소들은 역
사적 순서에 따라 둘러봐도 좋
겠고, 각 장소를 가장 잘 느낄 수
있는 시간대에 찾는 것이 좋겠
습니다. 예를 들면 이른 아침부
터 절에 모이는 타이베이 사람들을 따라 조식을 먹어보고, 주말 스스난춘
에서 열리는 프리마켓에 참여하고, 해 질 녘 단수이에서 일몰을 즐긴 후
근처 야시장에서 주린 배를 채우고, 24시간 운영되는 청핀 서점에서 책을
보며 새벽을 맞이하는 것처럼.

② 숨겨진 도시의 명소

타이베이는 더 이상 사용되지 않는 옛 산업시설을 독특하고 현대적인 복
합문화공간으로 전환한 멋진 장소들이 있습니다. 과거 타이완 최대의 양
조장이었던 화산1914(華山1914文化創意園區)나 담배공장이었던 쑹산 문
창원구(松山文創園區)를 방문해 보기를 추천합니다.

12장

현대 도시공간 속에서 관계와 소통의 회복, 부에노스아이레스

김도식 | 아주대학교 건축학과 교수

| 부에노스아이레스 도심

1 사랑 이야기일까?

여기에 소개할 영화는 구스타보 타레토(Gustavo Taretto) 감독의 〈부에노스아이레스에서 사랑에 빠질 확률(Medianeras)〉이다. 2013년도 서울 국제건축영화제에서 상영된 바 있는 이 영화는 제목에서도 알 수 있듯 아르헨티나 영화이다.

우리에게 아르헨티나는 지구 반대편에 있는 가장 먼 나라 중 하나이고, 축구, 탱고, 뮤지컬 〈에비타(Evita)〉, 소설가 호르헤 보르헤스(Jorge Borges) 정도밖에

| 부에노스아이레스에서 사랑에 빠질
 확률(2011)
감독: 구스타보 타레토
출연: 하비에르 드롤라스, 필라르 로
페스 데 아얄라 외

떠오르는 이미지가 별로 없는 듯하다. '좋은 공기'라는 의미의 부에노스아이레스도 그다지 친숙하진 않다. 지리적 거리만큼이나 이 도시에 대하여 우리가 정서적으로 공감한다거나 익숙한 무언가를 찾는 것은 쉽지 않아 보인다. 그나마 중년 이상의 사람들에겐 어린 시절 심금을 울렸던 만화 〈엄마 찾아 삼만 리〉에서 이탈리아 소년 마르코가 아르헨티나로 일하러 떠난 엄마를 찾아가는 고난스러운 여정의 최종 목적지 정도로 어렴풋이 기억되기도 할 것이다.

〈부에노스아이레스에서 사랑에 빠질 확률〉이라는 길고 특이한 제목은 일종의 로맨

| 7월 9일 거리(9 de Julio Avenue)

틱 코미디를 연상시키기도 하지만, 이 영화의 원제인 'Medianeras'는 영어로 'Sidewalls', 직역하면 '측벽'이다. 사실 스페인어 원제가 영어 제목보다 더욱 의미심장하다. 스페인어로 Medianera는 경계, 매개의 의미도 담고 있다. 아마도 단절로서의 벽이 아닌 경계 혹은 매개, 관계, 이런 의미는 아닐까 한다.

영화는 부에노스아이레스의 젊은 두 독신 남녀의 이야기다. 두 주인공은 같은 도시공간에서 여러 장소와 사건들을 공유하지만 서로를 알지 못한다. 그들의 생활공간에서 보이는 평범한 30대 싱글들의 일상과 그들이 가지고 있는 각종 트렌디한 소품 등은 모두 너무 과하지도 너무 세련되지도 않은 주변에서 흔히 봄직하다.

2 영화 속 세 개의 공간

남자 주인공 마틴(하비에르 드롤라스, Javier Drolas)은 가상공간을 다루는 웹디자이너이다. 그는 7년 전 떠난 옛 애인이 남기고 간 강아지와 함께 지낸다. 조금은 특이한 정신장애(같은 아파트에 사는 정신과 의사는 이를 '회복공포증'이라 한다)가 있으며 그 치료법으로 도시 곳곳의 사진을 찍는다.

자신을 군중공포증 환자로 여기는 여자 주인공 마리아나(필라르 로페스 이얄라, Pilar López de Ayala)는 현실 공간을 다루는 건축가였지만 실제 건물은 지어보지 못하고 현재는 쇼윈도 디스플레이어로 생활한다. 그녀는 가상의 남자(마네킹)와 함께 산다. 이들은 대부분 세 개의 공간에서 활동한다.

첫 번째 공간은 사회적 공간으로서 부에노스아이레스의 도시공간이다. 두 주인공은 이 도시공간에 대해 자기만의 독특한 견해와 감수성을 가지고 있지만, 둘 다 잘 적응하고 있는 것 같아 보이지는 않는다. 두 사람 모두 공포증이 있으며, 이 공포증은 사람들과 공간, 도시와 관련된다. 남자 주인공 마틴은 이 도시공간으로 나갈 때마다 자신만의 비상 생존 도구를 챙긴다. 남자가 만나는

사람은 의사, 개 돌봄이, 인터넷을 매개로 만난 여자(그는 외국어로만 말하려 한다) 정도다. 여자 주인공 마리아나 역시 이 공간에서 일하고, 공원에 가고, 수영하는 일상적인 활동 외에는 특별할 것이 없다. 그녀는 몇 번 이성과의 만나기도 하지만 그다지 성공적이지 못하다.

두 번째 공간은 개인공간으로서 주인공들이 사는 원룸아파트다. 이들은 대부분의 시간을 이 공간에서 보낸다. 극영화에서는 생소하게도 평면도를 보여주며 자세히 설명되는 이 공간은 정리되지 않은, 작은 개구부를 통해 최소의 환기와 채광만이 가능한, 택배를 제외하곤 다른 이의 방문이라곤 거의 없는, 세상과 단절된 공간이다. 이곳은 완벽하게 그들만의 공간이면서 어찌 보면 그들을 고립시키는 공간이기도 하다. 하지만 이 공간도 온전히 그들의 감수성을 지켜주지는 못한다. 사랑을 나누는 것도 성공적이지 않고, 옆집의 피아노 소리는 원하지 않는 감정을 강요하기도 한다.

세 번째 공간은 일종의 가상공간으로서 두 주인공이 익명으로 자신을 드러내는 공간이다. 마틴은 컴퓨터 속 가상공간에서 최고의 축구선수이자 테니스 선수이고, 최고의 게이머이다. 은행 거래를 하고 책과 잡지를 보고 음악을 듣고 영화를 보고 음식을 주문하고 공부하고 쇼핑하며 거의 모든 생활을 인터넷을 통해 해결한다. 마리아나에게는 자신이 디스플레이 작업을 하는 쇼윈도가 그 공간이다. 내부이기도 하고 외부이기도 한, 사회적 공간이기도 하고 자신만의 공간이기도 한 이 공간은 그녀에겐 자신의 욕망을 세상에 드러내는 유일한 공간이기도 하다. 그녀는 자신을 마네킹과 동일시하기도 하며, 마네킹과 사랑을 나누기도 한다.

이 세 개의 공간은 주인공들의 생활 대부분을 구성하는 장소이지만, 그들의 혼돈스러운 삶만큼이나 서로 밀착되지 못하고 이질적이다. 아마도 두 주인공이 공통적으로 겪고 있는 공포증의 원인도 여기에 있는 듯하다. 이들 사이의 화해와 공감대의 회복이 가장 필요해 보이는 대목이다.

3 부에노스아이레스

영화는 마치 다큐멘터리를 연상시키는 부에노스아이레스의 묘사로 시작한다. 해설자의 내레이션 같은 주인공의 독백과 함께 흐르는 이 장면은 부에노스아이레스가 안고 있는 도시적, 건축적 문제들을 담담하게 보여준다. 도시의 모습에 대해 관찰자적이면서도 한편으론 관조적인 시선과 이에 대한 두 주인공의 독백은 영화의 중간중간 반복되면서 부에노스아이레스의 현재와 과거, 그들이 도시에 느끼는 감정, 비판적인 시선 등을 보여준다.

빠르게 성장하는 부에노스아이레스, 건물들은 오직 자기만을 위해서 세워지고 있다. …… 프랑스식 건물 옆에 정체 모를 건물, 수천 개의 빌딩이 하늘 높이 솟은 곳. 미적 · 윤리적 불규칙, 논리 없음, 두서없는 이 건물들은 실패한 도시계획의 산물이다. 우리네 인생처럼……. 어떻게 만들고 싶은지 알지 못한 거다. 우리는 이곳에 뜨내기처럼 산다. 팽창, 과밀, 세입자 문화, 신발장, 강에 등을 돌린 도시, 가정불화와 이혼, 가정폭력, 소통 부족, 무관심, 우울증, 자살, 신경쇠약, 비만, 조급증, 공황발작, 스트레스, 운동 부족…….

이 독백 부분들은 때론 부에노스아이레스라는 공간에 담긴 단편적인 역사를 이야기하기도 하고, 의외의 환경이 만들어내는 아름다움을 이야기하기도 하지만, 주인공 자신의 외로움, 공포증의 기원을 설명하기도 한다.

개조차 스스로 목숨을 버리는 도시로 묘사되는 부에노스아이레스는 사실 그렇게 삭막하기만 한 도시는 아니다. 서울의 약 3분의 1 정도인 2만 헥타르에 인구 약 300만 명의 부에노스아이레스는 1536년 스페인 정복자 페드로 데 멘도사(Pedro de Mendoza)가 기지를 세운 이래 남미의 가장 중요한 도시 중 하나이자, 한때 '남미의 파리'로 불렸을 만큼 매력적인 도시였다. 20세기 초반 세계에서 두 번째로 잘사는 나라이기도 했던 아르헨티나는 쿠데타에 의한 군사독재, 민주화 이후 신자유주의 경제정책 실패로 인한 외환위기, IMF 구제금융에 의한 긴축 경제, 모라토리엄 등의 경제적 위기를 겪으면서 20세기의 불가사의라고 할 만큼 빠르게 몰락해 갔다. 그러나 2002년 '환율 체계 개혁 및 국가비상사태 법안'이라는 경제개혁안을 수립하고 연평균 8~9%대의 경제성장을 기록했으며, 수출 확대와 외환보유고 증가로 2006년 IMF 차관을 전액 조기 상환할 만큼 안정되었다. 이후 아르헨티나는 재정적자와 대외 부채, 경상수지 확대 등으로 2018년 IMF 구제금융을 다시 신청했다.

4 현대 도시에서의 소통과 관계

이러한 아르헨티나의 경제적 부침은 그들의 도시와 건축에 반영되었다. 아르헨티나의 건축은 아메리카 대륙의 여러 나라가 그렇듯 19세기까지는 유럽 건축의 모방과 이식이 대부분이지만, 20세기 초부터 1970년대까지는 국가의 부와 함께 아방가르드와 근대주의가 반영된 수준 높은 건물이 지어졌다. 이 도시들의 근대주의 건물은 유럽이나 미국과 동시에 들어설 만큼 진보적인 모습을 보이기도 했다.

| 부에노스아이레스의 유럽식 건물과 모던한 빌딩

하지만 든든한 뿌리도 없이 이식된 유럽식 역사주의와 맥락 없는 국제주의 양식의 혼재는 도시의 상황을 혼돈스러운 상태로 만들었다. 양식적 혼란, 사용 가치보다는 교환가치가 더 중요시되는 부동산, 자본의 논리에 의해 쉽게 무시되는 도시와 건물의 인문적 맥락 등은 20세기 지구상의 다른 대도시가 겪었던 문제들이 이 도시에서도 예외가 아니었으며 결코 덜하지 않았음을 보여준다. 거기에 2000년대 이후 세계의 많은 대도시가 그렇듯, 부에노스아이레스도 부동산 가격 급등에 따른 난개발과 대규모 재개발로 기존 도시가 간직해 온 맥락을 혼란스럽게 하고 있으며, 바로 이러한 모습이 이 영화가 다루고 있는 현재이다.

이를 통해 우리에게 익숙하지 않은 부에노스아이레스라는 도시는 영화를 보기 시작하면서부터 마치 우리의 도시를 보듯 그리 낯설지 않게 다가온다. 영화 내내 그 모습들은 부에노스아이레스라는 도시와 우리 도시와의 유사성을 뛰어넘어 21세기 현대 도시의 보편적 이미지를 보여 준다.

이 영화는 이러한 현대 도시의 문제를 바로 소통과 관계의 문제로 보는 듯하다. 영화 후반 마리아나의 독백은 이 영화의 주제를 노골적으로 드러내기도 한다.

……어떤 천재가 건물들로 강을 가리고 전선으로 하늘을 가렸을까? 수천 km의 그 전선들은 우리를 연결시켰을까, 갈라놓았을까? 사람들은 모두 자기만의 장소 안에 있다. 휴대폰 문화는 우리들을 항상 연결시켜준다는 약속으로 세계를 유린했다. 문자메시지는 언어의 가장 아름다운 부분을 원시적이고 단순한 후두음의 자판 누르기로 퇴화시켰다. 미래 공상가들은 광케이블에 미래가 있다고 한다. 그들은 직장에서도 집에 난방을 할 수 있다고 말해왔다. 맞는 말이다. 그러나 집에 가도 아무도 기다리지 않을 것이다. …… 가상 관계의 시대가 도래했다.

앞서 이야기했듯이 이 영화의 원래 제목인 '측벽'이 의미하는 바는 의미심장하다. 대부분의 사람들은 건물의 정면과 후면에 대해서는 생각하지만 측면에 대해서는 큰 관심을 기울이지 않는다. 어찌 보면 건물들은 길에서 보이는 자기 모습만을 보여주려 할 뿐 이웃 건물과의 관계나 소통은 중요하게 생각하지 않는다. 마리아나의 독백에서처럼 "측벽은 전면도 후면도 아니고, 쓸모도 없고 목적도 없다. 측벽은 버려진 채 남아 있거나 일방적인 광고로 사용된다. 변하기 쉬움과 갈라진 틈, 일시적인 땜질, 아름답지 않은 광고벽, 더러움, 경제위기……" 같은 부정적인 묘사로 가득 차 있다.

하지만 영화에선 이런 부정적인 요소들로 가득 찬 측벽에 오히려 그것을 극복할 가능성이 있음을 보여준다. 불법적이지만 일종의 탈출 방법으로서 측벽에 작은 '창 내기'가 바로 그것이다. 도시계획 표준을 어기고 만들어진 일종의 게릴라 같은 이 시도들은 신발 상자 같은 공간에 어둠을 밝힐 작은 기적의 빛을 끌어들여주는 것으로 여겨진다. 결국 주인공들은 측벽을 뚫고 창을 낸다. 이 창을 뚫고 나서야 그들의 얼굴엔 비로소 미소가 보이기 시작하고, 고립되었던 그들의 공간은 비로소 사회적 공간인 도시와 소통하게 되면서 마침내 두 주인공은 서로

를 인식하게 된다.

5 관계와 소통의 회복을 꿈꾸며……

　마지막 장면에서 두 주인공의 만남은 아주 짧게 그려지고, 엔딩 크레디트 너머로 주인공들의 가장 행복한 모습을 보여준다. 여기서 그들의 행복한 모습은 희망에 대한 은유가 아닐까 생각한다. 결국 영화에서 말하는 것은 현대 도시에서의 단절된 소통과 관계를 어떤 식으로든 회복하려 함이 아닐까?

　이 영화를 남녀가 조우하는 사랑을 그린 영화로 볼 수도 있고, 현대 도시공간 속에서 소통과 관계에 대한 영화로 볼 수도 있을 것이다. 아마도 이 영화의 한국 제목은 전자에 가깝고, '측벽'이라는 원제목은 후자에 더 가까워 보인다. 필자 역시 이 영화를 후자로 읽었다. 결국 부에노스아이레스로 묘사되는 현대 도시 속에서 삶이 이루어지는 여러 공간의 단절과 불일치 그리고 그것이 만들어내는 소외에 대하여, 이를 소통하게 하고 관계를 회복하는 것을 그린 영화가 아닐까 생각한다. 이러한 점은 다큐멘터리 기법을 삽입한 장면들뿐만 아니라 몇몇 장면에서 암시되고 있는데, 예를 들어 마틴의 배낭에 있는 자크 타티(Jacques Tati) 감독의 영화 〈플레이타임(Playtime)〉 DVD는 이 영화가 그에 대한 오마주이거나 깊은 관계가 있음을 보여준다. 참고로 자크 타티의 〈플레이타임〉은 현대 도시의 건축과 공간이 만들어내는 소외와 아이러니를 냉소적으로 비판하는 일종의 블랙코미디이다. 외람되게 넘겨짚자면, 타티의 영화가 현대 도시와 공간에서 일종의 상실을 이야기하는 차가운 희극이라면 이 영화는 거기에 관계와 소통의 회복이라는

| 여인의 다리(Puente de la Mujer)

희망이 있음을 보여주고 싶었던 것이 아닐까?

　2011년에 만들어진 이 영화는, 등장하는 몇몇 정보통신 기기 소품들이 진부한 감은 있지만 현대인의 삶과 현대 대도시의 공간적·건축적 현실을 깔끔하고 참신하게 잘 묘사하고 있다. 부에노스아이레스라는 지구 반대편의 도시에서도, 우리의 도시에서도 여러 삶의 공간들과 그들의 관계와 소통은 여전히 힘들어 보인다. 아마도 현대 대도시의 공통된 숙명일지도 모르겠다. 그래도 이 영화에서처럼 자그마한 변화가 현실을 바꿀 수 있다는 희망을 갖고 싶다.

13장
헬싱키, 치유하러 떠나도 좋은 포용도시

이영은 | LH토지주택연구원 연구위원

| 헬싱키 대성당(Helsingin Tuomiokirkko)과 항구

1 헬싱키, 변화하는 이미지

　　핀란드 헬싱키의 상징은 물일까, 눈일까, 숲일까. 전혀 다른 개체이기는 하나 그래도 자연이라는 점에서 일맥상통하는 이미지를 주는 도시라고 생각해 왔다. 그러나 강의 중에 학생들에게 물어보니 나의 생각과는 완전히 다른 대답이 돌아왔다.

　　"여러분, 헬싱키 하면 떠오르는 이미지는 무엇인가요?"

　　노키아와 앵그리 버드로 상징되는 IT, 창의적인 교육의 메카로 상징되는 교육

| 카모메 식당(2006)
감독: 오기가미 나오코
출연: 고바야시 사토미, 카타기리 하이
리, 모타이 마사코 외

도시, 스칸디나비안 디자인 등 듣고 보면 수긍이 가긴 하지만 학생들이 떠올리는 핀란드의 상징물이 모두 인공적인 인간의 창조물이라는 점이 매우 놀라웠다. 각박하리만큼 바삐 살아가는 대한민국의 청춘들에게 헬싱키는 신산업 강국이자 균형 잡힌 교육제도를 갖춘 도시로 더 강하게 어필되고 있는 모양이다.

나는 다음 강의에 헬싱키의 아름다운 자연과 여유를 소개하기 위해 일본 영화 〈카모메 식당(かもめ食堂)〉을 활용하기로 했다. 아주 오래전에 본 영화이긴 하지만, 도시의 이미지를 담아내는 시퀀스를 중심으로 몇 번씩 돌려보던 중 이 영화가 또 다른 헬싱키를 보여주고 있다는 것을 알게 되었다. 개인의 여유로움과 자연의 평화로움에서 한발 더 나아가 슬픔과 회복을 공유하는 작은 공동체가 살아 숨쉬는 포근한 포용도시, 헬싱키의 모습을.

2 헬싱키, 은은하고 아름다운 카모메 식당에 담기다

영화는 잔잔한 호수와 살찐 갈매기를 클로즈업하며 시작된다. 카모메는 갈매기를 뜻하는 일본어로 헬싱키의 중심인 남항 광장에 가장 오래 머무르는 주요 상주인이기도 하다. 주인공 사치에(고바야시 사토미, 小林聡美)는 살찐 갈매기를 보면서 애정을 주었던 고향의 살찐 고양이를 떠올리며 내레이션을 통해 자신은 살찐 것들을 좋아한다는 고백을 한다. 그런데 곧바로 엄마는 마르고 말랐었다는 고백으로써 인트로가 마감된다. 여기서부터 이미 감독은 헬싱키를 앙상하게 상처 입은 영혼을 포동포동 살찌우는 치유의 장소로 설정하고 있

다. 사실 이 공간 주변으로는 헬싱키를 대표하는 상징이자 관광의 출발점인 대성당이 보여야 하지만, 카메라는 애써 그런 인위적 건물을 외면하고 오로지 갈매기와 호수 같은 바다, 무채색의 돌바닥만 보여준다.

그리고 영화의 주요 배경으로 등장하는 카모메 식당. 정갈하기 그지없다. 식당은 손님 없이 텅 비어서 오히려 내부 인테리어가 돋보인다. 호수의 색을 담은 푸른색 목재로 벽 하단을 뺑 둘러 장식하고 전면의 조리대에 배치된 투명한 유리 식기들 역시 핀란드의 물, 호수를 닮아 있다. 그리고 식탁은 모두 밝은색의 목재를 사용한 군더더기 하나 없는, 그야말로 북유럽풍의 스타일로 채워져 있다. 영화 초반 사치에는 정갈하디 정갈한 이 나무 식탁을 끊임없이 닦아낸다. 한 줌의 먼지도 허용치 않겠다는 집요함이라기보다는 뭔가를 쓱쓱 닦아내고 어루만져 주는 손짓으로 빈 식탁들을 매만져 준다.

영화의 주 무대인 카모메 식당 내부는 그야말로 헬싱키의 이미지를 숲과 호수, 여유로움으로 표현한다. 그릇이나 디자인에 조금만 관심이 있는 사람이라면 이러한 이미지가 핀란드 디자인의 거장 알바르 알토(Alvar Aalto)에게서 유래한 것을 알아차렸을 것이다. 핀란드의 숲과 호수의 우아한 곡선으로부터 영감을 받은 그의 디자인은 자연스러운 곡선에서 나오는 은은한 아름다움을 추구하는데, 대부분의 식기와 조리도구 등이 핀란드를 대표하는 글라스웨어 이딸라 제품이고 카모메 식당 자체가 딱 그러하다. 영화 대사 중에도 나오지만 주인공 사치에도 이러한 이미지를 닮아 있다. 이 영화에서 헬싱키는 더없이 은은한 아름다움을 지닌 포근한 자연의 도시로 묘사된다.

3 헬싱키, 조용하고 여유로운 항구도시

항구도시는 대개 번잡하고, 바쁘고, 소란스럽다. 그런데 헬싱키는 조금 다르다. 활기차지만 조용하며 여유롭고, 복잡하지만 극도의 개방감으로 전면이 너르다. 영화에서 자주 등장하는 개방형 마켓광장은 바다에 접해 있는 너른 광장에 펼쳐져 싱싱한 식재료나 간단한 음식, 꽃, 장식품 등 다양한 생필품이나 기념품을 판매하는 곳이다. 바다를 즐기러 나온 시민뿐 아니라 핀란드를 알고 싶어 하는 관광객들이 꼭 들르는 명소이기도 하다.

그런데 그 너른 광장에 별도의 식당이나 상업시설은 고사하고 공공시설도 보이지 않는다. 왜냐하면 항구도시인 헬싱키의 해변은 공공건물도 상업건물도 함부로 건축할 수 없는 공간이기 때문이다. 돌 하나를 옮기는 작은 변화에도 신중한 핀란드인에게 도시 내 새로운 건물을 건축하거나 옮기는 등의 행위를 결정하는 가장 중요한 기준은 자연을 아끼는 시민의식에 있는 듯하다.

이 영화에서도 "왜 핀란드인은 여유롭고 쓸데없는 일에 얽매이지 않고 느긋한 삶을 사는 거죠?"라는 질문에 핀란드 청년인 토미는 이렇게 대답한다. "숲이 있거든요." 그 말을 듣고 마사코(모타이 마사코, 轟真佐子)는 바로 핀란드의 숲으로 떠난다. 하늘을 찌를 듯이 커

다랗고 뾰족한 나무가 빽빽이 들어선 초록의 핀란드 숲은 호수와 함께 핀란드인의 삶의 근원임을 보여준다. 헬싱키는 어느 수도와 마찬가지로 번잡하고 교통망이 복잡하게 얽혀 있지만 10분만 자동차를 타고 나가도 빽빽한 숲과 고요한 호수를 만날 수 있다.

헬싱키는 이렇듯 정갈하고 여

유롭다. 이런 도시의 여유로움은 어디서 비롯된 것일까? 시민 의견을 청취하며 도시 마스터플랜을 재정비하는 데에만 30년이 걸리는 여유로움, 그 여유로움이 도시에 고스란히 담겨 있다. 도시계획위원회는 특정 당파의 정치로부터 독립되도록 아홉 개가 넘는 각 당에 의해 구성되고 토지의 70%를 공공이 소유하는 등 정치적, 재정적, 제도적으로 강력한 공익추구형 도시로 발전해 왔다. 지방정부가 도시계획에 많은 정성과 노력을 투입하고 있음은 도시계획 공무원의 숫자로도 알 수 있다. 인구 57만 명의 도시인 헬싱키에 도시 관련 공무원이 270명이다. 이와 비슷한 규모의 워싱턴에 도시 관련 공무원이 80명에 불과하다는 것과 비교하면 헬싱키에서 도시계획의 중요도를 확실히 알 수 있다.

4 헬싱키, 정갈하고 조용히 활성화된 상업지역

마켓 광장에서 서쪽으로 약 7분, 에스플라나디 파크를 지나 상업지역 시작점으로 걸어가면, 영화 초반 사치에와 미도리(카타기리 하이리, 片桐由美)가 만나 〈독수리 오형제(Gatchaman)〉 주제가를 불러보는 알토 카페가 입점한 아카데미아 서점을 만나게 된다. 실제 서점과 카페에서는 영화에서 보이는 수수함보다 알바 알토의 정갈하고 고급스러운 디자인을 아낌없이 볼 수 있다. 아카데미아 서점의 유명한 다이아몬드 모양 천장 창살을 통해 포근한 햇살이 서점으로 그대로 쏟아지고, 알토 카페는 그 중간에 독특한 황금색 조명등과 하얀 벽면을 장식한 그림, 하단부 호수색의 페인트칠 등으로 카모메 식당과 유사한 느낌이 드는 헬싱키만의 자연스러움을 안겨준다. 물론 이 카페는 카모메 식당과 달리 손님으로 늘 만석이다. 서점을 나오면 헬싱키 최대 백화점이자 제1의 고물가를 자랑하는 스톡만 백화점이 보인다. 그 앞으로는 트램과 버스, 승용차, 자전거, 보행자 등 다양한 통과 교통이 얽혀 어수선할 법도 한데 여전히 조용하고 정돈된 복잡함만 있다. 이 정돈된 헬싱키에서 사람이 가장 복작거리는 축제

| 디자인 디스트릭트(Design District), 칼리오 지구(Kallio)

중 하나는 조명 아티스트가 만들고 시민이 즐기는 럭스(LUX)이다. 매해 1월 초에 시작하여 1주일간 열리는 럭스는 긴 밤이 짓누르는 헬싱키의 겨울을 환하게 즐길 수 있도록 빛의 예술이 가득한 환상의 세계로 우리를 초대한다.

헬싱키는 여유롭게 걸어보아야 그 맛을 알게 되는 도시인데, 그것은 보행자의 편의를 극대화하는 도심의 통행 시스템에 기인한다. 보행자가 여유롭게 활보할 수 있기에 상업지역은 더더욱 활성화되고 여기서 더 나아가 헬싱키 도심에 디자인 디스트릭트를 따로 두어 핀란드를 대표하는 각종 디자인 산업을 선보인다. 마사코가 잃어버린 가방을 찾기 전 들른 마리메꼬도 여기에 입점되어 있다. 매우 고급스럽지만 소박한 헬싱키의 상업지역을 말해주듯 카모메 식당의 사치에는 자신의 식당을 이렇게 표현한다.

"여긴 레스토랑이 아니라 동네 식당이에요. 돌아다니다 허기를 채우는 곳이죠."

감독은 과시하거나 즐기는 공간이 아니라 허기를 채우는 포근한 안식처로 카모메 식당의 좌표를 세운다.

5 헬싱키, 치유의 포용도시

카모메 식당의 첫 번째 손님은 일본 애니메이션 덕후 핀란드 청년 토미 힐투넨(자코 니에미, Jarkko Niemi)이다. 그는 외톨이여서 사치에가 선사하는 공짜 커피를 미안할 정도로 매일 얻어먹으면서도 영화가 끝날 때까지 친구 하나 데려오지 않는다. 그러나 이 핀란드 청년이 전혀 뻔뻔하거나 불쌍하게 묘사되지 않는다. 카모메 식당에서는 그저 그런 존재를 인정하고 이를 품어줄 뿐이다. 심지어 이 청년은 영화 후반 등장하는, 남편이 도망가 슬픔에 빠져 쓰러진 핀란드 아줌마 리사(타르자 마르쿠스, Tarja Markus)를 업고 뛰어주는 고마운 존재로 묘사된다.

친화력 좋은 미국과 달리 동유럽과 서유럽의 중간에 위치한 핀란드인은 변화와 소통에 그다지 달인은 아니지만 한번 마음을 준 공동체의 결속력은 매우 소박하고 포근하다. 영화는 후반부로 갈수록 낯설고 약한 개인들이 서로 의지하고 포용하는 공동체 모습을 여러 장면으로 나누어 보여준다.

따스한 힐링 공동체를 보여주는 하이라이트는 식당 문을 닫고 카페 우르술라에 모두 함께 소풍을 가는 장면이다. 헬싱키는 호수 같은 바다를 끼고 있는 공원이 많다. 핀란드인은 유독 물과 나무에 집착한다 할 만큼 큰 사랑을 쏟기에 도심 한복판에도 자연을 물끄러미 바라볼 수 있는 공원이 즐비하다. 도시의 숲속 한가운데에 동화 속 요정들의 집과 같은 작은 미술관과 카페 공원, 여름 햇살을 만끽할 수 있는 수오멘리나 요새 공원, 도심 바로 인근에 여유를 선

| 수오멘리나 요새(Suomenlinna Sveaborg)

사하는 세우라사리섬, 도심 한가운데에 선형으로 조성되어 있는 에스플라나디 파크 등 셀 수 없이 많은 공원에 시민들은 숨을 뱉고 불어넣는다. 그래서 도시가 더욱 여유롭고 조용한 느낌이 드는 것은 아닐까?

너른 야외에서 바다를 바라보며 끝도 없이 앉아 있을 수 있는 우르술라는 사실 카페뿐 아니라 간단한 음식을 먹을 수 있는 레스토랑도 한편에 마련되어 있는 복합 음식점이다. 이제 명소가 되어 북유럽에서는 잘 팔지 않는 아이스 커피까지 판매하는 전문 관광 카페가 되어버렸다. 그래서 영화 속 고즈넉함과 평화로움을 한껏 즐기면서 헬싱키를 상징하는 물과 나무를 마음속에 담으려면 평일 아침 일찍 가는 방법뿐임이 참으로 안타깝다. 이렇게 번잡해지기 전 영화 속에서 사치에가 미도리, 마사코, 우울한 핀란드 여인까지 모두 초대해 우르술라에서 핀란드의 햇살로 서로의 마음을 어루만진다. 핀란드인이라면 누구나 여유롭고 친절하다고 생각했는데, 외롭고 슬픈 사람들도 있다는 데 놀랐다는 미도리의 말에 사치에가 담담하게 대답한다. "세상 어딜 가도 슬픈 사람은 있겠죠"라고. 그리고 어디나 불행한 사람은 불행하고 행복한 사람은 행복하다고 이야기하며 마무리한다.

6 헬싱키, 넉넉한 품을 가진 자연도시

주 메뉴를 주먹밥으로 손님 하나 없이 커피만 팔던 카페로 시작한 카모메 식당. 이후 핀란드인이 좋아하는 순록이나 청어, 가재를 넣어 주먹밥을 만들어보지만 그 부조화에 뜻을 접는 장면에서부터 우리는 한 문화에 다른 문화가 녹아들어 가는 시행착오와 진화 과정을 간접적으로나마 체험하게 된다. 주먹밥을 고수하던 사치에가 핀란드의 아침 주 메뉴인 시나몬 롤을 정성스레 구워내면서 흘러나간 빵 향기에 창밖에서 기웃거리기만 하던 핀란드 현지인이 하나둘 들어오기 시작한다. 그리고 영화 후반으로 갈수록 정갈한 음식은 점차 핀란드식과 일본식의 퓨전으로 전개된다. 누구든 젓가락이든 포크든 자유로이 사용하면서 핀란드인에게 익숙한 샐러드에 연어구이를 곁들이는 데서 더 나아가 일본식 돈카츠나 스키야키가 보이고 밑반찬은 일본식과 핀란드식이 혼합된다. 그야말로 도저히 섞이지 못할 것으로 보이는 음식들이 정갈하게 섞이는 요리의 향연도 이 영화의 빼놓을 수 없는 볼거리다.

음식이나 상차림으로 상징화된 화합과 포용은 헬싱키 안의 일본 식당이라는 설정에서 극대화된다. 사실 일본인은 개인 간에 영역을 침범하거나 신세를 지는 것을 싫어하는 경향이 있다. 하지만 감독 오기가미 나오코가 개인주의를 인정하면서도 그 위에 따스한 포용을 얹는 공동체를 꿈꾸는 〈카모메 식당〉의 배경을 헬싱키로 선택한 이유는 이 도시가 숲과 호수, 바다로 둘러싸여 포근하고 여유로운 포용을 허락하고 있기 때문은 아닐까?

✈ 헬싱키를 여행하는 방법

① 추천할 만한 여행 코스

헬싱키 대성당, 시청앞 시장, 에스플라나디 공원, 카페 알토, 스톡만 백화점, 핀란드 건축 박물관, 카페 우르술라, 수오멘리나 요새, 카모메 식당, 카모메 식당에서 버스와 페리로 찾아갈 수 있는 세우라사리 공원.

유명한 관광지 말고 헬싱키의 정수를 느낄 수 있는 탐방 코스입니다. 헬싱키 대성당부터 스톡만까지는 여유롭게 도보로 여행이 가능합니다. 그 이후는 트램을 이용하여 남부를 돈 다음, 페리 선착장까지 버스를 타고 이동해 세우라사리의 고요한 호수에 푹 젖어들 수 있습니다. 핀란드에서 가장 밀도가 높다는 헬싱키이지만, 외곽의 다양한 섬과 공원들뿐 아니라 중심 상점가까지도 걸으며 즐기고자 하는 보행자들이 많다는 것을 깨닫게 될 것입니다. 이 모든 곳을 하루에 다 가는 것도 가능하지만 영화 카모메 식당에 등장하는 서점을 지나 카페 우르술라에서 바다를 바라보며 커

피향에 지친 다리를 풀고 수오멘리나 요새를 둘러보는 것까지 하루를 할 애하는 것을 추천드립니다.

② 숨겨진 도시의 명소
헬싱키의 정수를 느끼려면 아름다운 세우라사리가 있는 헬싱키 북쪽으로 가보세요. 세우라사리는 핀란드의 전통문화와 자연환경을 보존하기 위해 조성된 곳으로, 산책로를 따라 걷다 보면 다양한 조류와 다람쥐 같은 야생동물을 쉽게 만날 수 있습니다. 시벨리우스 공원과 함께 1박 2일 코스로 적당합니다.

③ 인상 깊었던 점
핀란드에서 빨리빨리는 금물입니다. 서울에서처럼 8282 주문을 외우는 순간 우리는 헬싱키의 여유로운 물소리와 포용의 포근함은 느끼지도 못한 채, 찬바람에 얼굴만 얼얼해져 돌아올지도 모릅니다.

14장

홍콩, 유통기한이 있는 도시

방승환 | 『닮은 도시 다른 공간』의 저자

| 홍콩 빅토리아 항(Victoria Harbour)

1 홍콩 시위와 〈중경삼림〉

'범죄인 인도법(일명 송환법)'으로 촉발된 홍콩 시위는 2019년 6월 9일 시작돼 점차 격화됐다. 홍콩의 중국 반환 이후 크고 작은 시위는 끊이지 않았다. 2003년 7월 '국가안전법' 입법에 반대하며 일어났던 시위를 시작으로 거의 매해 행정 장관 직선제를 요구하는 민주화 시위가 발생했다. 2014년 9월에는 10만 명 이상이 참여해 79일간 계속된 '우산혁명'도 있었다. 20대를 중심으로 한 젊은 시위대, 이를 막아서는 제복 입은 경찰들, 그리고 긴박함을 전해주는 흔들리는 카메라 앵글. 뉴스에 나오는 홍콩 시위 장면을 보며 27년 전 개봉한 영화 〈중경삼림(重慶森林)〉이 떠올랐다.

영화 속에 나오는 인물들은 실제 20대는 아니었지만 모두 젊다. 무엇보다 갈피를 잡지 못하고 흔들리는 모습과 예측할 수 없는 행동들이 20대의 이미지를 반영하고 있다. 핸드헬드(Handheld: 카메라 혹은 조명 장치 등을 손으로 드는 것)로 찍은 화면은 시위 장면과 달리 한 편의 뮤직비디오처럼 스타일리시하다. 영화가 끝나면 주인공들의 내레이션이 머리에 남고 자연스럽게 마마스앤파파스(The Mamas and the Papas)의 「California

| 중경삼림(1994)
감독: 왕자웨이
주연: 다케시 가네시로, 린칭샤, 량차오웨이, 왕페이, 저우자링 외

Dreamin'」을 흥얼거리게 된다. 화면 속 소품도 치밀하다. 특히 경찰663(량차오웨이, 梁朝偉)이 페이(왕페이, 王菲)가 준 젖은 종이 항공권을 말리기 위해 편의점 온장고에 넣는 장면은 웃음과 함께 감탄을 자아낸다. 미묘하게 연결돼 있는 두 이야기는 모두 열린 결말로 끝난다.

2 지극히 홍콩스러운 영화, 중경삼림

영화의 제목 '중경삼림'은 그 자체로 홍콩을 의미한다. '홍콩의 빌딩 숲'으로 직역할 수 있지만, 영어 제목 'Chungking Express'를 보면 그 뜻이 조금 더 명확해진다. '청킹'은 주룽반도 침사추이에 있는 '청킹 맨션'을, '익스프레스'는 홍콩섬 란콰이퐁에 있는 케밥집 '미드나이트 익스프레스'를 가리킨다. 두 장소는 두 이야기의 배경이다. 1300m의 거리를 두고 마주보고 있는 침사추이와 홍콩섬은 홍콩을 이루는 큰 영역이다. 그러니 침사추이를 대표하는 'Chungking'과 홍콩섬을 대표하는 'Express'가 합쳐진 영화 제목은 그 자체로

| 청킹 맨션(Chungking Mansion)

홍콩을 뜻한다.

침사추이역 인근에 있는 청킹 맨션은 1961년에 지어졌다. 17층에 5개 블록으로 나뉜 이 건물은 값싼 게스트하우스, 인도·중동 이민자들이 운영하는 식당, 환전소, 가게로 빽빽하다. 건물은 오래됐고 복잡한 소유권 문제로 환경개선이 더디다 보니 외지인에게 안전한 곳은 아니다. 영화 오프닝을 장식하는 장소가 바로 청킹 맨션이다. 노랑머리 마약 밀매업자(린칭샤, 林靑霞)는 자신을 배신한 백인 보스를 제거하기 위해 이곳에서 총격전을 벌인다. 실제 이곳은 마약거래의 중심이었고 범죄자와 사기꾼들의 피난처다. 하지만 이 또한 홍콩의 매력으로 생각하는 관광객들을 불러들이고, 그중 몇몇은 범죄의 대상이 된다.

| 소호(SOHO) 지역

　경찰223(다케시 가네시로, 金城武)이 가끔 들러 샐러드를 사기도 했던 미드나이트 익스프레스에서 페이는 경찰663을 만나 사랑에 빠진다. 그러니 미드나이트 익스프레스는 두 에피소드가 겹치는 지점이기도 하다. 란콰이퐁에 있었던 미드나이트 익스프레스는 실제 케밥집이었는데 2005년 폐업했다. 란콰이퐁은 1980년대 소호(SOHO) 지역에 미드레벨 에스컬레이터가 만들어진 후 뜨기 시작했다. 다길라가 남쪽 안으로 기역(ㄱ) 자 형태로 휘어진 란콰이퐁에는 주로 외국인들이 이용하는 100여 개의 상점들이 밀집해 있다. 영국 식민지 시대에 관청이 몰려 있던 황후상 광장과 차터 가든 일대를 홍콩섬의 중심으로 봤을 때, 소호 지역은 중심지와 고급 주택 지역인 미드레벨, 빅토리아 피크 사이의 점이지대다. 소호는 'South of Hollywood Road'의 줄임말로, 여기에 등장하는 할리우드 로드는 영국 식민 통치 시기에 북쪽으로 나란히 지나가는 퀸즈 로드 센트럴 다음으로 착공돼 먼저 완공된 오래된 길이다. 흥미로운 건 할리우드하면 떠오르는 로스앤젤레스의 할리우드와는 아무런 관련이 없다는 것이다. 실제 '할리우드 로드'라는 이름이 붙은 시기는 1844년이었다.

　지형적으로 높기는 했지만 도심과 가깝다는 이점 때문에 도심에 일자리를

| 센트럴미드레벨 에스컬레이터(Central-Mid-Levels Escalator)

둔 사람들이 소호 지역에 거주하기 시작했다. 인구밀도가 높아지면 자연스럽게 교통량이 증가하는 법. 하지만 지형적인 제약으로 소호 지역에 도로를 만들기는 쉽지 않았다. 결국 1987년 이곳에 에스컬레이터를 설치하자는 제안이 있었고 1991년 착공됐다. 에스컬레이터 공사는 당초 예산을 훨씬 초과해 1993년 10월에 끝났다. 심지어 1996년에는 감사위원회에서 공사비 초과와 시설설치에 따른 교통 분담효과가 미비하다는 점을 들어 비판을 제기했다. 하지만 에스컬레이터가 설치된 후 외국인들은 당시 저렴했던 이 일대 부동산에 관심을 갖기 시작했다. 더욱이 소호 일대 건물들은 저층에는 상업시설, 상층에는 주거시설이 섞여 있어서 마치 유럽 구도심의 거리 풍경을 떠오르게 했다. 결국 소호 지역의 변화는 이 일대에 있던 역사 유산마저 사라지게 할 정도로 급격하게 일어났다. 영화 속 경찰663의 집이 미드레벨 에스컬레이터 옆이었다. 그래서 경찰663이 집 안에 있는 온갖 사물과 대화할 때마다, 페이가 몰래 집에 들어가 무언가를 하나씩 바꿀 때마다, 에스컬레이터의 반복적인 기계음이 희미하게 배경에 깔린다. 마치 도시의 심장박동 소리처럼.

3 1997년 7월 1일, 홍콩인들의 유통기한

청킹 맨션이 있는 침사추이 일대는 오래전부터 중국인들이 생활의 터를 잡고 살아왔던 곳이다. 중국은 아편전쟁 후 난징조약에 따라 홍콩섬을 영국에 할양(割讓)했다. 1860년에는 베이징조약을 통해 주룽반도와 스톤커터스섬을 추가로 할양했다. 그리고 1898년 양국은 제2차 베이징조약에 의거 신계지(新界地)와 235개 부속 섬에 대한 99년간의 조차계약(1898년 7월 1일~1997년 6월 30일)을 체결했다. 그렇게 홍콩의 유통기한은 시작됐다.

99년은 삼대에 걸친 긴 시간이다. 그렇다고 다가오지 않는 시간도 아니다. 1997년 7월 1일, 약속의 시점이 다가올수록 홍콩인들은 불안해 했다. 일부는 홍콩을 떠나 영국·호주·미국, 가깝게는 싱가포르와 말레이시아로 갔다. 그들에게는 유통기한이 없는 안정된 땅이 필요했다. 하지만 대부분의 홍콩인들은 그 변화를 온몸으로 맞아야 했다. 일부는 그 변화에 설레했다.

우리는 유통기한이 지난 것들은 폐기돼야 한다고 알고 있다. 하지만 유통기한이 지난 체제와 그 지역에서 살아온 사람들은 어떻게 되어야 할까? 새로운 통치자, 새로운 체제, 새로운 질서를 특정 시점을 기준으로 갑자기 받아들일 수 있을까? 마치 새로운 유통기한이 찍힌 통조림을 편의점에서 사듯이?

만우절에 이별을 통보받은 경찰223은 유통기한이 5월 1일까지인 파인애플 통조림을 사 모은다. 그날은 그의 생일이기도 하다. 5월 1일이 다가올수록 유통기한이 임박한 파인애플 통조림을 구하기가 점점 더 어려워진다. 곧 폐기될 통조림을 파는 가게는 없기 때문이다. 결국 경찰223은 편의점 직원과 말다툼을 하지만 괜한 시비일 뿐이다. 5월 1일 하루 전, 경찰223은 그동안 모아놓은 통조림을 먹어치운다. 후추

와 핫소스를 뿌려가며 다 먹는다. 파인애플 통조림은 경찰223을 떠난 연인이 좋아하던 것이다. 그러니 그에게 파인애플 통조림은 옛 연인에 대한 추억이고 지나간 사랑이다. 새로운 변화 앞에 선 홍콩인들은 누군가에 의해 유통기한이 지났다고 결정되어 버린 과거를 먹을 수밖에 없었다. 급하게 먹어 소화시킬 수 없어도 그냥 꾹꾹 자신들의 몸속에 욱여넣었다. 경찰223이 통조림을 사 모으면서 읊조렸던 "세상에 유효 기간이 없는 것은 없는 걸까?"라는 말은 냉정하고 기계적으로 다가오는 반환일을 앞두고 홍콩인들이 할 수 있는 전부였다.

경찰663의 방식도 크게 다르지 않다. 스튜어디스였던 여자친구의 갑작스러운 이별 통보에도 그는 슬퍼하지 않는다. 오히려 이별의 아픔을 이겨내기 위해 자신의 집에 있는 모든 사물과 대화를 시작한다. 커다란 인형을 붙잡고는 "사실, 한 사람을 이해한다고 해도 그게 다는 아니야. 사람은 쉽게 변하니까. 사람은 흔들릴 때가 있어. 그녀에게 기회를 주자"라고 하고, 물바다가 된 집을 보며 "내가 물 잠그는 걸 잊어버렸나, 아니면 이 방에 감정이 생겼나? 강한 줄 알았는데 이렇게 많이 울 줄 몰랐다. 사람이 울면 휴지로 끝나지만 방은 한번 울고 나면 훨씬 일이 참 많아진다"라고 독백한다.

4 미래를 살다

통조림을 모두 먹어치운 경찰223은 바를 찾는다. 그리고 바에서 처음으로 마주치는 여자와 사랑을 할 거라며, 바 문을 쳐다본다. 이때 등장하는 인물이 린칭샤다. 그런데 그녀의 차림새가 특이하다. 동양인이지만 금발이고, 레인코트를 입었지만 선글라스를 쓰고 있다. 린칭샤가 이런 차림새를 하고 있는 이유는 언제 비가 올지, 태양이 뜰지 모르기 때문이다. 불확실한 미래를 준비하기 위해 그녀는 모든 것을 다 갖추고 다닌다. 감독은 금발머리를 한 동양인을 통해 아시아에 있는 유럽의 작은 섬이었던 과거의 홍콩을, 레인코트와 선

글라스를 통해 예측할 수 없는 홍콩의 미래를 상징했다. 그리고 이런 차림새를 통해 미래에 대처하는 홍콩인들을 은유했다. 쉬고 싶다는 그녀를 경찰223이 데려간 호텔방은 702호다. 702호는 홍콩의 통치자가 영국에서 중국으로 바뀐 7월 1일 다음 날인 7월 2일을 의미한다. 702호에 들어선 경찰223과 금발머리는 미래를 산 셈이다. 그럼 미래에서 그들은 무엇을 했을까? 격한 애정행위? 아니다. 금발머리는 자기가 원한 대로 쉬었고 경찰223은 샐러드를 꾸역꾸역 먹고 광둥어(중국의 방언)로 된 영화 두 편을 본 뒤 그녀의 구두를 넥타이로 닦았다. 그리고 호텔 방을 나왔다. 미래에서 두 사람은 지극히 평범한 일상을 보냈다. 물론, 영국의 것이었던 홍콩을 잊지 못했던 경찰223은 금발머리로부

터 생일 축하 메시지를 받으면서 새로운 사랑을 기대한다. 홍콩이 중국의 것이 되어도 여전히 홍콩인들은 일상을 보낼 것이고 그러다 보면 새로운 사랑과 희망을 가질 수 있다는 왕자웨이(王家衛) 감독의 바람이 읽히는 장면이다.

두 번째 이야기에서도 비슷한 메시지가 읽힌다. 페이가 하나씩 바꿔놓은 경찰663의 집에

는 불안과 기대가 교차한다. 마치 중국이라는 새로운 주인을 맞이해야 하는 홍콩처럼. 페이가 하나씩 바꿔놓은 방의 변화는 새로운 중국이 하나씩 바꿔놓을 홍콩의 변화다. 이를 알아차리지 못하는 경찰663과 같이 미래의 홍콩인들도 새로운 변화를 알아차리지 못했으면 좋겠다는, 혹은 홍콩인들이 알아차리지 못할 정도로 자연스러운 변화를 중국이 이끌어주면 좋겠다는 감독의 제안이다. 그리고 그 바람은 낮에 집에 들른 경찰663이 페이와 마주치는 장면에서 정점에 달한다. 경찰663에게 새로운 사랑이 다가온 것을 직감하듯 중국의 것이 된 홍콩인들도 두려워하지 말고 그 순간을 직감하길……

5 홍콩, 두 번째 유통기한을 향해 가다

1997년 7월 1일은 홍콩이 맞이하는 마지막 유통기한이 아니었다. 오히려 현

| 범죄인 송환법 반대시위

재 홍콩인들이 염려하는 건 '일국양제(一國兩制)'가 끝나는 2047년 7월 1일이다. 홍콩 반환 협정문에는 홍콩 기본법의 효력을 50년으로 한정했다. 그리고 2047년 이후 홍콩특별행정구가 어떤 방식으로 홍콩을 통치할지 명시하지 않았다. 중국 공산당 내에서도 다양한 추측이 오갈 뿐이라고 한다. 1998년 반환한 지 1년이 지났을 때 홍콩에 처음 갔었다. 그때, 사람들에게 중국 반환 이후 당신은 어떻게 불리고 싶으냐고 물었다. 그러자 그들은 중국인이 아닌 '홍콩 주민(Hongkonger)'으로 불리고 싶다고 답했다. 당시 이 단어는 옥스퍼드 영어 사전에도 등재되어 있지 않았다(2014년 3월 등재).

다시 20년 이상이 지난 지금에는 '홍콩 주민'이라는 단어의 정의마저 흐릿해지고 있다. 공식적으로는 홍콩 출신이거나 법적으로 유효한 홍콩 거주권을 가지고 있는 사람이라도 자유, 인권, 민주주의적인 핵심가치를 공유하는 홍콩 출신인가 하는 정서적인 기준으로 봤을 때 판단은 달라질 수 있기 때문이다. 특히 현재 홍콩 시위를 주도하고 있는 20대에게 영국의 홍콩은 체감하지 못한 과거다. 그래서 반환 시점에 20대였던 현재의 40대가 시위 현장에서 흔드는 영국 깃발은 솔직히 대안이 아니다. 40대가 홍콩 주민으로 누렸던 자유, 인권, 민주주의적 가치는 지금의 20대가 누리고자 하는 그것들과 다를 수 있다. 두 번째 유통기한까지 남아 있는 27년 동안 홍콩은 계속 부유할 듯하다. 그리고 그 과정에서 중국은 주변 이민족을 자신의 속국으로 삼기 위해 꾸준히 교화하고 동화했던 중화의식을 홍콩에도 적용할 것이다. 홍콩의 두 번째 유통기한까지 중국은 홍콩에 대한 중화를 끝내려 할 것이고, 현재의 홍콩 주민들은 자신들만의 연대의식을 공고히 할 것이다. 현재 중국과 홍콩 주민들은 경찰663과 페이가 엇갈렸던 다른 캘리포니아를 꿈꾸고 있는지도 모른다. 그렇다 하더라도 1년 전 페이가 준 종이 항공권을 꺼내며 목적지를 묻는 경찰663처럼 서로가 가고 싶은 곳을 물어볼 수 있다면 여전히 홍콩은 매력적일 것 같다.

✈ 홍콩을 여행하는 방법

① 추천할 만한 여행 코스

홍콩 주변 섬과 디즈니랜드를 방문하지 않는다면 3박 4일 일정을 추천합니다.

첫 날은 주룽반도를 중심으로 중국에 가까운 홍콩인들의 삶을 돌아보세요. 이와 동시에 불쑥불쑥 솟아 있는 마천루들과 대비되는 풍경을 바라보는 것도 추천드립니다. 동선은 몽콕의 랑햄플레이스(Langham place)에서 시작해 남쪽으로 침사추이까지 내려오면 좋습니다. 특히, 2009년 개장한 1881헤리티지는 옛 건물 속에서 홍콩의 현재를 느낄 수 있습니다. 마지막으로 워터프런트에서 반대편 센트럴 지역 마천루들의 야경을 놓치지 마세요.

두 번째 날은 홍콩의 현대를 느낄 수 있는 센트럴 지역을 돌아보세요. IFC 뿐만 아니라 완차이 지역, 무엇보다 영화의 배경이 되는 소호 지역과 미드레벨은 필수 코스입니다. 시간이 있다면 소호 지역과 미드레벨은 아침과 저녁 그리고 주말에 각각 방문해 보세요. 매 시간 다른 모습을 느낄 수 있습니다. 그리고 홍콩 여행의 하이라이트 빅토리아 피크 전망대에도 꼭 올라보세요.

마지막 날은 구룡반도와 센트럴 어느 곳이든 조용히 앉아 바쁘게 움직이는 홍콩인들을 바라보는 것을 추천 드립니다. 전 세계 어느 도시보다 바쁘고 많이 걷는 홍콩인들을 조용히 바라보고 있으면 영화 속에서 왕자웨이 감독이 사용한 카메라 앵글과 미장센이 겹쳐집니다.

② 숨겨진 도시의 명소

어느 한 곳을 정할 수 없지만 소호 지역의 카페나 바를 추천합니다. 단, 거리를 바라볼 수 있는 창가에 앉으세요. 바쁘게 걸어가는 홍콩인들 속에서 유유자적하는 자신의 모습이 이방인처럼 느껴질 겁니다.

③ 인상 깊었던 점

에어컨이 가동되는 스카이웨이(Skyway)가 거미줄처럼 네트워크를 이루고 있다는 점이 인상적이었습니다. 홍콩의 스카이웨이를 다룬 『땅이 없는 도시(Cities Without Ground)』라는 책이 2012년에 출간되기도 했습니다.

15장
지상낙원에서 마주하는 현실, 호놀룰루

임주호 │ LH토지주택연구원 수석연구원

│ 호놀룰루 다운타운(Honolulu Downtown)

1 도시의 민낯

하와이는 많은 이들에게 최고의 휴양지로 손꼽힌다. 하지만 알렉산더 페인 (Alexander Payne)이 감독하고 조지 클루니(George Clooney)가 주연을 맡은 영화 〈디센던트(The Descendants)〉에서 하와이는 미국의 현실을 극적으로 드러내는 공간이다. 2011년에 제작된 이 영화는 지금도 인터넷에서 하와이를 여행하기 전에 볼만한 영화로 많이 추천되고 있다. 필자 역시 '일상의 결핍을 채우기 위해 떠나는 휴가'를 준비하면서 보게 되었다. 그렇지만 일상의 복잡한 일들을 잠시 잊으러 떠나는 가족여행에 이 영화를 보라고 추천하는 것은 적절하지 않을 수 있다. 비록 카메라가 낙원과 같은 하와이의 아름다운 풍광 곳곳을 비추고 있지만, 그곳에서 펼쳐지는 사건은 불륜과 죽음, 유산 다툼과 같이 흔하지만 골치 아픈 현실의 문제들이기 때문이다.

본토에 사는 친구들은 내가 하와이에서 사니까 매일매일 휴가를 보내는 것처럼 지낼 것이라고 생각한다. 날마다 해변에서 칵테일을 마시고, 서핑하고, 엉덩이를 흔드는 훌라춤을 추면서 살 것이라고. 제정신인가? 하와이에 살면 인생을 즐기기만 한다고? 우리 가족도 마찬가지로 막장이고, 여기 사는 사람들도 암에 걸리고, 똑같이 아프고, 마음 아픈 일이 생긴다. 서핑을 안 한 지도 15년이다. 그리고 나는 지난 23일간 튜브와 오줌주머니의 '낙원'에 살고 있다. 낙원? × 같은 소리 하네!

| 디센던트(2011)
감독: 알렉산더 페인
출연: 조지 클루니, 주디 그리어, 보 브리지스 외

조지 클루니가 열연한 주인공 매트 킹의 독백과 함께 보여주는 호놀룰루 다운타운의 모습은 여느 대도시 한복판과 다르지 않다. 감독의 시선은 호놀룰루의 전경에 이어 고속도로의 교통체증, 도심부 상가를 거니는 보행자들, 광장의 노숙자, 보도 위를 힘겹게 지나가는 휠체어 탄 장애인, 바닷가 판잣집에 사는 빈곤한 원주민들로 이어진다. 우리가 쇼핑과 휴양의 천국으로 알고 있는 호놀룰루의 민낯을 그대로 드러내는 것이다.

하와이의 주도(州都)인 호놀룰루는 도심부 인구가 약 39만 명, 광역 인구는 약 95만 명으로 하와이주 전체 인구의 3분의 2를 차지하는 도시다. 제2차 세계대전이 끝나고 1959년 미국의 50번째 주로 편입되면서 하와이의 경제는 관광업과 관련 서비스업을 중심으로 급속히 성장했

| 와이키키 해변(Waikiki Beach)

고, 와이키키를 비롯한 여러 해변 곳곳에서 리조트 개발이 이어졌다. 그래서 호놀룰루는 미국에서도 집값과 물가가 비싼 도시에 속한다. 각 도시별로 삶의 질을 다양한 지표로 비교하는 넘비오(NUMBEO.com)에 따르면 2021년 5월 14일 기준으로 호놀룰루는 미국에서 잡화 및 식료품의 물가가 가장 비싸고, 주택임대료비용을 포함한 생활물가는 여섯 번째로 높은 도시다. 관광 천국으로 몰려드는 사람들과 부동산 개발 붐으로 급속히 성장한 도시는 필연적으로 원주민과 전통사회의 붕괴, 양극화, 가족의 해체와 같은 사회문제의 무대가 된다. 이러한 이슈들에 주목해 온 알렉산더 페인 감독에게 호놀룰루는 천국 같은 자연과 대조적으로 변화하는 미국 사회의 일면을 적나라하게 보여주기에 좋은 도시다.

2 가족은 군도(群島)와 같다

이 영화는 가족영화다. 주인공 매트는 부동산 계약을 전문으로 하는 변호사로 바쁜 일을 핑계로 가정에는 소홀했던 가장이다. 아내 엘리자베스(퍼트리샤 해스티, Patricia Hastie)와 진지한 대화를 나눈 지도 오래, 아내는 그만 모터보트 사고로 머리를 다쳐 식물인간이 되고 만다. 이제 열 살인 둘째 딸 스코티(아마라 밀러, Amara Miller)는 중태에 빠진 어머니 사진으로 학교에서 관심을 끌려 하거나 문자 메시지로 친구를 괴롭히는 등 삐딱선을 타기 시작한다. 매트는 아내가 회복할 수 없으며 연명 치료를 중단해야 한다는 이야기를 듣게 된다. 곧 다가올 아내의 죽음을 준비하기 위해 빅아일랜드의 사립 기숙학교에 다니는 17살 큰딸 알렉산드라(셰일린 우들리, Shailene Woodley)를 데리러 가지만, 큰딸은 술에 취한 사춘기 반항아의 모습으로 나타난다. 졸지에 아내와의 소원했던 관계를 회복할 기회도 잃고, 아직 엄마의 손길이 필요한 자녀들의 양육도 도맡아야 하는 처지가 된 것이다.

위기에 처한 중년 남성의 대응과 변화를 통해 영화는 가족관계의 본질로 접근한다. 큰딸을 데리러 빅아일랜드로 날아가는 비행기에서 매트가 읊조리는 대사는 이를 함축하고 있다.

"가족은 군도와 같다. 한 덩어리를 이루지만 각자 분리된 섬들이다. 그리고 서로에게서 점차 멀어진다."

이후 영화는 이러한 주제가 선명하게 드러나는 흐름으로 이어지는데, 그 출

발점은 극단적인 갈등이 표출되는 순간이다. 매트는 알렉산드라에게 엄마의 예정된 죽음을 같이 준비해야 한다고 말하지만, 방황하는 사춘기 소녀로만 생각했던 딸에게서 아내의 불륜 사실을 듣게 된다. 그는 분노에 휩싸여 아내 친구의 집까지 한걸음에 달려가 아내의 불륜 상대가 누구인지, 아내가 그를 얼마나 사랑했는지를 캐묻는다. 이 장면에서 감독의 현대 사회에 대한 냉소적인 시각을 읽을 수 있다. 경제적 안정만을 좇아온 중산층 가정은 얼마든지 서로의 무관심으로 붕괴 위기에 처할 수 있고, 중년의 가장도 사춘기 전후의 자녀들과 마찬가지로 불완전한 존재이며, 아내의 배신에 동네 한구석에서 훌쩍거릴 수밖에 없는 찌질하고 비참한 아저씨에 불과할 뿐이다.

그럼에도 불구하고 영화는 아내의 주변을 정리하는 과정을 통해 가족이라는 것은 우연에 가까운 인연이지만 끊을 수 없는 관계라는 것, 그리고 이를 유지하거나 회복하기 위해서는 어쩔 수 없는 침묵과 이해가 필요하고 때로는 희생을 감내해야 함을 상기시킨다. 매트는 아내가 자신과 이혼하려 했다는 것을 알고 아내의 정부(情夫)였던 부동산중개인 브라이언(매튜 릴라드, Matthew Lillard)을 찾기 위해 카우아이섬으로 여행에 나선다. 이 여행의 동기는 아마도 질투심이거나 복수심일 것이다. 결국 아내가 사랑했던 남자를 만나게 되지만 그는 엘리자베스를 사랑하지도 않았고 단순한 불장난 정도로 넘기려 한다. 여기서 매트는 같이 있던 브라이언의 아내에게 불륜 사실을 폭로함으로써 얼마든지 복수할 수 있었지만 엘리자베스가 죽어간다는 사실만을 전하고 돌아온다. 이는 죽어가는 아내에게 죽기 전 사랑했던 남자를 만날 기회를 주려는 마지막 배려일 수도 있다. 아니면 돌이킬 수 없는 아내의 죽음을 앞두고 있기 때문에 남은 딸들을 지탱해야 하는 가장으로서 상대편 가족의 붕괴를 원하지 않

았을지도 모른다. 이 중년 남성의 뒤늦은 깨달음은 딸의 불행을 딸에게 소홀
했던 사위의 탓으로만 여기는 장인 앞에서 아내의 불륜에 대해 침묵하는 모습
으로도 드러난다.

3 후손에게 물려줄 것은 무엇인가

영화의 제목인 디센던트(descendant)는 '후손'이라는 뜻이다. 매트는 하와이
왕국을 세운 카메하메하 1세의 후손이다. 매트의 고조할머니는 왕가의 공주
였는데 하와이 원주민과 결혼하지 않고 백인 선교사 부부의 아들인 금융인과
결혼했다. 매트는 부동산 변호사라는 전문적 직업이 있었지만, 왕가의 후손이
기 때문에 하와이 여기저기에 물려받은 땅이 많았고 이런 땅들을 팔거나 개발
해서 중산층이 된 것이다. 하지만 그는 아버지의 가르침대로 물려받은 재산에
손대지 않고 변호사로 일하며 번 돈으로 검소하게 살아왔으며, 자식들도 물려
받은 재산을 흥청망청 쓰지 않고 자신의 능력으로 사는 것이 바람직하다고 생
각한다.

영화에서는 아내의 죽음을 준비하면서 내연의 비밀을 밝히는 과정과 평행
하게 킹 가문이 물려받은 카우아이섬의 토지 처분 문제가 진행되다가 두 사건
이 서로 엮인다. 매트는 아름다운 해변이 있는 토지의 처분 의결권을 물려받은
신탁관리자로서 영구구속 금지원칙에 따라 7년 안에 개발 여부를 결정해야 한
다. 거대 리조트로 개발하려는 여러 회사가 경쟁적으로 제안을 해오고, 매각을
하면 사촌들도 각자 지분에 따라 현금을 나누어 가질 수 있다. 매각할 대상자
를 결정하기 위한 투표를 앞두고 친척이나 주변으로부터 여러 이야기를 듣게
되는데, 다수의 친척들이 카우아이 출신으로 실리콘밸리에서 성공한 홀리처라
는 개발업자 편에 선다.

영화 초반부에 매트는 사고를 당한 아내에 대한 죄책감으로 그녀가 회복되

| 카우아이섬(Kauai Island)

면 토지를 매각해 들어올 돈으로 소원했던 관계를 회복하겠다고 생각한다. 변호사 일을 접고 아내가 원하던 대로 프랑스에 별장과 모터보트를 사서, 함께 세계여행도 하겠다고. 그러나 아내의 정부인 브라이언 스피어를 찾아 떠난 카우아이 여행에서 매트는 지주 중 한 명인 사촌 형 휴(보 브리지스, Beau Bridges)를 만나고 충격적인 이야기를 듣는데, 브라이언이 홀리처의 처남이며 토지를 홀리처에 매각하게 되면 이후 개발된 부동산의 거래수수료로 큰돈을 벌 수 있다는 것이다. 신탁받은 토지의 매각 여부와 대상자를 결정하는 투표일이 되자 매트는 홀리처에게 매각하기로 뜻을 모은 사촌들을 뒤로하고 이렇게 말한다.

우리는 하와이의 후손들이고 이 땅은 어떻게든 우리와 연결되어 있다. 우리가 우연히 물려받은 땅에 한 것은 아무것도 없으면서 이 땅을 팔면, 우리가 지켜야 할 것이 영원히 사라진다.

4 개발과 가치, 장소와 상징

영화에서 공간과 상징들은 다채롭게 또는 줄거리와 대비를 이루며 주제를 드러낸다. 인생에서 고통과 기쁨은 역설적으로 반복되기 마련이므로, 미래를 살아야 하는 후손들에게 물려줄 진정한 유산은 결국 땅이나 돈과 같은 유형의 재산이 아니라 가족관계나 사회를 지속 가능하게 만드는 무형의 가치라고. 영화는 매트와 두 딸이 소파에서 엘리자베스가 덮고 있던 하와이언 퀼트 담요를 덮고 아이스크림을 먹으며 남극에 관한 TV 다큐멘터리를 보는 장면으로 끝나는데, 담요는 엄마가 남편과 딸들에게 남긴 유산이자 회복된 가족관계와 유대감을 상징한다. 바다와 물도 두 딸의 엄마인 엘리자베스의 모성을 상징한다. 첫 장면에서 바다는 엘리자베스가 보트를 타며 생의 마지막 기쁨을 느끼는 공간이지만, 끝부분에서는 한 줌의 뼛가루가 되어 천국으로 돌아가는 곳이다. 집에 돌아온 알렉산드라가 수영장이 지저분하다고 불평하자 매트는 엄마가 죽음을 앞두고 있음을 알리고 알렉산드라는 물속에서 오열한다. 매트는 병원에서 아내의 회복 불능 소식을 듣고 스코티를 와이키키 바다로 데려가는데, 여기서 스코티는 천진난만하게 스노클링을 한다.

엘리자베스가 죽기 전 브라이언의 아내가 병실로 찾아와 남편이 사랑하지 않은 불륜 상대를 용서하는 장면은, 매트가 신탁토지의 매각을 유보함으로써 브라이언의 가족관계가 다시 회복되었음을 보여주며 영화의 주제를 강조한다. 이는 도시재생이나 부동산 개발에서 근본적으로 떠오르는 '개발사업에서 현세대가 이익을 얼마나 취해야 하고 미래세대에게 얼마나 남겨줄 수 있는가? 외부인에 의한 개발이익이 어떻게 지역사회로 돌아올 수 있는가? 개발은 결국 가족이나 사회를 유지하는 가치와 질서를 파괴하는가?'라는 질문들과 맞닿아 있기도 하다.

이 영화를 통해 우리는 하와이의 아름다운 풍경과 장소들의 이면에 하와이언들의 복잡하고 고단했던 삶이 깃들어 있음을 알아차리게 된다. 감독은 영화의 줄거리와 여러 장면을 통해 하와이의 역사와 지역사회의 특징을 엿보게 해준다. 하와이는 미국에서도 백인 비율이 낮은 지역 중 하나다. 매트는 하와이 원주민(왕족)과 백인의 혼혈로 근대 이전의 유산을 많이 물려받았지만, 현대적인 질서(법률)에 따라 후손에게 전수할 수도 있는 중산층이다. 많은 원주민들이 그랬듯, 다른 사촌들과 함께 선대의 유산을 탕진하고 가족관계나 사회적 유대감을 잃어버릴 수도 있었다. 매트는 둘째 딸 스코티가 괴롭혔던 아시아계 이민자로 보이는 친구의 어머니에게서 카우아이 토지 개발에 대한 지역사회의 우려를 전해 듣기도 한다. 결국 호놀룰루 역시 다양하고 이질적인 사람들이 불안하게 공존하며 살아나갈 수밖에 없는 현대 도시들 중 하나일 뿐이다.

✈ 하와이를 여행하는 방법

① 추천할 만한 여행 코스

호놀룰루는 하와이 군도의 관문도시이자 교통의 중심지이기 때문에 호놀룰루 도시 자체보다 하와이 여행 코스를 어떻게 짤 것인지에 대한 팁을 드리고자 합니다. 하와이 군도는 제주도보다 큰 여러 섬으로 구성되어 있고, 각각의 섬을 이동하려면 국내선 항공편을 이용해야 합니다. 따라서 여행 기간이 1주일 미만이면 호놀룰루가 있는 오아후섬만 돌아보아야 하고, 그 이상일 때 마우이나 빅아일랜드, 카우아이와 같은 다른 섬을 여행 코스에 추가할 수 있습니다. 저 같은 경우 오아후와 빅아일랜드를 여행했습니다. 오아후섬에서는 제2차 세계대전의 역사를 볼 수 있는 진주만, 빅아일랜드에서는 활화산과 용암을 직접 볼 수 있는 화산국립공원을 여행 코스에 꼭 넣어야 합니다.

| 다이아몬드 헤드(Diamond Head)

② 숨겨진 도시의 명소

어디라고 콕 짚어드릴 수 없지만 호놀룰루뿐만 아니라 하와이 주요 도시에 있는 파머스 마켓(Farmers' Market)을 검색해서 방문해 보세요. 열리는 시간을 잘 검색해서 가보시면 현지인들의 생활을 살짝이나마 엿볼 수 있습니다.

③ 인상 깊었던 점

하와이에서는 원주민의 전통 문화, 미국 본토에서 이주해 온 백인들의 문화, 그리고 아시아 이민자들의 문화가 곳곳에 섞여 있는 것을 볼 수 있습니다. 한국인 여행자로서 저에게는 진주만을 공격하고 미국에 패전한 나라인 일본인들이 하와이로 건너와 정착해 투자하여 그들의 문화가 여러 곳에 스며들어 있다는 것이 역설적으로 느껴졌습니다.

| 마카푸 전망대(Makapu'u Lookout)

3부 허구와 현실의 경계 읽기

City Tour on a Couch:
30 Cities in Cinema

16장

가장 현실적인 허구의 도시, 고담시

문정호 | 국토연구원 선임연구위원

1 인간적인, 너무나 인간적인

대부분의 독자들이 알다시피 배트맨은 슈퍼맨처럼 외계인도 아니고, 스파이더맨이나 울버린 같은 돌연변이 혹은 괴물도 아니다. 그저 어릴 때 강도 살인 사건으로 부모님을 여의고, 그 트라우마를 평생 지고 가면서, 범죄자들에게 화풀이나 하는, 힘이 장사고 싸움 잘하는 재벌 2세인 사람이다. 현대 민주주의 법치사회의 정의 구현을 믿지 못해 불법으로 개조한 차량을 타고 다니며, 역시 법적으로 허가받았을 리 없는 각종 흉기를 소지, 사용하는 이른바 도시의 사냥꾼이다. 엄청 잘난 것이 사실이고, 그 사실을 남들이 몰라주면 '어째

쓰까' 노심초사하면서도, 마음 한구석에 부끄러움
은 있는지 그 잘난 박쥐 가면(실제로는 도베르만 대가
리처럼 보이지만)으로 자기 정체를 감추는 다중인격
내지는 조울증 증상을 보이는 위험한 사람이다.
그런 배트맨이 나는 너무 좋다(아이언맨도 그냥 사람
이지만 결함이 많기로는 배트맨만 못하지. 그래서 배트맨
이 더 좋다).

　쥐 종류(설치류)는 원래 오래 사는 것일까? 1928년
생 미키마우스나 1939년생 배트맨은 꽤 나이를 잡
쉈는데 아직 짱짱하다(황금박쥐에 관해서는 말하지 않
겠다). 미키 옹(翁)께선 요즘 뭐 하시나 잘 모르겠으
나, 배트맨은 여전히 엄청 잘 나가신다. 특히 2005
년, 2008년, 2012년 세 번에 걸친 영화화를 통해
다시 전성기를 맞고 있는 건 아닐까 싶다. 존경하
옵는 크리스토퍼 놀란 감독님 덕분이겠지. 〈배트
맨 비긴즈(Batman Begins)〉에서 배트맨의 성장과
정체성 정립 과정을 보여주고, 〈다크 나이트(The
Dark Knight)〉로 그의 내적 모순과 외적 갈등의 양
상을 드러냈으며, 〈다크 나이트 라이즈(The Dark
Knight Rises)〉를 통해 사회정의로의 회귀와 희망

| 배트맨 비긴즈(2005)
감독: 크리스토퍼 놀란
출연: 크리스찬 베일, 마이클
케인, 리암 니슨 외

| 다크나이트(2008)
감독: 크리스토퍼 놀란
출연: 크리스찬 베일, 히스 레
저, 에런 에크하트 외

| 다크나이트 라이즈(2012)
감독: 크리스토퍼 놀란
출연: 크리스찬 베일, 게리 올
드만, 앤 해서웨이 외

의 연속성을 밝히셨으니, 배트맨의 지속 가능함을
신봉하지 않을 수 없게 되었다.

아무튼 왜? 배트맨은 (기회가 있을 때) 조커를 죽이
지 않았을까? 우리글로도 번역된 『배트맨과 철학
(Batman and Philosophy)』에서 제기하는 첫 번째 질
문이다. 뭐, 정답이 중요한 것은 아니고. 비록 가공
의 인물, 그중에서도 최하급(?)에 속하는 만화 주인
공인데도 배트맨은 이렇듯 철학의 소재, 사유의 대
상이 되며 성찰할 가치가 있다는 점에 주목해 보자.

어릴 때부터 불운했고 현재까지도 정신적 트라우마를 이기지 못한 고독한 영웅
…… 이중인격(부유한 자산가인 브루스 웨인과 밤의 기사인 배트맨)을 지녔으며 음
울하고 목표를 위해서라면 주변 사람들을 이용하는, 그러면서도 절대선의 추구
때문에 무고한 사람들을 죽이는 조커를 그냥 살려주는 이해하기 어려운 배트맨.●

아무리 돈이 많아도, 아무리 싸움을 잘해도, 또 아무리 인기가 높다 한들, 외
롭고 괴롭고 의사결정장애와 애정결핍증에 시달리는 우리 배트맨, 너무나 인

● 신지훈. 2016.5.18. "배트맨과 철학: 영혼의 다크 나이트". http://blog.naver.com/zse4321qa/
220712757982

간적이지 아니한가.

2 진짜 같은, 너무나 진짜 같은

소설이든 영화든, 실화든 허구든 재미있는 이야기에는 꼭 필요한 구성요소가 있겠다. 여러 가지 관점에서 여러 가지 요소를 꼽을 수 있겠지만, 대략 인물, 사건, 배경 요렇게 세 개가 핵심 요소라고 가정해본다. 그중에서도 배경에 대해, 특히 시대적, 사회문화적, 정치경제적 배경이 같이 녹아들어 있는 공간적 배경에 좀 더 집중하는 것이 '영화와 도시'의 핵심 관점이 될 것이다. 그래서 이 글에서는 배트맨, 그 인간적인 분보다는 '탐욕, 부패와 범죄의 도시'이자 배트맨이 목숨을 걸고 지키고자 한 고담시를 더욱 중요한 주제로 삼으려 한다.

구약성경에 나오는 소돔과 고모라, 끝없이 타락하여 창조주의 노여움을 사는 바람에 멸절된 도시, 언제부터 누가 이렇게 설명하기 시작했는지 확인할 수는 없지만 '고담'이라는 이름이 소'돔'과 '고'모라의 합성어라는 설이 있다. 아시다시피 소돔과 고모라는 풀뿌리 하나, 벽돌 한 장 남기지 못했다고 전해지는데, 고담이 그렇게까지 벌을 받아야 하는가 하는 의아심이 생긴다. 그래서 뭔가 석연치 않아, 웹 서핑을 하다 보니 일면 수긍이 가는 설명이 발견된다. 설인즉슨, 옛 영어 단어 'gat'는 요즘 말로 'goat(염소)'고, 'ham'은 'home(집)'이다. 합성어인 Gotham은 결국 염소들의 집이다. 서양에선, 동양에서도 비슷하지만, 염소는 곧 고집불통의 바보를 뜻하니 고담이라는 도시는 고집쟁이, 바보, 멍청이들이 모여 사는 곳이다(Lyndsay Faye, 2012). 약간이라도 냉소적인 분이라면 "고담 아닌 도시가 없겠네" 하실 게다.

미국 사람들이 고담에 투영하는 이미지는 아마도, 혹은 단언컨대 뉴욕이다. 하늘을 찌르는 마천루의 숲, 현대 자본주의의 핵심으로 자리 잡아 지극한 물

질적 욕망이 스멀스멀 피어나는 도시, 브로드웨이며 소호의 최첨단 대중문화와 유행이 명멸하는 곳, 그리고 그 이면 골목마다 범죄와 타락의 거칠고 위험한 냄새가 피어오르는 곳. 배트맨의 공간적 배경으로 다른 도시를 생각하기는 어렵다. 뉴욕이라는, 익숙한 혹은 여기저기서 많이 보고 들은 바 있는, 세계에서 가장 강하고 복잡한 대도시의 모습이 고담에 겹쳐지며 현실과 허구의 경계가 열어진다.

고담은 마이크로소프트나 구글, 애플에 맞먹는 거대기업인 웨인엔터프라이즈의 본사가 있고, 인구는 3000만 명, 세상에서 가장 화려하고 가장 부유한 곳이다. 빛이 너무 밝아 그림자가 더욱 새까만 것처럼 고층빌딩 사이 골목에는 가장 누추하고 비열한 범죄가 진행 중이다. 물론 고층 빌딩 안에서는 각종 협잡과 음모, 타락과 부(富)의 일탈이 무르익어 가고 있고, 낮은 곳의 사람들은 지렁이, 두더지처럼 살아남기 위해, 또는 순수한 악의 존재를 구현하기 위해 발버둥을 친다. 높은 곳의 사람들은 끝 모를 탐욕과 내밀한 추함을 감추지 못하고 자신들도 모르게 도시의 공멸을 재촉한다. 그리고 대부분의 보통 사람들, 드러나진 않으나 도시를 이루고 도시의 삶을 지탱하고 재생산하는 건전한 시민들은 '탐욕, 부패와 범죄'의 인질이 된다.

극적으로 과장되고 허황된 부분이 많이 있지만 매우 그럴듯하다. 일반적인 도시, 평범한 시민들은 웬만하면 큰 문제없이 살아갈 수 있는 것처럼 보이지만, 실상 도시는 전쟁터고 지옥이기도 하다. 현대자본주의 사회에서의 삶이란 치열하고 무자비한 경쟁의 도가니 속에서 진행되는 것, 숨어 있든 드러나 있든 사람들의 탐욕과 부패, 범죄는 우리 보통 사람들이 긴장과 불안을 벗어나지 못하게 한다. 고담은 비록 과장된 허구의 공간이지만 현대 사회, 특히 대도시의 삶을 너무나 진짜같이 표현하는 무대장치다.

3 고딕스러운, 너무나 고딕스러운

영화와 드라마에서 보여주는 고담의 모습은 주로 고딕 양식으로 나타난다. 날카롭고 삭막한 이미지, 마천루 사이사이 어둡고 음침한 골목길, 빌딩 귀퉁이에 매달린 불길해 보이는 중세풍의 가고일(Gargoyle)들……. 딱 배트맨 이미지가 아닐 수 없다. 어찌 보면 배트맨 그 자체가 비바람에 풍화되어 제 색깔을 잃은 칙칙한 가고일이다. 고담에 달도 없는 밤이 찾아들면 가장 높은 빌딩 꼭대기에 올라망토를 휘날리는 야경인(夜警人)의 실루엣, 고독한 사명감과 도덕적 우유부단함, 내밀한 독선과 폭력성, 복수심으로 뒤엉킨 배트맨의 복잡미묘한 심리를 표현하는 데에 제격이다.

고딕스러운 모습은 한편으로는 장엄하면서 다른 한편으로는 우울하다. 아시다시피 고딕은 르네상스 이전 12세기부터 16세기까지 풍미했던 미술과 건축양식이다. 이 유럽의 중세라는 시기가 워낙 종교적으로 엄숙하고, 정치경제적으로는 봉건적인 때이다 보니, 당시의 역사문화 유산들의 아름다움과 가치에도 불구하고 지나치게 엄숙하고 심지어는 억압적인 느낌을 주기도 한다. 무조

건 신께 용서를 빌어야 하고 무조건 봉건영주께 내 소출을 바쳐야 하는 사회, 대성당의 탑을 올려다보면 까마득하고, 처마 끝에 달려 있는 악귀 형상의 가고일은 그다지 큰 죄도 짓지 않은 나를 잡아먹을 듯하고, 이승의 모든 고달픔은 나의 원죄인지라 체념하며 살아가는 시대의 풍경이 고딕 양식이 가진 이미지 뒤편의 모습이다.

고딕풍의 도시라는 설정은 도시의 양면성을 극대화하는, 즉 높음과 낮음, 밝음과 어둠, 그리고 드러남과 숨겨짐의 대비를 극명하게 보여주면서 탐욕과 타락, 부패와 범죄의 장소라는 개연성을 높이는 장치가 된다. 뉴욕 맨해튼의 월가, 밝을 때에는 벼락부자의 로망과 욕망이 지배하지만 밤이 오면 음침한 뒷골목의 위험한 멜랑꼴리가 검은 안개처럼 내린다. 이런 이미지들이 배트맨의 이야기 구성을 강화하는 탁월한 효과를 만들면서 허구적 공간을 보다 실감나게, 더욱 공감이 가게 한다.* 이쯤 되면 고담과 뉴욕의 영상들이 서로 얽혀 무엇이 허구의 공간이고 무엇이 공간의 허구인지 알 수 없는 판타지의 세계로 순진한 관객들을 유인한다.

---

* 이런 설득력을 더욱더 높이려는 의도였는지는 모르겠지만, 허구의 공간인 고담에 관한 번듯한 자료가 많이 있다. 그중 대표적인 것이 '배트맨고담시티(http://batmangothamcity.net)'라는 누리집인데, 특히 영상 측면에서 재미있게 꾸며 놓았고 허구의 공간을 마치 실존하는 공간인 것처럼 설명하고 있다.

4 영웅적인, 너무나 영웅적인

도시는 누구의 것인가? 이건 정답이 있는 질문이다. 당연히 시민들의 것이지. 도시가 활기차게 돌아가고 안전하게 유지되기 위해서는 시민들이 부여한 공권력이 제대로 된 시스템을 설계, 운영하고 시민들은 세금을 내며 도시사회 시스템의 규칙을 잘 지키면 될 터이다. 이런 이상적인 상황이면 만화든, 영화든 재미있을 리가 없으니 어떤 식으로든 긴장감을 부여하고(악당 출몰!) 카타르시스를 제공하는(영웅 출현!) 장치를 집어넣는다. 그렇게 배트맨은 고담의 유일한 주인이 아니면서 도시민의 수호자, 도시의 영웅이 된다. 물론 배트맨이 고담의 모든 부패와 범죄를 징치하는 것은 아니고, 한낱 자경(自警)하는 개인이다. 다만 첨단 흉기를 소지하고 있고, 맞장 뜨는 일에 능할 뿐, 도시의 정상적인 시스템이라는 측면에서 보면 그 역시 범죄자 영역에 속하는 존재다.

2008년 영화 〈다크 나이트〉를 보셨는지는 모르겠지만, 극 중에 하비 덴트라는 검사가 나온다. 정의감 투철하고 능력 있는, 무엇보다도 시스템을 대표하는 인물이다. 스스로 범죄자라는 인식이 있는 배트맨은 (겸손미까지 더하니 더욱 영웅적이지 아니한가) 자기는 어둠에 묻혀 사는 존재이니, 덴트 검사를 밝게 드러난 영웅으로 추대하려고 나름 노력한다. 하지만 이 양반은 뜻하지 않은 일로 애인과 얼굴 반쪽을 잃고 '하비 투 페이스(Harvey Two Face)'라는 악당으로 거듭나는 반전이 있다. 이런 플롯은 일단 '역시 배트맨!'이라는 정당성과 영웅성을 부각하는 역할을 한다. 다른 한편으로 하비 투 페이스는 '존재'의 야누스적 양면성을 은유

하고 있는 듯하다. 앞에서 고
딕 양식의 배경이 형상적인
극적 대비를 드러낸다고 쓴
것과 같은 논리로 선함과 악
함, 아름다움과 추함, 강인
함과 약함, 자비로움과 잔인
함의 양면성을 (약간은 유치

한 방식으로) 표현하는 것이다. 사람이 이와 같으며, 또한 도시가 이와 같다.

　너무 상투적이고 진부해서 쓰기에도 송구스럽지만, 도시의 진정한 영웅은
아예 없거나 착실하게 살아가는 보통 시민들이다. 우리에게 배트맨 같은 영웅
이 반드시 필요한지는 잘 모르겠지만, 우리 주변에는 언제나 탐욕과 타락, 부
패와 범죄가 어슬렁거리고 있음을 안다. 방심하면, 아니 긴장을 늦추지 않는
데도 얻어맞고 빼앗기고 손해 보고 구박받는 일이 일상다반사이니, 배트맨 같
은 이를 갈구함직도 하다. 다시 말하지만 나는 배트맨이 너무 좋다. 우리의 현
실 속 배트맨은 마스크 쓰고 망토 두르고 나타나진 않지, 당연히. 어떤 배트맨
은 노란 조끼를 입고 나타나고, 어떤 배트맨은 녹색 조끼에 노란 깃발을 들고
나타난다. 가방 메고 학교 가는 배트맨, 양복 입고 회사 가는 배트맨……, 우
리 염소들이 사는 도시는 우리가 만들고 우리가 지킨다.

참고문헌

신지훈. 2016.5.18. "배트맨과 철학: 영혼의 다크 나이트". http://blog.naver.com/zse4321qa/220712757982.
Faye, Lyndsay. 2012. The Gods of Gotham. New York: Amy Einhorn/Putnam(안재권 역. 2012. 『고담의 신』.
　　문학수첩).
White, Mark D. and Robert Arp. 2008. Batman and Philosophy: The Dark Knight of the Soul. London: John
　　Wiley & Sons Inc.

17장

프랑스 혁명과 파리 대개조계획

이석우 | ㈜동림피엔디 대표이사

| 에투알 개선문(Arc de Triomphe)에서 바라본 파리 전경

1 대서사시로서의 〈레 미제라블〉과 프랑스 혁명

프랑스가 자랑하는 예술가 빅토르 위고(Victor Hugo)는 넘쳐나는 천재성과 휴머니즘으로 낭만주의 문학의 거장으로서 평생을 살아왔지만, 왕당파와 보나파르티스트, 다시 공화파로 전환되는 정치 편력은 결국 1851년 나폴레옹 3세(Napoléon III)의 쿠데타를 반대하던 그를 국외로 추방당하게 만들었다. 그는 벨기에와 영국을 전전하며 19년간 망명생활을 했으며 『레 미제라블(Les Misérables)』은 망명 시기인 1862년에 완성되었다.

회대의 명작 『레 미제라블』은 작가의 사상과 열정이 그대로 반영된 소설이라 할 수 있다. 이 소설은 감동적인 스토리와 탄탄한 구성만으로도 문학적 가치가 크지만, 세계적인 명작으로 손꼽힐 수 있었던 배경에는 프랑스 대혁명

이후 19세기 초의 프랑스 사회와 당시의 시대적 배경, 그리고 파리라는 도시에 대한 예리한 해부와 고찰이 수반된 장대한 대서사시가 있었기 때문이다. 소설 속에서는 장발장에게 은촛대를 건네준 주교의 과거를 통해 당시 성직자의 기득권을 구체적으로 묘사하고 있으며(당시의 제1신분이었던 성직자는 2700만 명의 국민 중 10만 명에 불과했으나 국토의 10분의 1을 소유하고 있었고, 봉건지대와 녹봉을 받으면서도 각종 면세 혜택을 누리고 있었다), 약삭빠르고 교활한 테나르디에가 등장하는 배경에는 워털루 전투의 상세한 전황과 나폴레옹의 패전 원인을 다루고 있다. 또한 코제트가 성장하게 되는 혁명시대의 수도원을 심층적으로 파고들어 변화의 시기를 놓치고 있는 프랑스의 시대착오적 모습을 구체적으로 묘사하는 등 소설 그 이상의 서사시로서의 성격을 담았다.

　빅토르 위고는 파리를 설명할 때 프랑스 대혁명의 위대함을 세계의 근대사와 비교하며, 천 년 동안 이어져 온 봉건제도를 1789년 8월 4일 밤 불과 세 시간 만에 해결(인권선언과 헌법제정)했다고 말하고 있다.

　프랑스 대혁명은 1789년 7월 14일 파리 민중이 바스티유 감옥을 습격하면

| 바스티유 광장(Bastille Place)과 7월 기둥(Colonne de Juillet)

서 시작되었다. 잦은 전쟁과 왕실의 사치로 국가 재정이 궁핍해지고, 영국과의 자유통상 조약에 따른 산업의 위기 등으로 민중의 불만이 누적되다가 국왕의 의회 해산 시도가 기폭제가 되어 폭발한 것이다. 세

계 최초의 제1공화국을 성립했지만, 무경험에서 시작한 공화주의는 취약성을 드러낼 수밖에 없었다. 정권을 장악한 막시밀리앙 드로베스피에르(Maximilien de Robespierre)는 1793년 루이 16세(Lois XVI)의 처형을 시작으로 1만 5000명에 이르는 반혁명 용의자를 처형하는 공포정치를 전개했다. 부르주아지들의 반동과 왕당파들의 폭동이 연이었으며 이를 진압한 나폴레옹 보나파르트 (Napoléon Bonaparte)는 국민들의 선택에 의해 프랑스 역사상 최초의 황제인 나폴레옹 1세로 등극하기에 이른다. 그러나 무리한 세력 확장은 몰락을 초래했고, 1814년 부르봉 왕가의 루이 18세(Louis XVIII)와 샤를 10세(Charles X)가 왕정으로 복귀하게 되었다. 파리 시민들은 1830년 7월혁명을 통해 샤를 10세를 퇴위시키고 중도성향의 루이 필리프(Louis Philippe)를 왕으로 옹립하며 민주주의를 일부 회복한다.

그러나 왕정과 왕당파의 귀족 세력, 소수 지주 세력과 자본가들의 권력 독점은 지속되었으며 시민의 삶은 계속 피폐해졌기에 좌익을 대표하는 장 막스밀리앙 라마르크 장군(Jean Maximilien Lamarque)의 사망을 기점으로 1832년 6월혁명이 촉발된다. 이는 비록 800여 명의 사상자만을 남긴 채 미완의 혁명으로 끝났지만, 이를 도화선으로 1848년 2월 혁명이 일어나고 나폴레옹의 조카인 '루이 나폴레옹 보나파르트'가 제2공화국의 대통령으로 선출되면서 일대 변화를 수반한다. 특히 이 시기 조르주외젠 오스만(Georges-Eugéne Haussmann)에 의해 이루어진 파리 대개조계획은 도시의 모습을 완전히 바꾸

| 레 미제라블(2012)
감독: 톰 후퍼
출연: 휴 잭맨, 앤 해서웨이, 러셀 크로,
어맨다 사이프리드 외

어 오늘날의 파리 모습을 갖추게 되었다. 하지만 1871년 오토 폰 비스마르크(Otto von Bismarck)의 프러시아군이 파리를 점령함으로써 제2공화국은 막을 내리고, 시민이 봉기해 1871년의 '파리 코뮌'이 발생한다. 그러나 파리 코뮌은 최대 5만 명의 사망자가 났을 것으로 추정되는 '피의 1주일'이라는 역사적 사건을 남기고 막을 내린다. 제3공화국은 1940년 독일이 프랑스를 점령하면서 몰락했고 제2차 세계대전 종전 이후 현재의 프랑스가 되었다. 돌이켜 보면 1789년 '바스티유 습격사건'에서부터 1871년 '파리 코뮌'까지 프랑스 대혁명의 기간은 한 세기에 걸쳐 진행된 거대한 대장정이었다.

영화 〈레 미제라블(Les Misérables)〉은 1815년 프랑스 지중해 연안 도시 툴롱의 감옥에서 시작해 1832년에 일어난 미완의 6월혁명을 다루고 있다. 〈레 미제라블〉이라는 제목은 그 자체가 억압받고 천대받는 '불쌍한 사람들', '비참한 사람들'을 가리킨다. 장발장(휴 잭맨, Hugh Jackman)은 빵 한 조각을 훔쳐 19년의 감옥살이를 해야 했고, 이후에도 자베르 경감(러셀 크로, Russell Crowe)에게 끝없이 추격당한다. 가엾은 여인 팡틴(앤 해서웨이)을 돕기 위해 재수감된 감옥을 탈옥하고(영화에서 이 부분은 빠져 있다) 수녀원에 숨어 지내며 그녀의 딸인 코

제트(어맨다 사이프리드, Amanda Seyfried)를 성숙한 여인으로 키워낸다. 마리우스(에디 레드메인, Eddie Redmayne)라는 법학도와 코제트 사이에 사랑이 싹트고 6월혁명에 가담한 마리우스가 중상을 입자 장발장은 그를 구하기 위해 항쟁 중인 바리케이드를 뚫고 시위 현장으로 들어간다. 마리우스를 걸머지고 파리의 하수도를 통해 탈출에 성공한 장발장은 숨겨두었던 60만 프랑을 결혼 지참금으로 내주며 코제트와 마리우스를 결혼시킨다. 금품을 갈취하러 찾아온 테나르디에(사차 바론 코헨, Sacha Baron Cohen)를 통해 장발장이 자신을 구한 사람이라는 것을 깨달은 마리우스는 코제트와 함께 병석에 누운 장발장에게 달려간다. 임종 직전 만난 장발장은 코제트에게 은촛대를 선물하고는 곧 숨을 거둔다.

2 뮤지컬 〈레 미제라블〉과 영화 〈레 미제라블〉

프랑스의 작사가 알랭 부브릴(Alain Boublil)과 작곡가 클로드미셸 쇤베르그(Claude-Michel Schönberg)가 만든 최초의 프랑스어 뮤지컬 〈레 미제라블〉이 1980년 9월 파리에서 3개월간 공연되었다. 흥행에는 성공했으나 공연장 문제로 더 이상 공연이 불가능했다. 그러나 1983년 〈캣츠(Cats)〉와 〈오페라의 유령(The Phantom of the Opera)〉으로 유명한 영국의 뮤지컬 제작자 캐머런 매킨토시(Cameron Mackintosh)에 의해 2년여에 걸쳐 영어 버전으로 재구성된 〈레 미제라블〉이 1985년 10월 런던 바비칸 극장에서 첫선을 보이면서 전 세계적으로 사랑을 받는 기념비적인 작품이 되었으며, 1987년 미국의 브로드웨이에 진출한 이후 지금까지 꾸준히 뮤지컬 애호가들의 사랑을 받고 있다.

영화로 만들어진 〈레 미제라블〉은 〈킹스 스피치(The King's Speech)〉로도 우리에게 잘 알려진 토머스 후퍼(Thomas Hooper)가 메가폰을 잡았다. 2012년 개봉되어 미국에서만 1억 4800만 달러 이상을 벌어들였고, 2013년 아카데미 최우수 여우조연상, 분장상, 음악효과상을 수상했다. 휴 잭맨, 앤 해서웨이, 러셀 크로, 아만다 사이프리드가 열연한 이 영화는 출연 배우들이 직접 동시녹음으로 노래를 소화해 내는 현장 라이브의 형식으로 제작되어 배우들의 생생한 감정이 화면을 통해 직접 관객에게 전달되었으며, 배우들이 감정을 지속적으로 유지하도록 하기 위해 철저히 시간의 흐름에 따라 촬영되어 화제가 되기도 했다.

| 에투알 개선문(Arc de Triomphe)

3 영화에서 보여주는 파리의 도시공간구조

당시의 파리는 오늘날의 파리가 아니었다. 로마 시대에 시테(노트르담 성당이 있는 센강 중간의 섬)를 중심으로 도시가 형성되기 시작하고 루이 14세(Louis XIV) 시대인 17세기, 본격적인 세력 확장기에 방어 기능을 상실한 성곽을 허물고 그 위에 넓은 도로를 계획하기 시작한다. 봉건체제가 무너지고 산업혁명이 일어나면서 도시로 인구가 급격히 유입되고 콜레라로 사망자가 늘어나면서 도시는 갈수록 열악한 상황에 놓였다. 나폴레옹 1세는 루브르 궁전에서 콩코르드 광장과 샹젤리제 거리, 개선문을 연결하는 1차 도시개조사업을 벌여 바로크식 도시계획의 기본 틀을 완성했지만, 그 외 거리는 대부분 복잡한 골목으로 연결된 미로였다. 어느 기록에 의하면 1830년 7월혁명 당시에 소부르주아지, 수공업자, 학생 등 약 6만 명의 혁명군은 당시 아직 정비되지 않은 파리의 도로를 이용해 전투를 벌였다고 하며, 2년 뒤의 6월항쟁을 다룬 이 영화에서도 그러한 장면을 매우 섬세하게 묘사하고 있다.

4 『레 미제라블』과 오스만의 파리 대개조계획

파리는 많이 변화했다. 말하자면 저자가 알지 못한 새로운 도시가 하나 생겨난 셈이다. 파리는 저자의 정신적 고향이다. 다만 갖가지의 파괴와 재건의 결과, 저자의 청춘 시절의 파리는, 저자가 자기의 기억 속에 고이 간직하고 갔던 그 파리는, 지금에 와서는 옛날의 파리가 되었다.

『레 미제라블』의 서사시적 요소로 특하나 눈에 띄는 것은 19세기 이루어진 최초의 하수도 조사에 관한 기록이다. 소설 제5부 2장 "거대한 해수의 내장" 편에서 빅토르 위고는 파리의 거대한 하수도에 관해 세밀하게 기록하고 있다. 이 기록에 의하면 아주 오래전부터 만들어져 왔지만 관리되지 않았던 거대한 지하도시 하수관망을 나폴레옹 1세 당시 피에르에마뉘엘 브뤼조(Pierre-Emmanuel Bruneseau)가 1805년부터 1812년까지 7년에 걸쳐 체계적인 측량과 청소, 보수를 추진한다. 상상할 수 없을 정도의 질병과 독가스를 배출하는 쓰레기로 차 있는 하수도를 점검한다는 것은 당시로서는 거의 불가능한 일이었다. 그 탐험에서 발견한 것 중에 '1550'이라는 연호가 있었는데 이는 앙리 2세 (Henri II)에 의해 하수도 탐험이 있었다는 것을 보여준다. 과거에도 파리의 하수도는 감당하기 어려운 필요악적인 시설이었으며, 관리의 필요성은 알면서도 건드리기 힘든 시설이었음을 알 수 있다. 빅토르 위고는 이때 당시의 하수도를 "넓디 넓은 두더지 구멍이 있어서, 그 낡은 배출구에서 느껴지는 지하굴의 공포와 견줄 만한 것은 있을 수가 없었다"라고 표현하고 "옛적의 하수도였다"라고 첨언했다. 파리 대개조계획이 진행되던 1862년 빅토르 위고는 다시 표현하길 "오늘날의 하수도는 깨끗하고, 시원하고, 곧고, 정연하다"라고 기록하고 있다. 브뤼조의 조사에 의하면 왕정시대에 2만 3300m의 하수도가 건설되었으며, 빅토르 위고의 망명 시기인 오스만 파리지사 때에 7만 500m를 건설한 것으로 조사되었다. 다만 『레 미제라블』의 배경이 되는 1832년은 루이 필리프의 온건한 왕정이 통치하는 시기로 측량은 이루어졌지만 아직까진 왕정시대의 하수도 상태였기 때문에 장발장이 마리우스를 등에 업고 헤매던 파리의 하수구는 '똥물' 그 이상이었을 것으로 상상해야 할 것 같다.

오스만은 1852년 나폴레옹 3세의 등극과 함께 파리지사로 임명되어 1870년 공금횡령 혐의로 해임될 때까지 17년간 파리 대개조계획을 진행한다. 파리를 현재의 모습으로 전환하는 데에 큰 역할을 한 오스만은 노동자를 외곽으로 이주시키고 시내 도로망과 상하수도를 정비했으며 시내를 관통하는 오늘날의 대로 체계를 만들었다. 또한 광장과 극장, 공공건물 등을 기획했다. 그는 오벨리스크와 개선문 등 기존에 있던 역사적 건축물을 중심으로 도로를 확장하고 연결하여 강력한 도시의 축과 방사 형태의 가로망을 만들었으며, 이를 위해 새로운 공공건물을 건설하고 대규모 철거를 감행했다. 공익의 가치를 한 단계 향상시켰으며 각종 공공서비스에의 투자, 다양한 기법의 열린 공간을 만들었다는 긍정적 평가와 함께, 도시의 70% 이상을 새롭게 건설한다는 명분으로 노동자 계층의 도시조직을 파괴하고 부르주아지 계층을 위한 주거지를 조성함에 따라 계층 간 갈등을 조장했고, 이로 인해 노동자 계층이 교외 지역으로 밀려나 각종 사회문제를 야기했다는 비판도 받았다. 또한 바로크식 절대주의적 도시계획에서 주로 사용되는 강력한 축과 방사 형태의 도로망이 당시의 시민혁명을 염두에 둔 폭동진압용 용도는 아닌가 의구심이 제기되고는 했다. 결국 오스만은 1870년 공금횡령 혐의로 해임되었다. 하워드 살먼(Howard Saalman)은 1971년 그에 관한 저서 『오스만: 변모된 파리(Haussmann: Paris Transforme)』를 출간되었다.

영국의 공리주의자 제러미 벤담(Jeremy Bentham)은 1791년 최소한의 감시자가 최대한의 수용자를 감시할 수 있도록 만들어진 원형 감옥 '파놉티콘'을 제안한다. 최소의 비용으로 최대의 효과를 낼 수 있는 감시와 통제 방법이다. 그는 이를 위해 방사 형태의 공간 구획 기법을 사용했는데, 이 형태는 현대의 유치장 설계에 그대로 적용되고 있으며, 과거 서대문형무소에도 응용된 기법이다. 이 파놉티콘 개념이 도로망에 적용된다면 어떤 이득이 있을까? 개선문을 예로 들어보자. 12개의 방사형 도로망 중심에 개선문이 위치하고 있고 그곳에 병력이 대기하고 있다면, 12개의 도로 선상에 위치한 어느 지점에서 시민군의 저항이 발생하더라도 신속하게 진압 병력이 그 지점에 도달할 것이다. 7월혁명 당시에 시민군이 미로와 같은 복잡한 골목을 바리케이드 삼아 저항했다는 기록을 생각한다면 오스만의 방사형 도로망에 대해 이런 의심을 품는 것은 당연한 일인지도 모른다.

✈ 파리를 여행하는 방법

① 추천할 만한 여행 코스

파리는 알다시피 모두가 인정하는 세계적인 관광지이기에, 도시의 숨은 명소에서 파리를 느껴보기를 권해봅니다.

② 숨겨진 도시의 명소

햇살이 따뜻하거나 강한 날이라면 시테섬 주변 센 강변이나 다리 밑 그늘에서 유유히 지나가는 유람선을 바라보며 해바라기를 즐기는 것도 나쁘지 않습니다. 쌀쌀한 날씨의 12월이라면 샹젤리제 거리 곳곳에 펼쳐진 노천 시장에서 따스한 뱅쇼 한 잔에 소시지 빵을 곁들인 간식을 맛보는 것도 일품입니다. 야경을 보기에는 몽마르트르 언덕이 좋기는 한데, 기왕이면 사크레쾨르 대성당 앞 계단에 앉아 연인들 사이에서 와인 한 병 홀짝이는 것도 좋은 추억으로 남을 것입니다.

도시의 탐험가가 되어보고 싶다면 오페라하우스와 루브르 박물관 사이

| 에펠 타워(Eiffel Tower)

에 오스만이 개설한 대로와, 도시개조 이전에 건설된 길을 찾아 흔적을 느껴보거나 관광지로 개방된 지하 하수관, 당페르 로슈로 광장에 있는 지하묘지 카타콤베를 살펴보는 것도 색다른 경험이 될 것입니다.

③ 인상 깊었던 점

모든 대사와 극 진행을 노래로 이어가는 송 스루 방식의 영화 〈레 미제라블〉에서 저는 「Do you hear the people sing?」이 가장 기억에 남습니다. 라마르크 장군의 장례식장에 민중이 모여 부르는 이 노래는 듣는 이에게 감동의 물결을 일으키지요. 그리고 촛불이 가득했던 2016년 12월의 광화문광장은 영화의 그 장면을 다시금 연상시킵니다. 프랑스의 민주주의를 위한 한 세기의 투쟁, 우리나라에서 군사독재가 시작된 해부터 지금까지 60년, 에드워드 카(Edward Carr)의 말처럼 역사는 수레바퀴처럼 돌고 돌며 발전해 가듯이 두 걸음 나가고 한 걸음 물러서던 우리의 민주주의도 광장에서 희망을 발견했고, 또한 그렇게 완성될 것입니다.

| 센 강변(Seine Riverside)

18장

순수한 동화마을 속에서
에곤 실레의 욕망을 찾다, 체스키크룸로프

성은영 | 건축공간연구원 연구위원

| 체스키크룸로프 전경

1 불꽃같은 삶이 머물렀던 도시들

에곤 실레(Egon Schiele)는 "불꽃같은 삶을 살다가 약 300여 점의 유화, 2000여 점이 넘는 데생과 수채화를 남기고 28세에 요절한 천재 미술가"라는 대단한 수식어보다, 미술을 잘 모르는 사람도 한번 보면 잊히지 않는 그림의 강렬함으로 더 깊이 각인되는 화가다.

난해한 도형이나 초현실의 인물 또는 세계를 그린 것도 아니고 분명 현실 속에 존재하는 인물이나 풍경을 그렸지만, 표현의 생경함과 독특하고 충격적인 피사체의 이미지가 잔상으로 남아 새로운 시공간으로 안내한다. "그의 영감은 어디에서 왔을까?", "그가 그린 피사체는 누가, 언제, 어디서, 무엇을 하는 모습인가?", "그가 그린 풍경은 현실의 공간일까?"……. 그의 그림에 대해 혹자는 "전쟁과 병마가 휩쓴 어두운 사회 분위기가 반영된 음울한 초상이다", "우울한 가정환경과 성(性)에 억압된 화단(畫壇)에 대한 반항"이라고도 하는데, 이런 전반적인 원인들이 합쳐져 만든 결핍과 욕망이 실레의 그림을 지배하고 있다는 의견이 일반적이다. 그것이 무엇이든 한 예술가의 작품을 이해하는 데에, 특히 에곤 실레의 난해한 작품을 이해하는 데에는 그의 삶(시간)과 함께한 도시(공간), 여인(주변 인물 혹은 사랑한 인물)들을 빼고는 설명할 수 없을 것 같다. 그와 함께한 공간, 그의 시간과 함께한 여인들이 이루는 에곤 실레의 삶과 작품의 해설서가 바로 〈에곤 쉴레: 욕망이 그린 그림(Egon Schiele: Tod und Mädchen)〉이다.

이 영화는 우리에게 알려진 에곤 실레의 삶과 그의 작품을 고증하듯이 대사 속에 중요한 사실을 담고, 의미 있는 작품을 화면에 담아 인상적으로 그려냈다. 영화 속에서 에곤 실레(노아 자베드라, Noah Saavedra)의 삶을 풀어가는 주요 배경으로는 오스트리아의 빈과 노이렌바흐, 체코의 체스키크룸로프, 크로아티아의 달마티아가 등장한다. 오스트리아 화가 에곤 실레에게 빈과 노이렌바흐가 일상 속 현실세계였다면, 크로아티아의 달마티아는 연인 발리 노이질(발레리 파흐너, Valerie Pachner)과 사랑의 낙원으로 꿈꾸었던 이상 세계였다. 이에 비해 어머니의 고향인 체코의 쿠루마우(현재 체스키크룸로프)는 독특한 화풍이 본격적으로 폭발하기 시작한 그만

| 에곤 쉴레: 욕망이 그린 그림(2016)
감독: 디터 베르너
출연: 노아 자베드라, 발레리 파흐너
라리사 에이미 브라이드바흐 외

의 예술세계로 가는 문이었다고 할 수 있다. 이 글에서는 그의 독특한 작품 세계가 시작된 체코의 체스키크룸로프를 중심으로 에곤 실레의 삶과 작품을 탐색하고자 한다.

2 에곤 실레의 삶과 여인들: 결핍과 욕망

영화는 1918년, 에곤 실레의 여동생 게르티 실레(마레지 리크너, Maresi Riegner)가 스페인독감으로 사경을 헤매는 오빠를 위해 암시장에서 약을 구하러 다니는 장면으로 시작해 병마와 싸우면서도 새로운 그림을 갈구했던 에곤 실레의 죽음으로 끝맺는다. 영화는 죽음을 앞둔 에곤 실레의 작품과 여인들, 그들이 함께 했던 기억을 여동생을 통해 주마등처럼 보여주는 구성이다.

그 회상의 시작은 1908년경으로 돌아가 아버지의 죽음과 어머니의 무관심, 경제난, 새로운 예술에 대한 갈증으로 학교를 그만두는 복합적인 상황을 게르티와 에곤의 대화를 통해 보여주며 회상이 시작된다. 유복한 가정에서 성장해 온 실레는 철도공무원이었던 아버지가 정신병적 증세로 모든 재산을 불태우고 매독에 걸려 사망하자 10대의 나이에 집안의 경제를 책임져야 하는 무거운 짐을 지게 된다. 예술을 좋아했던 외삼촌 레오폴트의 후원으로 빈 예술학교에 입학하여 빈 현대미술 아카데미에서 공부하지만, 실레의 진보적인 화풍은 학교에서 계속 논란을 일으켜 자퇴하게 된다. 하지만 어머니는 이러한 에곤을 이해하거나 후원해 주지 않았고, 유일하게 함께해 주는 여동생 게르티와 각별한 관계를 유지하며 동생의 그림을 그리곤 했다.

다작(多作)을 한 실레는 항상 그림의 새로운 모델과 영감을 갈구했는데 그의 일대기에 중요한 뮤즈로 네 명의 여인이 등장한다. 그 첫 번째가 여동생 게르티이고, 두 번째는 나체의 배우들이 명화 속 한 장면을 연기하는 공연을 관람하다가 만난 매력적인 댄서이자 모델인 모아 만두(라리사 브라이드바흐, Larissa

Breidbach), 세 번째이자 실레 작품에 가장 큰 영향을 미친 사람인 구스타프 클림트의 모델 발리 노이질이다. 발리는 후에 실레의 걸작 〈죽음과 소녀(Tod und Mädchen)〉의 모델이 되는 인물로, 실레가 화가로서 성공하는 데에 매우 중요한 역할을 했을 뿐만 아니라 발리와 함께한 시간이 실레의 삶에서도 클라이맥스가 아니었나 싶다. 하지만 실레는 사랑보다 화가로서의 성공이 더욱 중요했기 때문에 부와 안정된 삶을 위해 발리와 헤어지고, 네 번째 뮤즈였던 부잣집 여성 에디스 함스(마리 융, Marie Jung)와 결혼한다. 이 영화는 원작인 힐데 베르거(Hilde Berger)의 『죽음과 소녀: 에곤 실레와 여자들(Tod und Mädchen: Egon Schiele und die Frauen)』이라는 책의 제목에서도 드러나듯이, 그의 삶에서 중요한 뮤즈였던 네 명의 여인들과의 시간을 서사적으로 표현했다. 스물여덟 살의 나이로 요절하기까지 네 명의 여인과 함께한 10여 년의 시간 속에서 부성애와 모성애, 돈, 사랑, 새로운 그림에 대한 결핍과 이를 계속 갈구하는 삶의 욕망이 영화의 장면마다 판화와 수채화, 데생이 되어 화면을 채운다.

3 발리와 함께한 체스키크룸로프: 새로운 영감의 시작

빈 예술학교를 그만둔 실레는 어머니의 고향인 체스키크룸로프로 이사하여 예술가로서 새로운 삶을 시작한다. 친구인 어윈, 안톤과 함께 신예술가 그룹을 결성하고 여동생 게르티, 모델 모아와 함께 이곳에서 독특한 화풍의 그

림을 쏟아냈다. 블타바강 위에 세워진 작은 마을의 엉켜 있는 집들과 자연 풍광이 어우러진 풍경은 그의 예술적 감성을 자극했고, 그가 그린 아름다운 마을과 풍경은 모두 이 마을에서 완성되었다고 해도 과언이 아니다. 영화 속에서 실레와 친구들은 열정적으로 도시를 누비면서 다양한 포즈와 풍경을 찾아내어 그림 작업을 계속했지만, 순수한 마을의 그림은 당대 미술 수집가들의 기호에 맞지 않았다. 그들은 빈으로 돌아가 다른 후원자를 찾아야 했다.

하지만 실레의 본격적인 체스키크룸로프 생활은 스승인 구스타프 클림트(코넬리우스 오보냐, Cornelius Obonya)가 소개해 준 모델 발리와 함께한 시간이라고 할 수 있다. 그들은 정원이 있는 햇살 가득한 집에서 함께 시간을 보내며 받은 영감으로 많은 그림을 그렸고, 이 당시 그린 그림으로 그의 명성이 높아졌다. 하지만 에곤 실레는 여전히 과감하면서도 도발적이고 적나라하게 누드를 많이 그렸고, 이러한 화풍은 작은 시골 마을 사람들의 사회적 인식과 충돌했다. 체스키크룸로프의 사람들은 10대 소녀를 포함해 여성을 모델로 누드화를 그리는 것에 항의했고, 실레와 발리는 1년도 되지 않아 마을에서 쫓겨난다. 이에 1912년 무렵 두 사람은 저렴한 스튜디오를 찾아 빈에서 서쪽으로 35km 떨어진 노이렌바흐로 거처를 옮긴다. 에곤 실레의 그림은 보수적인 유럽 화단에 충격을 안기며 스캔들을 불러일으켰고 결국 실레는 법정에 서게 된다. 법원은 "혐오스러운 포르노"라는 평가와 함께 증거로 제출된 그림을 그 자리에서 불태우기까지 한다. 실레는 "나는 화가입니다. 표현의 자유를 지킬 책임이 있어요!"라며 화가로서 자신이 표현하고자 하는 가치와 표현의 자유를 주장하지만, 이는 받아들여지지 않는다. 유혹과 유괴 혐의는 기각되었으나, 열두 살 소녀 타자나에게 자신이 그린 "혐오스러운 포르노" 그림을 보여주었다는 이유로 유죄(3년 형)를 선고받는다.

체스키크룸로프를 떠난 후에도 실레는 어머니의 고향인 이곳을 꾸준히 방문해 체스키크룸로프의 풍경을 그림으로 완성해 갔다. 당시 사람들이 외설적이고 문란하다고 비난했던 그림을 그리는 실레가 좋아하고 집착했던 체스키크룸로프는 그에게 어떠한 의미였을까? 아마도 순수한 동화 같은 풍경이 주는, 그리고 모성의 빈자리를 채우는 치유의 의미가 아니었을까?

4 실레가 동경한 도시, 체스키크룸로프

체스키크룸로프는 르네상스 시대를 풍미했던 건축물로 풍부한, 유럽에서 가장 아름다운 마을로 손꼽히는 체코의 도시다. 체스키는 '체코의'라는 의미이며 크룸로프는 독일어 'krumm'에서 유래한 것으로 구불구불한 오솔길을 뜻한다.

| 플라슈티 브리지(망토 다리, Plasti Bridge)

| 라트란 거리(Latran Street)

지명에서 상상되는 것처럼, 체스키크룸로프는 우리나라의 하회마을처럼 블타바강이 굽이치며 도시를 감싸고 있고 도시 안에는 작고 아름다운 집들이 빼곡하게 앉아 있다. 유럽의 동서를 연결하는 교통의 중심지였던 블타바강의 교차지점에 위치한 체스키크룸로프는 경제적으로 중요한 도시로 성장했다. 중부유럽의 작은 도시로서 중세시대부터 외세의 침략이나 천재지변 없이 평화롭게 성장해, 오래된 건축물과 도시 기반시설이 현재까지도 남아 있다. 이렇게 오랜 역사 유적이 도시 전체에 온전하게 보존되어 있는 체스키크룸로프는 1992년 유네스코 세계문화유산으로 지정되었다.

체스키크룸로프는 20세기 중반에 국가(체코)에 귀속되기 전까지, 지방 귀족의 사유지였다. 1253년, 당시 남보헤미아 지방을 통치하던 비트코비치 가문이 건축한 성이 크룸로프성이다. 그 성의 중심부에는 13세기에 지어진 히라데크라는 첨탑이 있으며, 성을 중심으로 동쪽은 라트란, 중앙광장 건너편의 강가는 거주지로 개발되었다. 14세기 중반부터 300년 동안은 로즘베르크 가

| 체스키 크룸로프성(Cesky Krumlov Castle)

문이 크룸로프 영토를 통치해 왔는데, 이 가문은 도시경관의 가치를 높게 인식하고 경제적으로도 부유하여 고딕 양식의 성을 르네상스 양식으로 재건축하기 위해 예술가들을 작업에 참여시키고, 시민들의 주택까지도 우수한 품질로 건설했다고 평가된다. 이는 중세에 번창했던 많은 도시들이 그렇듯이 체스키크룸로프 역시 수공예와 무역의 중심지로 발전한 덕분이다.

　체스키크룸로프는 크룸로프성의 중앙광장에서부터 뻗어 나간 방사상 도로가 있는 중세시대 계획도시의 전형적인 구조이다. 프라하성에 이어 체코에서 두 번째로 오래된 크룸로프성은 13세기에 지어지기 시작해 20세기 초까지 꾸준히 증축 및 보수되어 고딕 양식, 중세시대의 전성기 고딕 양식, 르네상스 양식, 바로크 양식 등의 요소가 모두 담겨 있다. 크룸로프성에는 성 외에도 바로크 양식의 극장, 정원, 벨레르 여름 궁전, 겨울 승마학교 등이 있다. 크룸로프성은 구시가지에서 망토 다리로 연결되는데 다리 아래쪽에는 중세 해자(垓字)가 있어서 성을 보호하고 요새화하는 기능을 했다. 3층으로 된 아치 모양의 다리는 각 층이 다른 공간으로 연결된다. 낮은 통로는 극장 무도회 홀과 이어지며, 가장 위쪽 통로는 성의 정원에 있는 갤러리로 연결된다.

체스키크룸로프는 14~16세기 번성했던 보헤미아 왕국 시기의 도시공간과 건축물을 계속 관리하기 위해 건물 페인트칠조차 반드시 기존과 동일한 색깔로 덧입힐 정도로 부단히 노력해 왔다. 이에 역사적 건축물은 물론이고 자연 지형을 따라 옹기종기, 아기자기 둘러앉은 일반 주택까지도 500여 년 넘게 보존되어 순수한 동화 마을을 이루고 있다. 가장 최근에 지어진 건물이 18세기 건물이라는 이 오랜 역사 도시의 공간적·시간적 배경은 실레에게 정말 많은 영감을 준 것으로 알려져 있다. 또한 에곤 실레는 체스키크룸로프를 대표하는 예술가로 그곳 사람들에게 높은 자부심을 준다. 1993년에는 도시 중심부에 에곤 실레 미술관이 세워졌고, "오스트리아를 대표하는 표현주의 천재 화가"로 불리는 에곤 실레의 작품과 독특한 표현주의 신진 작가의 작품이 상시 전시되고 있다. 예술계에서도, 사랑하는 사람에게도 이방인이었던 한 화가의 삶을 이제는 이 순수한 도시가 품고 있다.

5 욕망이 그린 그림: 죽음과 소녀

자신만의 화풍을 지키는 화가로서, 평범한 가장으로서, 그리고 누군가에게는 불멸의 사랑으로서 남고자 했던 이 모순적인 실레의 욕망은 결국 이루어지지 못했다. 1915년 중산층의 개신교도 에디트와 결혼하면서 발리와 이별한 실레는 그의 불안, 두려움, 절망을 담아 대표작 〈죽음과 소녀〉를 그린다. 이 그림은 실레가 가장 사랑한 여인 발리를 그린 마지막 작품이자, 이 영화에서 보여주고자 했던 한 예술가의 예술혼과 사랑이 모두 응축된 작품이다. '죽음과 소녀(Death andthe Maiden, 독일어로는 Tod und Mädchen)'는 영화의 원부제이기도 하다.

아이러니하게도 발리와의 이별, 발리의 죽음, 에디트와의 결혼, 제1차 세계대전 참전 등을 겪으면서 그의 이루지 못한 욕망은 작품의 성향마저 실존적으로 변화시켰다. 1917~1918년이 되자 그는 이전과 달리 공포나 죽음 같은 우울한 요소를 제거하고 조형적이고 기하학적인 그림을 그리는 한편, 작품성을 한결 드높여 미술계에서 주목받기 시작했다. 하지만 예술계의 변방에서 주류가 된 기쁨도 잠시, 1918년 2월에는 스승 클림트의 임종을 지키며 초상을 그렸고 1918년 11월 스페인독감으로 임신 6개월이 된 아내 에디트를 잃은지 3일만에 본인도 사망했다. 마치 욕망의 대상이 사라져 더 이상 그림을 그릴 수 없다는 듯이.

참고문헌

레오폴트 박물관. https://www.leopoldmuseum.org/.
에곤 실레 아트센터. http://www.schieleartcentrum.cz.
유네스코세계문화유산. http://heritage.unesco.or.kr/whs/historic-centreof-cesky-krumlov/.
체스키크룸로프성. http://www.castle.ckrumlov.cz/docs/en/zamek_oinf_sthrza.xml
프랭크 화이트포드(Frank Whiteford). 1999. 『에곤 실레』. 김미정 옮김. 서울: 시공아트.

✈ 체스키크룸로프를 여행하는 방법

① 추천할 만한 여행 코스

체스키크룸로프(Český Krumlov)는 인구 1만 5000여 명의 아담한 규모의 마을입니다. 하루면 주요 거리나 관광지를 모두 둘러볼 수 있습니다. 주로 체코 프라하나 오스트리아 빈, 잘츠부르크 등지에서 열차나 시외버스로 이동하는데, 저는 아침 일찍 프라하에서 3시간 30분가량을 버스로 이동해서 한나절을 보내고 다시 프라하로 이동했었습니다. 하루면 체스키크룸로프성 인근 역사지구를 돌며 300여 개의 오래된 건축물과 벽화, 풍경을 감상하고 이발사의 다리, 성당, 역사박물관, 마리오네트 박물관 등 마을의 이야기를 충분히 즐길 수 있습니다. 하지만 여유가 있다면 마을 내부에 있는 숙소에 머무르면서 강에서 래프팅을 하며 마을과 온전히 동화되어보거나, 스보르노스티 중앙광장(Náměstí Svornosti)에서 열리는 거리 공연에 흠뻑 취해보는 것도 추천합니다.

| 스보르노스티 광장(Náměstí Svornosti)과 마리아 기둥(Marian Plague Column)

② 숨겨진 도시의 명소

꼭 시간을 내어 에곤 실레 미술관에서 에곤 실레의 작품에 빠져보세요. 어머니의 고향인 이 마을에서 짧지만 강렬한 한때를 보냈던 체코의 대표적인 인상파 화가 에곤 실레의 영화 같은 삶이 눈앞에 펼쳐집니다. 작은 미술관이라서 작품을 매우 가까이에서 감상할 수 있습니다.

③ 인상 깊었던 점

프라하성에 이어 체코에서 두 번째로 오래된 크룸로프성은 13세기부터 20세기 초까지 꾸준히 건축, 증축 및 보수되어 고딕 양식, 중세시대의 전성기 고딕(High Gothic) 양식, 르네상스 양식, 바로크 양식 등의 요소가 모두 담겨 있습니다. 체스키크룸로프 역사문화지구에 있는 320여 개의 역사적 건축물들 또한, 다양한 시대를 소개하는 서양 건축사 교과서 같습니다. 일례로 14세기 프랑스와 17세기 영국에서 세금을 걷고자 시행했던 부유세의 일종인 창문세(유리가 귀했기 때문에 창문은 부유함의 상징으로 창문

| 망토다리(Plastí Bridge)

| 흐라덱 성탑(Ptaci Hradek)

| 에곤 실레 미술관
(Egon Schiele Art Centrum)

의 수를 세어 세금을 징수)가 체코에서도 시행되었는데, 그 흔적으로 체스키크룸로프성에도 가짜 창문이 그려져 있습니다. 또한 건축비 절감을 위해 벽돌을 쌓아 벽을 만들지 않고 모르타르 마감 후 벽돌을 그려넣기도 했습니다. 한 마을에서 건축물을 통해 번영과 쇠퇴의 모습을 모두 볼 수 있었습니다.

19장

반 고흐가 사랑한 도시, 아를

안소현 | 국토연구원 부연구위원

| 아를 전경

1 프로방스의 강렬한 햇살을 품은 아를

강렬하게 빛나는 태양, 코발트빛 하늘, 지중해에서 불어오는 미스트랄(남프랑스에서 지중해 쪽으로 부는 차고 건조한 지방풍), 라벤더, 해바라기. 프랑스의 프로방스 하면 떠오르는 이미지들이 있다. 프로방스가 예술가들에게 영감을 주기 때문일까? 마네, 모네, 세잔느, 고갱 등 많은 인상파 화가들이 프로방스 지역 안에서 작품 활동을 했다. 프로방스는 빈센트 반 고흐(Vincent van Gogh)의 〈해바라기(Tournesol)〉, 알퐁스 도데(Alphonse Daudet)의 희곡 「아를의 여

| 아를의 중심지

인(L'Arlésienne)」의 배경인 아를이 위치하고 있는 곳이기도 하다.

풍광으로나 정치적으로나 여러 이유에서 매력적인 도시였기 때문일까? 아를은 운명적으로 세기의 유명인들을 그곳으로 끌어들였다. 고대 로마의 정치가 율리우스 카이사르(Julius Caesar)부터 노벨문학상을 받은 프로방스 출신의 시인 프레데리크 미스트랄(Frédéric Mistral), 아를 출신의 프랑스 화가 자크 레아튀(Jacques Réattu), 네덜란드 출신의 화가 반 고흐까지, 이들이 남긴 흔적을 되짚어 보면 아를에서는 시대를 뛰어넘는 문화를 접할 수 있다. 현대건축물로 지어진 고고학 박물관의 로마 조각품들, 생 트로핌 대성당 회랑의 화려한 장식, 시청의 고전적 우아함, 레아튀 미술관의 피카소 작품들, 아를 주민이 건축한 16~17세기의 건물과 타운하우스 등 아를의 도시경관과 도시에 흐르는 문화는 과거의 매력을 고스란히 간직하고 있다. 이러한 역사·문화 자산 덕분에 아를은 여러 이야기를 전하는 '예술과 역사를 가진 도시'가 됐다.

아를은 프랑스의 남동부에 자리한 프로방스 알프코트 다쥐르 지역 안에 있는 인구 약 5만 2000명이 거주하는 코뮌*이다. 로마의 초대 황제 아우구스투

| 밤의 카페(Le Café La Nuit)

스(Augustus)에 의해 개발된 아를은 율리우스 카이사르 시대에는 로마의 속 주로 지중해와 론강이 만나는 지정학적 이점을 이용해 무역도시로 번성했 다. 4세기 무렵 이곳에 머무른 콘스탄티누스 1세(Constantinus I)가 아를을 "작 은 로마"라고 부를 정도로 정치적 중심지이자 무역의 중심지로 번성했다. 12세기 신성 로마제국의 황제 프리드리히 1세(Friedrich I)가 아를에서 부르군 트의 왕으로 즉위한 것을 계기로 아를은 정치적, 경제적 우위를 차지하게 된 다. 이후 생 트로핌 성당 등 중세시대 건축물들이 들어서며 아를은 프로방스 의 주요 도시로서 로마·중세시대를 거쳐 각 시대의 유적을 간직한 도시가 됐 다. 그러나 강 하구에 토사가 쌓여 물자 유통이 어려워지자 무역항으로서의 역할을 마르세유에 빼앗기며 점차 쇠퇴의 길을 걷는다. 기원전부터 시작해 각 시대의 유적을 간직하며 고대·중세·현대가 어우러져 2000년 이상의 역사 를 지닌 아를이지만, 이곳이 아직도 인기가 있는 이유는 바로 반 고흐가 사랑

• 프랑스 최하위 행정구역으로 인구수로 보았을 때 한국의 읍면동에 해당하나 자치권한을 지닌다.

| 원형 경기장과 시가지

했던 도시이기 때문일 것이다. 아우구스투스 시대 세워졌던 포룸의 유적인 포룸 광장은 반 고흐가 그린 〈밤의 카페 테라스(Terrasse du café le soir)〉를 통해 만날 수 있다. 로마시대 검투사들의 경기가 열렸던 원형경기장은 고흐의 작품 〈아를의 원형 경기장(Les Arenes d'Arles)〉에서 그 모습을 볼 수 있다. 이처럼 아를의 현대적 의미는 반 고흐가 사랑했던 도시로서 반 고흐의 자취를 찾아볼 수 있다는 데 있다.

| 러빙 빈센트(2017)
감독: 도로타 코비엘라, 휴 웰치맨
출연: 더글러스 부스, 시얼샤 로넌, 제롬 플린, 에이든 터너 외

2 반 고흐의 영화, 〈러빙 빈센트〉

영화 〈러빙 빈센트(Loving Vincent)〉는 빈센트 반 고흐의 죽음에 대한 비밀을 파헤치는 미스터리 예술영화다. 고흐의 화풍을 이용해 영화의 모든 장면을 유화로 표현한 장편 애니메이션이다. 10년여의 제작 기간과 약 125명의 화가가 6만 5000여 장의 그림을 그려 완성했다. 영화는 죽음에 이른 고흐의 일상을 더듬어가며 고흐의 죽음이 자살이 아닐 수 있다는 의문을 제기한다. 고흐의 걸작 〈아를의 별이 빛나는 밤(Nuit étoilée sur le Rhone)〉을 시작으로 고흐가 권총 자살을 시도한 곳으로 알려진 〈까마귀가 나는 밀밭(Champ de blé aux corbeaux)〉까지 고흐가 남긴 130여 점의 명작을 최대한 그대로 활용했다. 그 덕분에 영화를 보는 동안 그의 작품을 찾아보고, 그 작품 속에서 움직이는 인물을 통해 그림이 살아 움직이는 듯한 생동감을 느낄 수 있다.

3 색채에 대해 영감을 제공한 도시, 아를

영화 〈러빙 빈센트〉의 첫 장면은 1891년 아를에서 시작한다. 별이 빛나는 아를 거리에서 밤의 카페 테라스를 배경으로 술 취한 군인과 싸우는 아르망 룰랭(더글러스 부스, Douglas Booth)이 등장한다. 고흐의 편지를 배달했던 우체부의 아들 아르망은 고흐 사망 후, 아버지의 부탁으로 테오(반 고흐의 동생이자 미술상)에게 고흐의 편지를 전달하러 떠난다.

영화는 고흐가 파리 생활을 청산하고 아름다운 햇빛을 찾아 남프랑스 아를에 정착한 1888년 2월로 거슬러 올라간다. 아를로 이주한 이유에 대해 고흐는 다음과 같이 글을 남겼다.

"사람들은 그곳에서 붉은색과 초록색, 푸른색과 주황색, 짙은 노란색과 보라색의 아름다운 대조를 자연에서 발견할 수 있기 때문이야."

그는 프로방스의 태양과 하늘에 온전히 매혹되었고, 전에는 이런 행운을 누려본 적이 없다며 만족해했다. 우중충하고 추운 파리의 겨울과는 달리 남쪽의 강렬한 햇볕에 빠져들며 보낸 15개월 동안 〈아를의 별이 빛나는 밤〉, 〈아를의 붉은 포도밭(La Vigne rouge)〉, 〈아를의 원형 경기장〉 등 전 생애의 작품 중 3분의 1 이상인 300여 점을 그렸다. 아를의 자연은 그에게 색채에 대한 영감을 준 도시였다. 파리에서 그의 그림이 회색빛이었다면 아를에서는 강렬한 색채로 빛나기 시작했다. 고흐는 그가 살던 노란 집에 대해서도 "여기에 있는 내 집은 신선한 버터의 색깔인 노란색이고 창문엔 밝은 초록색 덧문이 있다. 이 집은 온몸에 햇빛을 받으며 싱싱한 초록색 나무와 월계수, 아카시아가 있는 정원의 모퉁이에 있다"라고 편지에 썼으며, 그 집을 그림으로 남겼다. 〈노란 집〉, 〈해바라기〉, 〈밤의 카페 테라스〉에 표현된 노란색은 아를에서 생활하는 동안 본격적으로 쓰이기 시작했다. 강렬한 노란색은 고흐에게 삶의 기쁨이었고, 아를에서 별을 그리며 그는 희망을 품었다. 고흐는 포럼 광장에 있는 야외 카페의 밤 풍경을 그리며 밤의 색채에 빠져들었다. 노란색 카페 테라스와 대조된 밤하늘을 그리며 고흐는 검은색 대신 보라색, 파란색, 초록색만을 사용해 밤을 그리기 시작했다. 〈별이 빛나는 밤〉을 통해 그가 아를의 밤 풍경과 별이 빛나는 하늘에 매료된 것을 볼 수 있다.

고흐가 밤의 색채를 연구하던 〈밤의 카페 테라스〉에 등장하는 장소인 밤의 카페는 고흐의 작품 속 모습 그대로 현재까지 남아 있으며, 골목을 벗어나

발걸음을 이어가면 고흐가 〈별이 빛나는 밤〉을 그렸던 론강에 다다른다. 아를에 도착한 관광객들은 고흐의 흔적을 쫓으며 도시를 거닐다 약 130여 년 전 고흐가 이젤을 놓았던 바로 그 자리에서 그가 그림에 담았던 그 풍경 그대로를 볼 수 있다. 아를시는 그 자리에 고흐의 모작이나 그림을 새긴 비석을 세워 관광객들이 알아볼 수 있도록 표시해 두었다. 고흐의 그림에 표현된 아를 병원의 정원, 도개교, 투우 경기장 등은 고흐의 그림 속 모습 그대로 유지되거나 복원되어 있다.

고흐는 그의 화가 친구들을 불러 모아 화가 마을을 만들고 싶어 할 정도로 아를에 빠져들었다. 그의 초대에 응한 파울 고갱(Paul Gauguin)은 고흐와 함께 지냈으나 개성이 강한 두 사람의 공동생활은 평탄하지 않았고 고흐의 정신 건강은 악화됐다. 심하게 다툰 어느 날 고갱은 고흐를 떠나고 고흐는 자신의 귀를 잘라 술집 여자에게 준다. 고흐는 아를 병원에 입원했고 이웃, 경찰, 시장, 마을 전체가 아픈 고흐에게 등을 돌려버렸다. 1889년 아를 주민들은 정신병을 앓는 고흐가 해를 끼칠까 봐 그를 감금해 줄 것을 청원했고, 그는 스스로 생 레미 정신병원에 입원했다. 고흐의 정신병은 점차 호전되어, 그는 본인의 상태에 대해 "난 완벽하게 차분하고 정상적인 상태"라고 동생에게 편지를 보내기도 했다. 고흐는 치료를 위해 오베르 쉬르 우아즈로 옮겼고, 이 편지를 남긴 지 6주 만에 자살을 선택했다. 영화는 이에 대해 의문을 제기하며 고흐의 죽음에 대한 미스터리를 풀어간다.

4 따스한 아를과 대비되는 죽음의 공간, 오베르 쉬르 우아즈

생 레미 정신병원에서의 생활에 불만을 품던 고흐는 파리 근교의 작고 조용한 마을인 오베르 쉬르 우아즈로 거처를 옮긴다. 그곳에서 고흐는 전원의 풍경을 그리며 그림에 대한 열정을 이어갔다. 하루에 한점 이상의 그림을 그리

| 오베르 쉬르 우아즈 마을(Auvers-Sur-Oise)

며 미친듯이 에너지를 쏟아냈다. 고흐가 생전에 그렸던 오베르의 시청, 라부 여관, 오베르의 교회, 까마귀가 나는 밀밭도 아를과 마찬가지로 그 모습을 그 대로 간직하고 있어 고흐의 흔적을 찾는 사람들에게 사랑받고 있다.

고흐는 그가 그림으로 남겼던 〈까마귀가 나는 밀밭〉에서 권총 자살을 시도 했고, 복부에 총상을 입은 상태로 그간 머물던 라부 여관으로 돌아와 동생 테오 에게 "이 모든 것이 끝났으면 좋겠다"라는 말을 남긴 채 세상을 떠났다. 고흐는 총을 쏜 사람은 자신이라며 자살로 사건을 마무리하고 생을 내려놓지만, 고흐의 발자취를 따르던 아르망은 누군가가 고흐에게 총을 쏜 것이라 생각하고 타살이 라 의심하며 범인을 쫓는다. 복부에 총상을 입은 채 피를 흘리며 자신의 침대 에서 약 하루를 버틴 고흐에게 오베르 쉬르 우아즈는 어떠한 곳이었을까?

고흐에게는 어릴 적부터 희망보다는 불행이 먼저 찾아왔다. 죽은 형을 대신 해 살고 있다고 생각했던 고흐는 우울하고 차가웠던 유년 시절을 보냈고, 살 아생전에는 단 한 점의 그림만이 팔렸다. 오베르 쉬르 우아즈에서 고흐는 파 울 반가셰 박사(Paul van Gachet)의 치료를 받으며 생에 대한 의지를 보였다. 그러나 사랑하는 동생 테오가 본인 때문에 경제적으로 어려움을 겪고 이에 대한 스트레스로 병에 걸린 것을 알게 되자 자신의 생을 포기하는 선택을 하게 된다. 몸도 정신도 급격하게 쇠약해진 오베르 쉬르 우아즈는 평온한 목가적 풍경과는 달리 고흐에게 극심한 외로움과 고통을 준 곳으로 묘사된다. 고흐의 외로움에 대해 오베르 쉬르 우아즈의 뱃사공은 "더러운 까마귀가 오니까 아주 행복한 표정을 짓더군요. 자기 점심을 먹어도 신경도 안 쓰고. 그때 생각했죠. 얼마나 외로웠으면 고작 도둑 까마귀 때문에 그렇게 행복해할까?"라고 고흐의 외로움에 대해 언급했다.

5 비운의 화가를 보듬어준 아를

아를로 돌아온 아르망은 별이 빛나는 론강의 부둣가에서 아버지와 재회한다. 아버지는 별을 바라보며 "바라볼 순 있지만 이해할 수 없는 그 친구가 생각나"라고 이야기하며 테오의 아내가 아르망에게 감사하며 동봉한 고흐 편지의 사본을 읽어준다. "별을 볼 때면 언제나 꿈꾸게 돼. 왜 우린 창공의 불꽃에 접근할 수 없을까? 혹시 죽음이 우리를 별로 데려가는 걸까? 늙어서 편안히 죽으면 저기까지 걸어서 가게 되는 걸까?" 이 구절은 별을 그리며 즐거워하던 그의 모습을 떠올리게 한다.

아를의 노란색은 고흐에게 열정을 줬고, 아를의 별은 고흐를 꿈꾸게 했다. 고흐에게 색채에 대한 영감을 줬던 아를의 풍광, 강렬하고 투명한 햇살은 지금도 여전하다. 사진작가들도 태양빛을 찾아 아를로 모여들고 있으며, 수천 년의 세월을 간직한 유적과 다채로운 자연풍광은 이들을 매혹시키고 있다. 이런 연유로 아를에서는 매년 국제 사진 축제가 열리는데, 2018년에는 아를 인구의 약 세 배에 가까운 14만 명이 아를을 방문했다고 한다. 비록 고흐는 아를에서의 행복했던 삶을 오래 누리지 못했지만, 아를은 그를 꿈꾸게 했고, 눈부

신 색채의 예술을 창조하게 했다.

이 비운의 화가 덕분에 아를은 매년 막대한 관광 수익을 비롯해 많은 혜택을 누리고 있다. 이는 그만큼 철저하게 고흐의 흔적을 복원해 놓고 지켰기 때문에 가능한 것이다. 일례로 프랑스의 소설가이자 정치가인 앙드레 말로(André Malraux)는 문화부 장관 재직 시절 건물을 지을 때 로마시대 유산인 붉은색 기와지붕으로 통일하게 하는 등 심혈을 기울여 아를의 역사·문화 자원과 그 경관을 보존하게 했다.

그러나 아를은 보존에만 치중한 것도 아니다. 역사·문화 자원을 현대적으로 활용하며 과거와 현대의 시대적 공존을 가능하도록 만들었다. 기원전 1세기에 지어진 고대 극장은 최대한 원형을 보존하는 방식으로 무대와 관람석을 만들어 국제사진축제, 영화제 등 각종 행사를 치른다. 18세기에는 중세시대부터 집들이 들어선 원형경기장 내외의 건물을 정리하고 원형을 복원해 투우 경기에 활용했다. 투우 경기는 아를을 '투우의 도시'로 알리는 데에 기여하고 있다. 1600년대 건립된 고전적 양식의 시청사는 현재도 시청 건물로 사용되는 등 역사·문화 자원을 잘 보존하고 현대적으로 활용하고 있다. 이를 통해 고대 건물들 사이로 가로등이 비치는 아를의 밤거리가 고흐의 그림 속 모습과 똑같이 재현될 수 있는 것이다. 이러한 노력들로 아를은 예술의 도시로서 전 세계 방문객을 끌어들이고 있다.

✈ 아를을 여행하는 방법

① 추천할 만한 여행 코스

프로방스 여행을 추천합니다.

아를에서는 반고흐의 발자취를 테마로 론강을 따라 거닐며 원형 경기장, 고대극장, 고흐가 머물던 정신병원, 포룸 광장의 반 고흐 카페, 생 트로핌 대성당 등 도시 곳곳의 명소를 둘러볼 수 있습니다. 아를에서 하루를 보냈다면, 이후 밝은 햇살이 반짝이는 프로방스의 대표적인 도시인 엑상프로방스, 아비뇽 연극제로 유명한 아비뇽, 고대 로마의 도시 님(Nimes) 등 주변 도시로 이동하거나, 광활한 프로방스의 자연을 느끼며 작은 마을들을 여행해도 좋습니다.

② 숨겨진 도시의 명소

해가 질 무렵 론강에서 와인 한잔을 곁들이며, 반 고흐가 바라봤을 자리에서 밤의 카페 테라스를 바라본다면 반 고흐가 반했던 도시의 색채를 느낄 수 있을 것입니다.

③ 인상 깊었던 점

프로방스의 매력은 우리가 일상에서 느끼던 풍광과 차원이 다른 매력을 느낄 수 있는 마을이 30분~1시간 거리에 밀집해 있다는 것입니다. 특히, 프랑스인들이 까다롭게 선정한 '아름다운 마을'에 속해 있는 깎아지른 듯한 절벽과 조화를 이룬 중세마을 '레보 드프로방스', 루베롱 국립공원에 위치한 '루시옹', '고르도'도 놓칠 수 없는 여행 코스로 남프랑스의 매력을 느낄 수 있는 곳들입니다.

20장
환상인가, 허상인가,
황무지 위에 새겨진 욕망, 라스베이거스

안치용 | ESG연구소장, 영화평론가

| 라스베이거스 중심지

<u>1</u> 라스베이거스에 대한 짧은 기억

미국 서부로 여행을 떠나면 아마도 빼놓지 않고 들르는 곳이 라스베이거스일 것이다. 오래전 미국 샌디에이고로 한 달의 단기 연수를 갔을 때 같이 연수를 받던 연수 동료들과 주말을 이용해 라스베이거스를 찾은 기억이 난다. 카지노에서 많지 않은 돈이지만 조금 잃어도 보고, 시내의 유명한 호텔을 둘러보기도 했다. 그중에는 라스베이거스의 산 역사라고 할 플라밍고 호텔이 포함

| 플라밍고 호텔(Flamingo Hotel)

되어 있었다.

가이드 없이 렌터카를 이용한 동료들끼리의 여행이었기에 플라밍고 호텔에 대해서 자세한 내력을 듣지는 못했다. 다만 누군가 유서 깊은 호텔이란 식으로 말한 것 같기는 하다.

플라밍고 호텔의 유서를 좀 깊숙이 들여다본 계기는 1991년 개봉한 〈벅시(Bugsy)〉를 보고 나서다. 베리 레빈슨(Barry Levinson)이 연출하고 워런 비티(Warren Beatty)와 아네트 베닝(Annette Bening)이 출연했다.

2 유대인 마피아

본명은 벤저민 시걸바움이지만 벅시라는 별명으로 더 익숙한 그는 1906년 뉴욕 브루클린 출생이다. 벅시는 미국 현대사의 유대인 깡패 중에서 가장 유명한 인물이다. 삶의 행적을 볼 때 그가 유대교도였는지는 불분명하지만 묻힐 때는 유대인으로 묻혔다. 그의 묘비명에는 영어와 히브리어가 병기되어 있

| 벅시(1991)
감독: 베리 레빈슨
출연: 워런 비티, 아네트 베닝 외

다. 살아 있을 때 그는 유대인 마피아를 대표하는 악명 높은 조직원이었을 뿐만 아니라 미국 현대사의 한 획을 그은 존재였다고 할 수 있다. 한마디로 미국 현대사의 중요 인물이다.

유럽의 유대인은 크게 '아슈케나짐'과 '세파르딤'으로 나뉜다. '아슈케나짐'은 독일어처럼 소속된 국가의 언어를 쓰면서 자신들끼리는 '이디시어'라는 언어를 사용한다. 지역적으로는 프랑스, 독일에서 동유럽과 러시아에 걸쳐 분포하는 유럽 디아스포라 유대인의 다수파이다. '세파르딤'은 이베리아반도에 거주한 유대인을 일컫는 말이다. 벅시의 가계는 아슈케나짐에 속했고, 그의 인적 네트워크 또한 아슈케나짐을 벗어나지 못했다.

가난한 이민자인 부모가 미 대륙에 정착하느라 분투한 시기에 소년 시절을 홀로 헤쳐나가야 했던 벅시(워런 비티)는 곧 범죄 쪽에서 자신의 재능을 찾아냈다. 작은 범죄로 시작해 교도소 이력을 쌓으며 점점 암흑가의 거물로 성장해 갔다. 그는 킬러 또는 히트맨으로도 유명했는데, 러시아 태생 유대인 루이스 부컬터(Leuis Buchalter)가 만든 살인 주식회사의 일원이었다.

영화 〈벅시〉에 등장하듯 그는 후배 조직원의 동생 에스터(웬디 필립스, Wendy Phillips)와 결혼했다. 에스터는 폴란드계 유대인, 즉 아슈케나짐이었다. 영화 속에서 벅시의 가장 든든한 후원자로 나오는 마이어 랜스키(벤 킹즐리, Ben Kingsley) 또한 아슈케나짐이었다. 벅시라는 인물을 이해하기 위해서는 미국 내의 아슈케나짐과 유대인 마피아를 먼저 이해해야 하지만, 여기서는 간단히 벅시가 유대인 마피아였다는 정도만 언급하고 넘어가도록 하자.

랜스키는 전설의 이탈리아 마피아 두목인 루치아노(빌 그레이엄, Bill Graham)와 제휴해 공생관계를 유지하며 마피아의 사업 영역을 넓혔다. 루치아노는 폭

력과 살인으로 점철된 조직폭력배형 범죄 집단 마피아를 기업형으로 전환하며 1930~1940년대 뉴욕 암흑가에서 군림했다. 벅시는 랜스키와 루치아노에 의해 동부에서 서부로 파견된다. 캘리포니아와 로스앤젤레스 지역에서 사업 영역을 확장하고 새로운 사업 기회를 발굴하라는 지시를 받았다. 당시 로스앤젤레스에는 이미 다른 마피아 조직이 자리를 잡고 있었다. 벅시는 이들과 공존·공생하면서 서부 사업을 개척하는 데에 성공한다. 영화에서는 벅시가 서부 암흑가에서 압도적인 우위를 차지하며 사실상 서부의 암흑가를 지배하게 된 것처럼 그려진다.

원래 며칠만 머물 예정이었던 벅시는 아예 저택을 마련하여 서부에 정착한다. 뉴욕에다 아내와 두 딸을 두고 로스앤젤레스로 온 그는 할리우드의 화려한 삶에 매혹당해 영화배우나 마찬가지로 유명세를 치르는 저명인사가 되어 서부의 삶을 만끽한다. 그 중심에 버지니아 힐(아네트 베닝)이라는 여인이 있다.

미남이었던 벅시는 인물값 한다는 말처럼 여성 편력으로 유명했다. 한데 극중에서 벅시는 할리우드 단역배우 출신으로 남성 편력이 심했던 버지니아한테는 순정을 바치는 것으로 나온다. 41년밖에 안 되는 벅시의 짧은 인생 중 후반부에 만난 버지니아는 그의 인생의 모든 것이었다. 단적으로 '라스베이거스의 아버지' 벅시가 사막 한가운데 세운 호텔 겸 카지노의 이름이 플라밍고이다. 플라밍고는 버지니아의 별칭이다. 벅시의 인생을 플라밍고 호텔로 대변해도 과하지 않듯, 버지니아가 벅시의 인생 그 자체라고 말한다고 해서 틀린 이야기는 아닐 것이다.

3 영화 속의 사랑과 영화 밖의 사랑

영화는 극화 과정에서 실제 사건의 순서를 재조립했다. 예를 들어 벅시가 경찰과 FBI 비밀 요원으로 밝혀진 해리 그린버그(엘리엇 굴드, Elliott Gould)를 살해한 사건은 실제보다 뒤로 배치되어 있다. 영화의 흐름을 감안해 부수적인 사건의 발생 시점을 살짝 변경한 것으로 보인다.

살인 현장에 벅시가 버니지아와 함께, 그것도 단둘이 간 것으로 처리한 것 또한 실제와는 다르다. 벅시와 버지니아가 살인 현장에 동행한 것은 그 둘의 질긴 인연을 표현하기 위한 설정으로 보인다.

플라밍고 호텔의 건축을 떠올리는 역사적인 장면에서도 버지니아는 벅시와 함께 있었다. 영화는 벅시의 부하이자 로스앤젤레스의 대표적인 폭력배 믹키 코엔(하비 카이틀, Harvey Keitel), 버지니아, 벅시 세 사람이 네바다주 사막에서 로스앤젤레스로 차를 타고 돌아오다가 우연히 차를 세운 곳에서 벅시가 계시

| 라스베이거스 스카이라인

또는 영감을 받는 것으로 그린다. 유대인의 성서 토라가 연상되는 장면이다. 게다가 버지니아는 두 사람을 사막에 남겨두고 고속도로로 차를 몰아 캘리포니아 쪽으로 가버린다. 벅시와 코엔은 차 한 대 없는 고속도로를 붉은빛의 영상 속에서 걸어간다. 이러한 영화적 형상화는 분명 사실과는 다른 것일 테지만, 개인적으로 영화적 개연성은 더 강해졌다고 판단된다. 아마도 이런 것이 연출력의 하나라고 말하여도 무방하지 않을까.

벅시와 버지니아의 질긴 인연은 서로에게 고통을 주고 상처를 주는 것으로 그려지고 실제로도 그랬다. 하지만 동시에 사랑의 의미를 곱씹어 보게도 한다. 세상에는 수많은 사람이 있고 그에 상응하는 수많은 만남의 형태가 있지만 그 속에서 성애에 기반한 애착과 집착, 그리고 독점 욕망을 어떤 식으로든

포함하지 않은 만남을 사랑이라고 부르기 어렵다고 할 때, 영화에서 묘사된 두 사람의 사랑은, 비록 당사자나 주변이나 모두 불편했더라도 사랑이라는 데에 이견은 없어 보인다. 가장 뾰족하게 형상화한 사랑이다.

영화 속 벅시와 버지니아의 사랑이 영화 밖 워런 비티와 아네트 베닝의 사랑으로 이어진다는 점 또한 이 영화의 숨은 컨텍스트라고 하겠다. 주연배우이자 제작자 중 한 사람인 워런 비티는 오디션을 통해 무명배우인 아네트 베닝을 자신의 상대역으로 캐스팅했다. 지나고 보면 '사심' 캐스팅이었던 셈이다. 워런 비티와 아네트 베닝의 사랑은 벅시와 버지니아의 사랑과 달리 겉보기론 해피 엔딩이다.

벅시는 플라밍고 호텔 건축 사업으로 인해 자택에서 총에 맞아 죽고 버지니아는 벅시가 죽고 수년 뒤에 자살한다. 영화에서 벅시의 범죄 행각에 무덤덤한 반응을 보인 것으로 묘사되듯, 실제로 버지니아는 범죄에 관여한 것으로 전해진다. 벅시와 버지니아의 나이 차이는 10년이고, 비티와 베닝은 21년으로 둘 다 남자의 나이가 많다. 영화에서는 벅시가 이혼하고 버지니아와 결혼하지만 영화 밖에선 베닝이 이혼하고 비티와 결혼한다. 무엇보다 벅시와 버지니아는 둘 다 고인이 되었지만, 비티와 베닝은 아직 생존해 있다.

4 'Sin City' 라스베이거스의 아버지 '벅시'

다시 영화로 돌아오면, 버지니아는 벅시에게 빛이자 어둠이 되고 라스베이거스의 플라밍고 호텔 건축이라는 중심 사건과 결부되어 이 빛과 어둠이 영화 전편을 지배한다. 벅시에게 버지니아라는 여인은 말하자면 불멸의 사랑을 상징하지만, 비즈니스 측면에서는 전적으로 방해 요소이다.

벅시의 어릴 적 친구로 할리우드의 인기 배우가 된 조지 래프트(조 만테냐, Joe Mantegna)의 영화 촬영 세트를 방문한 벅시는 그곳에서 버지니아와 조우한다. 문제는 버지니아가 벅시의 마피아 동료의 정부라는 것이다. 결과적으

| 라스베이거스 스트립 거리(The Strip in Las Vegas)

| 스트라토스피어 타워(Stratosphere Tower)

로 벅시는 동료의 정부를 빼앗은 셈이다. 그는 여기서 그치지 않고 동료와 완전히 척을 지게 되는데, 이것이 나중에 부메랑이 되어 돌아온다.

요샛말로 직진 스타일로 그려진 벅시는 한눈에 버지니아에 매료되어 집요한 구애 작전을 펼친다. 강(強)한 기질과 강(強)한 기질이 맞붙어 그야말로 영화의 소재로 어울릴 법한 뜨거운 사랑에 빠져든 두 사람은 사랑과 미움을 반복하다가 플라밍고 호텔 건축의 동업자로 필생의 사업을 함께 한다.

천하의 플레이보이이자 악명 높은 킬러였던 벅시는 감정적인 것은 물론이고 사업도 버지니아에게 의존한다. 유대인에게 일반적으로 부여하는 고정관념을 벅시에게도 적용하여 그의 플라밍고 호텔 프로젝트를 설명하는 경우를 흔히 볼 수 있다. 그 설명 방식이 맞는지 틀리는지 모르겠지만, 그의 금전적 관념만은 확실히 전혀 유대인답지 않았다고 할 수 있다.

황량한 사막 한복판에 술·도박·여자를 조합한 환락의 도시를 만들겠다는 구상은, 유대인 마피아로부터 지지를 받고 투자를 받았지만, 벅시가 현대판 사막의 오아시스를 짓는 데에 너무 많은 돈을 쓰게 만들면서 상황이 꼬이기 시작한다. 애초에 벅시가 마피아 우두머리들에게 제시한 건축비는 100만 달러였지만 최종적으로 든 돈은 600만 달러였다. 500만 달러를 추가로 조달하면서 벅시의 입지는 극도로 흔들린다.

벅시를 더욱 궁지로 몬 것은 버지니아가 600만 달러의 3분의 1에 해당하는 200만 달러를 스위스 은행으로 빼돌렸다는 사실이다. 이 사실이 벅시와 마피아 모두에게 알려지며 벅시는 조직원들로부터 '횡령'을 추궁당할 처지에 놓인다. 랜스키처럼 버지니아가 벅시 모르게 돈을 빼돌렸을 것이라고 벅시를 옹호하는 이들조차 최종 책임이 벅시에게 있다는 동의한다. 그러나 벅시는 버지니아의 '배신'을 깨달은 뒤에도 조직의 방식으로 사랑하는 여자에게서 돈을 회수하지는 않는다.

버지니아의 200만 달러 '횡령'이 실제로 '배신'이었는지는 지금도 알 수 없고, 두 사람의 합작이었을 가능성을 완전히 배제할 수는 없지만, 영화에서는 사업과 사랑에 모두 실패하는 벅시를 그려내야 했기에 '배신'을 설정하지 않을 수 없었을 터이다. 그러므로 1946년 12월 26일 플라밍고 호텔 개업식날 200만 달러를 들고 벅시를 떠났던 버지니아가 돌아와 용서를 빌고 200만 달러를 내어놓은 장면이 이 영화의 클라이맥스를 장식한다.

벅시는 그 돈을 받지 않고 버지니아에게 맡겨둔다. 버지니아는 비행기를 타고 죽으러 로스앤젤레스로 향하는 벅시에게 "사랑한다"라고 말한다. 이는 두 사람 모두에게 해피엔딩이며 특히 벅시에겐 더 큰 해피엔딩이다. 모든 것을 다 잃었지만 사랑에서 그는 승리자였다. 무엇보다 모든 것을 다 잃은 것처럼 보였지만 그가 '라스베이거스의 아버지'라는 사실을 아는 관객에겐 벅시는 사업에서도 승리자였기 때문이다.

플라밍고 호텔은 1946년 크리스마스 다음 날 개관했지만 파리만 날리는 상황이 이어져 휴업과 재개를 반복했다. 그사이에 뉴욕의 마피아들이 투자금에 따른 이익배당을 끊임없이 요구했고, 영화에서와 달리 벅시는 1947년 6월 20일 로스앤젤레스 베벌리 힐스 자택에서 아직까지 정체가 밝혀지지 않는 괴한들이 쏜 총탄에 맞아 즉사했다. 벅시 사후 플라밍고 호텔은 성황을 이루어 현재 라스베이거스의 원점(原點)이 된다.

영화는 "벅시 시걸이 죽은 지 1주일 후 버지니아 힐은 사라진 돈을 마이어 랜스키에게 돌려주었다. 그 후 버지니아 힐은 오스트리아에서 자살했다"라는 설명이 올라가며 끝난다. 자막만으로는 벅시가 죽은 다음에 버지니아가 곧바로 따라 죽은 것처럼 보이지만, 실제로 자살한 연도는 1966년이다.

4부 성장에 깃든 도시의 민낯

City Tour on a Couch:
30 Cities in Cinema

21장
욕망의 도시 아부다비와 두바이의 명과 암

김소은 | THE관광연구소 대표

| 개발이 한창 진행 중인 두바이

1 신기루 같은 도시 아부다비와 두바이

아부다비는 UAE(아랍에미리트연합국, United Arab Emirates)*의 수도다. UAE는
총 7개의 토후국으로 이뤄진 나라로, 이 중 무역과 물류, 관광을 전략산업으로

---

* 아랍에미리트는 수도 아부다비와 두바이, 샤르자, 라스알카이마, 아즈만, 움알카이와인, 푸자이라
등 7개의 형제국으로 이루어진 토후국이다. 아부다비가 전 국토의 약 87%를 차지하고 있으며, GDP
의 59%를 차지하고 있다.

삼고 있는 두바이가 우리에게 가장 널리 알려져 있다.

오일머니가 이뤄낸 신기루 같은 두 도시는 영화 속에서도 화려하게 등장했다. 두바이는 '미션 임파서블' 네 번째 시리즈 〈미션 임파서블: 고스트 프로토콜(Mission: Impossible - Ghost Protocol)〉의 무대로, 아부다비는 뉴욕 골드미스들의 이야기인 〈섹스 앤 더 시티 2(Sex and the City 2)〉의 배경으로 말이다.

|미션 임파서블 고스트 프로토콜(2011)
감독: 브래드 버드
출연: 톰 크루즈, 제레미 레너 외

2 불가능한 미션! 미션 임파서블? 두바이

에단 헌트(톰 크루즈, Tom Cruise)가 불가능할 것으로 보이는 각종 미션을 성

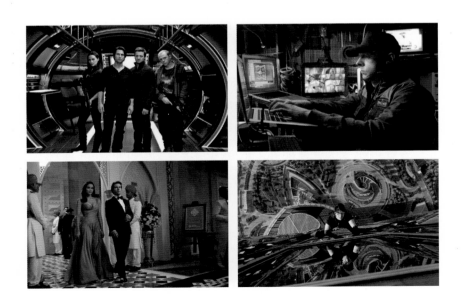

| 부르즈 칼리파(Burj Khalifa)

공적으로 수행하는 〈미션 임파서블: 고스트 프로토콜〉을 두바이에서 촬영했다는 소식을 들었을 때 정말 절묘하다고 생각했다. 국내에 알려진 두바이의 다양한 건설 계획들은 그야말로 불가능에 가까운, 지구상에서는 전례를 찾기 힘든, 의구심을 품을 수밖에 없는 것들이었기 때문이다.

두바이는 1978년 세계무역센터를 설립한 이후 1999년 7성급 호텔로 알려진 부르즈 알 아랍, 2009년 세계 최고 162층 빌딩 부르즈 칼리파• 등이 완공되면서 세계적인 관광지로 급부상했다. 2006년에 건설을 시작해 인공위성에서도

• 'Burj Khalifa'의 한글 표기를 놓고 국내 언론매체들은 '버즈 할리파(영어식+아랍식)', '부르즈 할리파(아랍식+아랍식)', '부르즈 칼리파(아랍식+영어식)' 등 서로 달리 표기하고 있다. 시공사 측에서 'Burj'의 영어식 발음인 '버즈'가 많이 통용되고 있으므로 '버즈'로 표기해 달라고 요청했다고는 하나, 국내 외래어 표기법에서는 외국 지명이나 인명 표기는 현지 발음에 따르도록 규정하고 있다.

| 팜 주메이라(Palm Jumeirah Island)

보인다는 팜 아일랜드와 더 월드, 그리고 세계 최초로 온도 조절이 가능한 인공도시까지, 두바이의 건설 프로젝트들은 그야말로 세계 최초의, 세계 유일무이한 도전의 연속이다.

야자수 모양을 한 팜 아일랜드는 거대한 인공도시로 '팜 제벨알리', '팜 주메이라', '팜 데이라' 등 세 개의 인공섬으로 이뤄져 있다. 두바이 본토와 다리로 연결된 이곳들은 초호화 호텔과 휴양시설, 주거시설 등이 속속 들어서고 있다. 한편 바다 위에 세계지도를 본떠 만든, 요트나 헬기로만 이용이 가능한 해상도시 '더 월드'는 높은 분양가(한국 섬의 분양가는 2600만 달러)로 인해 세계의 갑부들이 섬을 사들이고 있는 것으로 알려져 있다.

2009년 모라토리엄 선언 이후 더 월드를 비롯한 각종 개발계획이 중단되었던 두바이는 중국인들의 투자를 유치하면서 건설시장이 다시 활기를 띠더니, 2014년 5월에 인공도시 '세계의 몰' 프로젝트를 발표했다. 기후와 온도가 자동으로 제어되는 도시를 건설하는 프로젝트로, 총면적 450만 m²에 이르는 이 인공도시에는 단일 크기로 세계 최대가 될 쇼핑몰과 2만여 개의 객실을 공급할 수십 개의 호텔 및 대형 공연장, 세계 최대의 실내 테마파크와 도시를 가로지르는 7km에 이르는 도로 등이 건설된다고 한다.

이뿐만 아니다. 스포츠, 쇼핑, 장기체류 호텔 등 가족 단위 관광지로 2012년에 개장한 세계 최대 테마파크인 두바이 랜드, 개장이 늦춰지고 있지만 해저 20m 아래에 개발되고 있는 세계 최초 수중호텔 하이드로폴리스, 새로운 랜드마크가 되고 있는 두바이 오페라하우스와 다양한 건축 프로젝트 등을 통한, 석유 고갈에 대비하기 위한 두바이의 세계적인 시도는 그야말로 '미션 임파서블'이다.

두바이 경제의 핵심 요소인 관광산업의 계절성을 극복하기 위해, 석유에만 의존하다가 "낙타를 타던 시절로 돌아갈 수 없다"라며 인공도시를 건설하겠다는 셰이크 모하메드 두바이 국왕의 야심은 어디까지 이어질까?

<u>3</u> 초호화 여행의 종결, 아부다비?

뉴욕 여성 4인방은 지루한 일상에서 벗어
나 마음껏 즐기기 위해 에티하드* A380 일
등석에 몸을 싣고 아부다비로 날아간다. 하
루 2만 2000 달러의 스위트룸에서 호사를 누
리고 시중 드는 남자들과 함께 사막을 여행
하며 겪는 다양한 에피소드가 영화 〈섹스 앤
더 시티 2〉에 화려한 볼거리로 등장한다.

실제 이 영화의 원제에는 아부다비가 등장
하지만, 아부다비 국영 항공사를 이용한 것
외에는 아부다비에서 촬영이 허락되지 않아

| 섹스 앤 더 시티 2(2010)
감독: 마이클 패트릭 킹
출연: 사라 제시카 파커, 킴 캐트럴,
크리스틴 데이비스, 신시아 닉슨 외

분위기가 비슷한 도시 모로코에서 촬영되었다고 한다. 아부다비가 주는 화려
함을 영화 제목에만이라도 보여주고 싶었던 것일까?

2005년 개장한 에미리트 팰리스 호텔은 두바이의 부르즈 알 아랍과 더불
어 UAE의 랜드마크로 알려진 곳이다. 에미리트 팰리스가 개장될 즈음 사디

* UAE의 국영 항공사로, 2003년 설립된 이후 세계에서 가장 빠르게 성장한 항공사로 알려져 있다.
2010년 12월부터 한국에 공식 취항했다. 2018년 인천공항에 에트하드 항공 A380을 취항하면서 대
한민국에 친숙한 항공사가 되었다.

| 아부다비 스카이라인

얏 프로젝트와 야스섬 프로젝트가 발표됐다.[*] 이를 담은 '아부다비 경제비전 2030' 계획은 세계 5대 도시, 중동의 문화수도를 목표로 삼고 있으며, 이를 위해 아부다비 정부는 총 73조 원의 오일머니를 투자하고 있다.[**]

사디얏 프로젝트는 문화, 마리나, 해변, 산책로, 보존, 석호, 재생 등 7개 지구별 성격에 맞게 생태와 문화, 휴양을 위하는 삶이 가능한 도시를 만들겠다는 계획이다. 특히 사디얏섬 문화지구(문화 클러스터로는 세계 최대 규모)에는 세계 유명 건축가들이 구겐하임 미술관의 해외 분관과 자에드 국립박물관, 공연예

• 아키텍처럴 레코드(Architectural Record)는 전 세계에서 투자 규모가 큰 프로젝트들의 순위를 매겼는데(2016), 아부다비의 야스섬과 사디얏 프로젝트가 각각 4위와 8위를 차지했다. 우리나라에서는 인천의 송도가 7위에 올랐다(http://archrecord.construction.com).

•• 2030년까지의 장기 발전전략으로 지속 가능한 경제발전 구축, 균형적인 국가 경제발전을 최우선 전략으로 삼고 있다. 석유비축량 감소에 대비하기 위해 석유 부문 경제의존도 축소와 지식기반산업 등 산업 다각화에 중점을 두고 있으며, 서비스 부문(관광, 의료, 운송물류, 교육, 미디어, 금융, ICT)의 지속 육성, 제조업, 에너지, 녹색산업을 미래동력 육성산업으로 꼽고 있다. 특히, 아부다비 관광을 육성하기 위해 신규 리조트, 쇼핑몰, 세계 수준의 박물관과 갤러리, 레저시설 등을 갖추기 위한 사디얏과 야스섬 건설계획이 포함된다.

술센터 등 문화시설을 건축하고 있다.
특히 루브르 아부다비는 2017년 개관
하여 관광객들의 명소로 자리 잡았다.

야스섬 프로젝트는 해양 스포츠와
레저로 특화된 도시계획이다. F1 경
기가 가능한 야스 마리나 서킷, 자동
차 테마파크인 페라리 월드, 워터파크인 야스 워터월드, 사막에서 바다를 보
며 라운딩이 가능한 야스 링크스 골프장 등을 건설해 다양한 레저스포츠를 한
곳에서 즐길 수 있다.

〈섹스 앤 더 시티 2〉에서의 화려함은 아부다비의 이미지가 분명하다. 하지
만 영화 속에서도 비쳤듯이 무슬림 여성들의 검은색 아바야 속에 감춰진 화려
한 명품 옷이 주는 상반된 이미지만큼 이 도시의 화려한 건설 프로젝트의 이
면에는 어두운 삶이 존재한다.

4 화려함에 감춰진 사람들

UAE의 원주민 비율은 실상 20% 미만이다.• 전체 인구 500만 명 중 외국인
의 비중은 무려 80%를 넘는다. 15세 이상의 취업 가능 인구 중 자국민 취업자
비율은 45%밖에 되지 않는다. 원주민들에게는 대학등록금, 유학자금이 지원
된다. 원한다면 정부에서 일할 수도 있는데 생활비가 지원되기 때문에 굳이
번듯한 일자리를 가지려 하지 않는다.

실제로 계획 중인 UAE의 대규모 프로젝트는 외국 인력이 공급되지 않으면
시작조차 불가능하다. 정부, 공기업, 민간기업 등 모든 분야에서 선진국(영국,

• UAE의 원주민 비율은 12~28%까지 자료마다 차이를 보이므로 평균값으로 표기한다.

미국, 프랑스 등) 전문가들이 일을 하고 있으며, 그 밖의 인도, 파키스탄, 네팔 등 서남아시아와 아프리카, 필리핀 등에서 온 노동자들이 더럽고, 힘들고, 위험한 업종의 일을 도맡아 하고 있다.

기름이 펑펑 쏟아지는 땅에서 태어난 이 나라 사람들은 땀 흘리며 일하지 않고도 매우 잘살 수 있다는 얘기다. 그렇기 때문에 국가에 대한 불만이 전혀 없고, 외국인의 경우 경미한 사고를 저질러도 추방시켜 버리기 때문에 사회가 매우 안정적이다. 내정 불안, 테러가 떠오르는 여느 중동 국가와는 분위기가 사뭇 다르다.

반면 UAE 드림을 꿈꾸고 이 나라로 온 노동자들의 삶은 고되다. 어느 나라에서건 더 나은 경제여건을 찾아온 이민자들의 삶은 퍽퍽하기 마련이지만, 이 나라 블루칼라 이민자들의 삶은 더 눈물겹다. 화이트칼라 이민자들의 경우는 대부분 '억!' 소리 나는 연봉과 집, 자동차를 제공받고 있지만, 블루칼라 노동자들은 50만 원도 안 되는 월급에 힘겨운 하루하루를 보낸다. 세계 최고층 건물인 부르즈 칼리파를 지은 외국인 노동자들은 하루 12시간 노동에 5000원의 일급을 받았고, 그마저도 지급이 늦어져 고향에 송금하지 못하는 경우가 다반사였다. 이들을 고용한 회사는 이들이 다른 아르바이트를 하지 못하도록 사막 한가운데 자리 잡은 숙소에 빨리 귀가한 사람만이 침대를 사용할 수 있게 했다. 열악한 노동 환경은 꿈을 갖고 온 그들을 죽음으로 내몰았다. 2010년 두바이 건설현장에서 자살한 외국인 노동자는 113명이었다. 3일에 한 명씩 죽음을 선택한 것이다. 그들에겐 노동권 등 일을 하며 인간답게 살 수 있는 권리를 찾아보기 어렵다.

필자가 아부다비에서 체류할 당시 신문에서 읽고, 뉴스에서 보았던 황당한 몇몇 사건을 소개하면 다음과 같다.

한 파키스탄인은 아파서 무단결근을 했다는 이유로 퇴사를 당했고, 이로 인해 비자가 취소됐다. 본국으로 돌아가야 했지만 비행기표를 구할 돈도 없었다. 고민 끝에 그는 우리나라 119에 해당하는 999에 100차례에 걸쳐 장난전화를 걸었다. 결국 경찰에 붙잡혔고, 그 덕에 강제추방령이 떨어져 비행기표를 제공받을 수 있었다.

운전을 요상하게 하던 인도인 택시기사를 뒤따라오던 원주민이 차를 세우게 하더니 길바닥에 무릎을 꿇리고, 원주민을 상징하는 무슬림의 모자인 '쉬마그에'를 두른 끈으로 기사에게 욕을 하며 머리를 툭툭 때렸다. 어떤 외국인이 이 광경을 동영상으로 찍어 SNS에 올렸고, 그는 사생활 침해죄로 잡혀 강제 추방당했다.

대형마트 까르푸나 맥도날드, 피자헛 등의 다국적기업에는 그나마 영어로 의사소통이 가능한 필리핀, 인도, 스리랑카인들이 고용되어 있다. 주 ○○ 시간 근무 따위의 원칙은 지키고는 있지만, 급여수준은 동일 근무 여건이 조성된 로컬 기업의 절반 수준이다. 브랜드를 앞세워 노동력을 착취하고 있는 건 아닌지, 근무하는 노동자들은 항상 불만족스러워 한다.

연중 최고기온이 50℃에 이르는 열사의 땅이지만, 거주민들은 더위를 크게 느끼진 않는다. 대부분의 공동주택에서 한 달 정액제로 24시간 냉방이 가능하기 때문이다. 모든 바깥 건물도 마찬가지다. 중동의 더위를 느끼는 건 주차장에서 자동차를 찾는 그 잠깐 정도다. 하지만 이곳에서 체류하다 보면 UAE가 주는 화려함에 반하기보다는, 그곳 이주 노동자들의 열악한 처우가 눈에 들어오기 마련이다. 도시를 오갈 때 이면도로를 조금만 유심히 살펴보면 고단한 건설노동자의 삶이 보인다. 허기진 배를 물로 채우고, 햇살을 피하려 앙상한 야자나무 아래 기대 누워 낮잠을 자는, 이 도시의 화려함의 토대를 닦고 있는 이들이.

이곳의 외국인들은 은수저보다 더한 금수저를 물고 태어난 UAE 원주민의 손과 발이다. 여름철 사막 위 인공 급수로 나무를 키우고, 모래가 쌓여 색이 바랜 차를 빛이 나게 닦아주며, 크리스마스에 인공 눈을 뿌리는 건 모두 외국인 노동자들이다.

〈미션 임파서블〉의 두바이, 〈섹스 앤 더 시티〉에서 볼 수 있는 아부다비의 화려함과 UAE 노동자들이 처한 팍팍한 삶의 대조는 극단적이다. 하지만 많은 사람들은 두바이와 아부다비에서 '미션 임파서블'이 현실이 된 현상에만 집중한다.

아부다비와 두바이의 화려함은 외국인 노동자들의 땀과 눈물이 있어 가능했다. 도시는 그걸 보러 오는 관광객보다 먼저 그 안에서 살고 있는 사람들의 삶이 행복해야 건강해질 수 있다. 도시를 만들어내는, 도시를 구성하는 대다수 사람들의 삶의 질이 결국 도시의 질을 결정하지 않을까?

5 영화에 보이는 도시의 이미지와 환상

2014년 하반기 아부다비는 글로벌 영상 제작 프로젝트를 발표했다. 글로벌 영화 및 미디어 콘텐츠 촬영지로 발돋움하기 위해 미국 할리우드와 인도 발리우드 영화 제작사 등에 파격적인 인센티브를 제공한다는 것이 주요 골자다. 두바이도 경쟁적으로 영화 제작 지원책을 내걸고 있다. 이로써 〈분노의 질주 7(Furious 7)〉, 〈스타트렉 비욘드(Star Trek Beyond)〉, 〈뱅가드(急先锋)〉, 넷플릭스의 〈6 언더그라운드(6 Underground)〉 등의 영화를 통해 두바이와 아부다비의 모습을 볼 수 있었다. 앞으로 나올 영화에서는 '사막 위 첨단도시'라는 화려한 외양 외에 그곳에 사는 다양한 사람들의 모습이 카메라앵글에 담겼으면 좋겠다. 영화는 현실의 반영이므로.

참고문헌

≪아시아경제≫. https://www.asiae.co.kr.
EBS. http://home.ebs.co.kr(지식채널 e '두바이의 꿈').
Flashy Dubai. http://flashydubai.com.
Khaleej Times. http://www.khaleejtimes.com.
Saadiyat Island Abu Dhabi. http://www.saadiyat.ae.
The National. http://www.thenational.ae.

아부다비를 여행하는 방법

① 추천할 만한 여행 코스

기존 관광 안내 자료에서 볼 수 있는 모스크를 시작으로, 아부다비를 좀 더 깊게 이해할 수 있는 곳들을 안내합니다. 1박 2일 동안의 신성함을 느낄 수 있는 셰이크 자에드 그랜드 모스크(Sheikh Zayed Grand Mosque), 정면 도로를 건너가면 그랜드 모스크를 잘 전망할 수 있으며 UAE의 현충원이자 현대식 건축 기법을 다양하게 볼 수 있는 와핫 알 카라마(Wahat Al Karama, 존엄의 오아시스), 각종 공연과 축제가 자주 열리는 파운더스 메모리얼(The Founder's Memorial), 입장료와 함께 다양한 다과를 즐길 수 있는 에티하드 타워의 전망데크 260(Observation Deck at 300), 원주민들이 산책하는 움 알 에미랏 파크(Umm Al Emarat Park)까지 둘러보세요.

사막의 습지 공원인 알 와트바(Al Wathba) 보호 지역과 카약을 타고 맹그로브숲을 둘러볼 수 있는 이스턴 맹그로브 국립공원(Eastern Mangrove Lagoon National Park)까지, 기존 관광안내서에서 볼 수 없는 정말 많은 것들이 아부다비에 있답니다.

② 인상 깊었던 점

아부다비의 도시계획들은 생각보다 천천히, 방향성을 갖고 진행됩니다. 기존에 설정한 로드맵이 지체되더라도 원래의 정체성을 훼손하지 않습니다. 다만, 어마어마한 홍보 비용을 들여 그 계획과 전 과정을 일일이 알리기 때문에, 특정 시점에서 완성되지 못한 프로젝트에 실망감을 드러내는 사람들이 종종 있습니다. 하지만 건설 중이거나 운영 중인 모든 시설들이 방문하는 관광객 수에 연연하지 않기 때문에, 오일머니의 힘을 느낄 수 있습니다.

22장
워싱턴 D.C., 도시에 숨겨진 권력의 뒷모습

남경철 | 기획재정부 과장

| 미 국회의사당(United States Capitol)

1 워싱턴의 또 다른 이름, 하우스 오브 카드

몇 년 전 워싱턴 D.C.로 발령받았을 때 캘리포니아에서 같이 공부했던 미국 친구가 이메일을 보내왔다.

"워싱턴은 그늘 속 부패로 일그러진 곳이야. 워싱턴에 왔으니 하우스 오브 카드는 꼭 보라고."

워싱턴 이야기를 해볼까 한다. 아직 〈하우스 오브 카드〉 시리즈를 접하지 못한 분이 있다면 부디 이 글은 읽지 마시길 바란다. 이 글의 곳곳에 소개된

스포일러가 정치 스릴러를 보는 재미를 반감
시킬지 모르니까 말이다.

〈하우스 오브 카드〉는 넷플릭스가 2013년
에 내놓은 정치 드라마 시리즈다. 시즌 1이 개
봉한 첫해에 폭발적인 인기몰이를 하며, 에미
상 9개 부문에 노미네이트 되는 기염을 토했
다. 정치인 프랭크 언더우드 역을 맡은 케빈 스
페이시(Kevin Spacey)는 2014년, 2015년 연속으
로 골든글로브상 남우주연상을 거머쥐었다.

2016년 초에는 시즌 4가 개봉된다는 예고가
있었던 터라 케빈 스페이시의 촬영 장면을 봤

| 하우스 오브 카드(2013)
감독: 데이빗 핀처
출연: 케빈 스페이시, 로빈 라이트,
케이트 마라, 코리 스톨 외

다는 트위터 글이 지역신문의 뉴스거리가 되기도 했다. 오바마 전 대통령도
이 드라마의 열렬한 팬을 자처하면서 만우절에 남부 억양의 프랭크 언더우드
를 성대모사 하는 백악관 영상을 내보내기도 했다.

하우스 오브 카드는 트럼프 카드를 삼각형 모양으로 쌓아 올린 탑을 말한
다. 불안한 계획이나 위태로운 상황을 말할 때 빗대어 쓰는 말이다. 영화 제목
에서 하우스는 워싱턴을 배경으로 프랭크가 미 하원에서 부통령을 거쳐 백악
관에 입성하는 위태로운 공간을 암시하기도 한다.

사우스캐롤라이나의 불우한 집안 출신인 가상의 민주당 하원의원 프랭크
언더우드, 그는 권력의 정점에 올라서기 위하여 위선으로 동맹을 유지하고,
치밀한 음모를 짜거나, 주변 사람들을 이용하고, 불법과 범죄를 마다하지 않
는다. 프랭크에게 정치 행위는 자신의 권력 야심을 실현하는 도구에 불과하다.

"단 한 가지 규칙만이 있어. 사냥을 하거나, 사냥을 당하거나"라거나 "테이
블 세팅이 맘에 들지 않으면 테이블을 엎어버려"라는 충격적인 대사를 던지는
프랭크는 민주주의의 유지를 위해 어떠한 수단과 방법도 허용된다는 마키아
벨리즘적인 철학을 신봉하는 인물이다. 권력을 좇는 인간의 검은 이면과 정계

의 권력 암투, 로비스트의 부패 등 우리가 상상하지 못했던 충격적인 '세계 수도'의 어두운 면은 전 세계 시청자들을 단박에 사로잡았다.

드라마의 야외 로케이션은 대부분 워싱턴에서 한 시간쯤 떨어진 볼티모어시 주변에서 촬영되었다. 그러나 오프닝 크레디트에는 내셔널 몰, 포토맥강, 국회의사당, FBI 본부, 유니언 스테이션의 아치, 율리시스 그랜트(Ulysses Grant) 대통령 기마 동상, 랑팡 광장, 케네디 센터의 야경 등 아름답고 평화로운 워싱턴의 전경이 흐른다.

2 도시의 이미지

워싱턴은 백지상태에서 수도로 디자인된 도시라서 여느 도시들과 비교해 보아도 독특한 곳이다. 구시가지, 자연발생적인 구불구불한 길 같은 곳이 존재하지 않는다. 사람들의 눈높이에서 보이는 이 공간은 질서정연하다.

케빈 린치 MIT대학 교수는 『도시의 이미지(The Image of the city)』에서 도시에는 사람들이 경험하고 인지하는 마음속의 지도, 멘탈 맵이 있으며 도시의 이미지를 형성하는 데는 다섯 가지 요소가 있다고 했다. 사람들이 걷는 길(paths), 도시의 끝이라 인식하는 가장자리, 특정한 동네라고 느끼는 지구, 로터리나 교차로 같은 결절점, 멀리서 눈에 띄는 랜드마크가 그것이다.

다섯 가지 요소에서 워싱턴은 어느 도시보다 정직한 이미지를 지닌다. 거리를 몇 번만 둘러본다면 누구든지 도시의 패턴을 손쉽게 복기할 수 있을 정도로 말이다. 격자형 도로, 포토맥 강변의 가장자리, 듀퐁 서클과 같은 결절점, 동질적 특성을 공유하는 지구, 어디서나 보이는 내셔널 모뉴먼트와 같은 랜드마크 때문에 워싱턴은 도시 이미지를 강력히 뇌리에 각인하는 요소를 모두 품고 있다.

미국은 독립전쟁 기간 동안 수없이 떠돌았던 수도를 한군데로 통합해야 한

| 워싱턴 D.C. 스카이라인

다는 여론에 따라 조지 워싱턴(George Washington) 대통령이 225년 전에 이곳을 수도로 정하고 프랑스 태생의 엔지니어 피에르 랑팡(Prerre L'Enfant)에게 새 수도를 설계토록 했다. 랑팡의 계획은 마치 베르사유 궁전의 반듯한 정원을 연상케 하는 바로크식 도시계획 기법을 기반으로, 사각형과 원형을 중심으로 넓은 가로와 탁 트인 경관을 보이는 방식을 채택했다.

워싱턴과 파리의 공통점은 나지막한 스카이라인으로 넓게 퍼진 경관에서도 발견된다. 19세기 말 도입된 '건축고도법'에서는 건물 높이가 인접한 도로의 폭에서 6.1m를 더한 높이까지로 규제했다. 토머스 제퍼슨(Thomas Jefferson) 대통령은 워싱턴이 복잡하지 않고 바람이 잘 통하는 거리에, 낮고 편리한 건물들이 있는 '미국의 파리'가 되길 바랐다고 한다.

워싱턴은 케빈 린치가 말한 뚜렷한 도시 이미지를 뽐낼 뿐 아니라 미국의 전통적 가치를 진열해 놓은 공간이기도 하다. 매일 물결처럼 유입되는 전 세계 관광객들에게 워싱턴의 건축물들은 살아 움직이며 '미국의 가치란 이런 것이야'라고 호객 행위를 한다. 특히 워싱턴의 중심부에 자리한 국립도시공원인 내셔널 몰에는 민주주의 시스템의 이념, 역사에 대한 추모, 인류에 대한 공헌 등을 충분히 보고 느낄 수 있도록 배열되어 있다.

포토맥강과 연결되는 내셔널 몰 끝자락에는 언덕에 터를 잡은 대의민주주

| 워싱턴 기념탑(Washington Monument)

의의 전당인 국회의사당과 이를 마주보는 대법원이 있고, 내셔널 몰 중간쯤에 자리 잡은 백악관과 이를 둘러싼 국무부, 재무부 등 행정부가 위치해 있다. 권력 3부가 자리 잡은 포석을 보면 현대적 민주주의 이념을 어떻게 도시라는 공간에 담아 넣을지 토론하고 고민한 흔적이 보인다. 애이브러험 링컨(Abraham Lincoln), 프랭클린 루스벨트(Franklin Roosevelt) 대통령과 마틴 루터 킹(Martin Luther King) 기념비, 제2차 세계대전, 베트남전 등과 같은 역사적 경험에 대한 추모비들은 미합중국이 공유해야 할 국가체제의 공통분모를 재확인시킨다.

내셔널 몰 주위에 자리 잡은 스미스소니언 박물관과 미술관들은 지식, 과학기술, 자연, 예술 측면에서 미국의 인류에 대한 공헌과 그들의 자부심을 잘 요약해서 보여준다. 워싱턴이라는 도시공간은 마치 이념, 역사, 인류적 가치를 판매하는 한 나라의 플래그십 매장이 아닐까 하는 생각이 든다.

내셔널 몰에서 북쪽으로 걸음을 옮겨보자. 타원형 정원인 이클립스를 통해 백악관이 연결되어 있다. 백악관의 좌우측 시내에는 세계은행, 국제통화기금,

| 백악관(White House)

미주개발은행 등 국제금융기구의 본부 건물들이 포진하고 있어 세계질서를 주도했던 팍스 아메리카나(Pax Americana)를 상징한다. 북쪽으로 15분 정도 걷다 보면, 대사관길이라고도 불리는 매사추세츠 거리에 다다른다. 전 세계 174개국 외국 대사관 대부분이 몰려 있는 곳이다. 중심부에는 무역협회, 브루킹스 연구소와 같은 싱크탱크와 여러 분야의 재단 및 이익단체의 본부가 몰려 있다. 특히 로비스트 대로라고 불리기도 하는 K가에는 전통적으로 싱크탱크, 로펌, 로비스트 단체 등이 조용히 자리 잡고 있다.

3 공공과 개인의 공간

도시가 공공의 공간이라면, 〈하우스 오브 카드〉의 대부분 스토리라인은 서로 지향점이 다른 캐릭터들이 일하고 거주하는 개인의 공간에서 전개된다. 개

| 워싱턴 D.C. 다운타운(Washington D.C. Downtown)

인의 공간은 곧 그 사람이 가진 권력의 높낮이를 상징하는 곳이다. 프랭크의 공간은 그의 권력 상승 과정을 상징적으로 보여주는 장치로 작동한다.

프랭크의 공간은 워싱턴 시내에서 특별하지 않은 어두운 조명의 타운하우스와 국회의사당의 소박한 하원의원 사무실에서 시작한다. 그는 막후 킹메이커로서 워커(Walker) 후보를 발굴하고 대통령 당선을 도왔지만 국무부 장관 자리를 받지 못하고 배신당한다. 그러나 그만의 위선과 음모, 술수를 통해 부통령 관저로 입성하게 되고, 마침내 시즌 3에서 백악관이라는 권력의 정점에 있는 공간을 차지하게 된다.

이 도시에서 프랭크는 스스로 아지트라고 부르는 그만의 공간을 가지고 있다. 그는 가끔 홀로 워싱턴의 빈민가를 찾는다. 그곳에는 언제든지 프랭크를 위해 문을 여는 프레디 BBQ라는 레스토랑이 있기 때문이다. 흑인 주인이 운영하는 이 레스토랑의 노상 테이블에서 프랭크는 홀로 스테이크를 먹으며 소시오패스와 같은 독백을 한다. 부통령이 되어서도 심리적 편안함과 안식을 느끼는 이 도시의 뒷골목은 그가 태어난 자궁 같은 곳이다. 사관학교 출신의 야심 찬 정치인에게서 찾아볼 수 있는 서민적 일면이기도 하다. 프랭크는 이곳에서 최고의 워싱턴 립을 맛볼 수 있다고 이야기한다.

　권력의 중심부에 있지 않은 여느 서민의 공간도 같이 등장한다. 프랭크는 정치적 재기를 꿈꾸며 워싱턴 헤럴드의 신출내기 여기자 조이(케이트 마라, Kate Mara)를 포섭한다. 야심 찬 젊은 여기자에게 정치면 특종을 제공하면서 악마의 거래를 시작한다. 조이가 사는 곳은 워싱턴 변두리의 낡은 스튜디오 아파트로 설정되었다. 권력의 고급스러운 공간과 대조되는 곳이다. 여기저기 금이 갈라져 가는 천장, 어둡고 누추한 작은 공간. 방에서 기어 다니는 벌레를 유리잔 속에 가두어 잡는 그녀의 모습은 엽기적이기까지 하다. 그러나 프랭크의 아내 클레어(로빈 라이트, Robin Wright)가 갑자기 찾아와 경멸하는 눈빛으로 그녀의 공간들을 훑고 간 후 어느 순간 "여기는 너무 작은 것 같아"라며 자신의 공간을 혐오하기 시작하면서 그녀는 더 이상 그곳에 머물기를 거부한다. 가난하지만 당당하고 야심찼던 그녀가 권력과 강자 앞에 좌절하고 기존의 체제로 자진해서 들어가는 과정을 보여주는 장면이다. 그러나 조이가 새로운 출발을 결심하고 프랭크의 비리와 음모를 취재하자 프랭크는 한 치의 망설임 없이 조이를 달려오는 메트로 열차에 밀어버리며 제거해 버린다.

　프랭크는 시즌 3에서 자신이 만들었던 워커 대통령을 함정에 빠뜨려 사임하게 만들고, 궁극의 종착점인 백악관에 입성한다. 백악관은 대통령 집무실인 웨스트 윙과 사교와 영부인의 공간인 이스트 윙으로 나뉜다. 여기서 프랭크 언더우드 대통령과 영부인 클레어는 각자의 공간을 사용한다. 클레어에게 프랭크는 그녀 자신의 정치적 욕망을 실현하기 위한 동업자일 뿐이다. 민주당 대선 후보였던 힐러리 클린턴을 연상시키는 부분이다. 힐러리 클리턴과는 달리 클레어는 완결편인 시즌 6에서 백악관의 주인이 되어 치열한 암투를 벌이게 된다.

<u>4</u> 파괴적 혁신

　여기서 마무리. 〈하우스 오브 카드〉는 권력욕에 사로잡힌 정치인을 투영하여 워싱턴이라는 도시의 잘 짜인 질서와 내포한 가치를 철저히 파괴하고 도시의 위선을 무자비하게 조롱한다. 때때로 지나치게 과장했다는 평들도 있지만, 에피소드마다 프랭크가 시청자를 바라보며 1인칭시점에서 독백하는 장면은 과장을 개연성으로 바꾼다. 시청자들이 어느새 프랭크라는 악역 캐릭터에 몰입하게 하고 지지하게 만드는 기제로 작동한다.

　파리의 낭만, 뉴욕의 자유, 워싱턴의 정연함, 이러한 도시 이미지 등식이 있었다면 〈하우스 오브 카드〉의 상상력은 이를 뒤엎고 만다. 반전이 주는 매력이다. 백악관 북문 앞을 지나다 보면 저 단정하고 조용한 건물에서 지금 무슨 일이 벌어지고 있을까 궁금해진다.

23장

산업이 빠져나간 도시의 민낯, 디트로이트와 플린트

박내선 | City Planning Consulting Park 대표

| 디트로이트 다운타운(Detroit Downtown)

1 번성했던 디트로이트와 플린트의 현재

가도 가도 인적이 없는 거리. 갑자기 눈앞에 나타난 서울의 63빌딩을 연상케 하는 건물은 한때 이 도시의 번영을 상징했을 것이나, 이제는 여기저기 유리창이 깨져 빛나는 햇빛에도 더 이상 반짝거리지 않았다. 도시 중심부에는 오히려 생뚱맞을 정도로 첨단의 느낌을 주던 무인 전동 궤도열차가 돌고 있었는데 이 무인 열차에는 운전자는 물론이고 승객도 없었다. 〈블레이드 러너〉의 안드로이드가 걸어 다녀도 이상하지 않을 것 같은, 사람의 활기를 도저히 느낄

245

| 플린트 다운타운(Flint Downtown)

수 없고, 세기말 지구 멸망을 그리는 영화의 세트장 같은 도시가 바로 1998년 내가 마주한 디트로이트였다.

디트로이트는 미국의 자동차 산업을 이끌어가던 미국 중부의 중심 도시였으나, 자동차 산업의 몰락과 함께 도시의 명성만 남기고 경제적 활력은 모두 잃어버렸다. 디트로이트를 되살리고자 하는 재생사업이 계속 기획되었지만, 필라델피아가 철강산업 도시에서 신산업 도시로 거듭난 반면 디트로이트는 그 노력이 빛을 보지 못했다.

플린트는 디트로이트에서 서북쪽으로 자동차로 한 시간 거리에 위치한 도시로, 플린트시에는 10만 명 정도, 플린트 대도시권에는 45만 명 정도가 거주하고 있다. 그다지 유명한 도시는 아니지만, 1908년 윌리엄 듀란트(William Durant)가 이곳에 제너럴 모터스(GM) 자동차 회사를 설립했고, GM의 뷰익과 쉐보레 공장도 이곳에 설립되어 70여 년간 미국 자동차 산업의 중심이 되었다. 그러나 1970년대부터 하나둘씩 폐쇄된 자동차 공장들은 1980년대 경제위기와 함께 모두 문을 닫았고, 플린트는 범죄 도시, 경제위기 도시로 전락하게 되었다.

2 자동차산업의 몰락이 몰고온 자본주의의 함정

마이클 무어(Michael Moore) 감독의 영화 〈자본주의: 러브 스토리(Capitalism: A Love Story)〉는 그의 다른 다큐멘터리 영화처럼 사람들을 인터뷰하고, 기록 영상을 편집하고 이를 패러디함으로써 자본주의와 자본주의로 인한 미국의 부조리를 풍자하고 있다. 이 영화는 미국의 중산층이라고 자부하며 살던 사람들이 서브프라임으로 하루아침에 집을 빼앗겨 홈리스가 되는 현장에서 시작한다. 이들은 내가 살던 집을 왜 빼앗겼는지, 미국의 자랑스러운 중산층이라고 생각했던 자신들에게

| 자본주의: 러브 스토리(2009)
감독: 마이클 무어
출연: 마이클 무어, 도라 버치 외

왜 이런 일이 생겼는지 모르겠다며 인터뷰 도중 눈물을 떨군다. 여기서 경찰들은 약자로 보이는 이들을 보호하는 수호자가 아니라 이들을 집에서 내쫓는 집행관 역할을 한다. 무어는 아버지가 자동차 회사에서 일을 해 풍족했던 어린 시절과 자동차 공장이 모두 문을 닫아 아버지가 실업자가 된 후의 모습을 대비하면서 38만 명의 사람들을 해고한 자동차 산업의 몰락을 통해 자본주의의 함정을 보여준다.

이 영화는 도시의 물리적인 모습보다는 도시가 움직이는 사회경제 시스템을 비롯한 운용 메커니즘을 볼 수 있는 다큐멘터리다. 특히나 그것이 원래 취지대로 원활히 작동하지 못하고 예기치 못한 방향으로 움직이고 있을 때 드러

나는 도시의 취약성을 보여준다. 마
이클 무어의 시선과 시각에 공감하
기 어려운 사람들에게 이 영화는 매
우 불편하다. 중간중간 등장하는 도
표와 그래프 때문에 영화라기보다
는 프레젠테이션처럼 느껴지기도
한다. 하지만 정말 암울하게만 느껴
지는 상황을 익살 가득한 풍자로 표
현해 넘으로써 인간에 대한 절망을
넘어서게 해주는 힘을 느낄 수 있다.
이 영화는 마이클 무어의 다른 영화
들처럼 그의 홈페이지(http://www.
michaelmoore.com/)와 유튜브에 공개되어 있다.

　자동차 산업은 흔히 2만 개의 부품이 필요한 산업으로 연관 산업의 발전을
견인한다는 점에서 파급효과가 크다고 알려져 있다. 우리나라의 울산이 지역
소득 1위를 유지하는 것도 현대자동차 공장이 있기 때문이며, 일본의 제2 도
시가 오사카에서 나고야로 바뀌고 있는 이유도 도요타자동차 공장이 산업을
주도하고 있는 것과 무관하지 않다. 영화에서는 미국 자동차 산업이 70년간
번영을 이룰 수 있었던 것은 제2차 세계대전 이후 일본과 독일의 자동차 산업
이 정상궤도에 오르기까지의 상당기간을 미국 자동차 산업이 독점할 수 있었
기 때문이라고 말한다. 그리고 일본과 독일의 자동차 산업이 성장하면서 미국

의 자동차 산업은 경쟁에서 뒤처지고, 디트로이트와 플린트도 더불어 쇠퇴하게 되었다고 말이다.

이 영화에서는 도시를 예쁘게 보여주기는커녕 그 도시를 아는 사람들이나 알아볼 수 있을 정도의 클로즈업 숏으로 보여주기 때문에 그 흔한 도시의 경관조차 제대로 보기 어렵다(영화 속 인터뷰하는 사람들 너머로 보이는 풍경을 열심히 찾아봐야 할 정도다). 여기서 도시는 사람들의 경제적 터전이며, 그 경제적 기반이 흔들렸을 때 그곳에서 살고 있는 사람들의 삶이 얼마나 쉽게 무너질 수 있는지를 적나라하게 보여준다. 이 영화는 디트로이트, 플린트에 국한되지만 자본주의를 살고 있는 바로 지금 이곳의 이야기가 될 수도 있다.

3 소득 격차가 교육 격차로 이어지는 도시의 현실

내가 경험한 디트로이트와 플린트는 IMF 직후부터 2년간이었다. 치안이 우리나라보다 좋지 않은 미국에서는 자동차 안에 가방 등 물건을 놓고 내리면 유리를 깨고 가져갈 위험이 있으니, 놓고 내려야 할 물건이 있으면 트렁크에 넣어 안 보이게 하라는 경고를 듣는다. 그러나 디트로이트에 간다면 미리 트렁크에 넣고 출발해야 한다. 내려서 물건을 트렁크에 넣으면 안 된다. 행여 누군가 그 모습을 본다면 트렁크를 부수고 가져가기 때문이다. 거리에서는 사람을 찾아볼 수 없고, 그래서 한적하다기보다는 오싹하다. 어쩌다 사람이 한 명 보일라치면 저 사람이 나를 해치지 않을까 조마조마하다. 한때 디트로이트의 부와 명성을 자랑했을 것 같은 고층건물들은 유리창이 깨진 채로 방치되어 있다. 나중에 '깨진 유리창의 법칙'●에 대해 들었을 때 바로 이해할 수 있었던 것

● 깨진 유리창 법칙: 미국의 범죄학자 제임스 윌슨(James Wilson)과 조지 켈링(George Kelling)이 1982년에 공동으로 발표한 「깨진 유리창」이라는 글에서 처음 소개된 것으로, 깨진 유리창을 방치하면 그 지역을 중심으로 범죄가 확산된다는 이론.

| 텅 빈 디트로이트 거리

은, 바로 이 광경 때문이었을 것이다. 연중 할로윈을 연상시키는 거미줄과 잡목이 가득한, 어느 모로 보나 폐가인 듯한 집들이 몰려 있는 주거단지에 사람이 살고 있다는 이야기를 들었을 때 오히려 더 놀랐다. 임대료는 낮지만 치안 때문에 누구나 선뜻 입주하기가 쉽지 않다. 경제적으로 어려운 예술가나 젊은 이들의 입주가 늘고 있다는 이야기도 들었었지만, 의미 있는 도시재생으로 이어지지는 못했다. 상대적으로 백인이나 동양인들에게 더 불안한 도시였고, 인종적 다양성 결여는 미국의 도시로서 매우 큰 약점이 될 수밖에 없었다고 생각한다.

내가 플린트를 알게 된 것은 켈로그재단의 지원으로 플린트 공공 도서관과 미시건 대학교가 공동으로 진행한 플린트 지역의 저소득층 중학생들을 대상으로 한 커뮤니티 프로젝트에 참여하면서였다. 20~30명의 학생들을 모집하여 매주 토요일마다 인터넷, 컴퓨터 사용법 등을 가르쳐주고, 학생들은 이를 이용해 자신들이 사는 지역을 위한 프로젝트를 개발·실행하는 내용이었다. 학생들에게는 교육비로 시간당 7.5달러가 지급되었는데, 이 금액은 당시 맥도날드 시급이 기준이 되었다. 피교육자가 교육비를 내는 것이 아니라 교육비를 받는다는 개념이 우리에게는 매우 낯설다. 하지만 저소득층 아이들에게는 의무교육이 아닌 추가 교육을 받을 수 있는 몇 안 되는 방법이다. 경제적으로 어렵고 상대적으로 교육의 중요성을 덜 느끼는 부모들은 주말에 아이들이 아르바이트를 하도록 내몬다. 이런 아이들이 아르바이트 대신 조금이라도 추가 교육을 받을 수 있도록 하고자, 그 시간에 일을 하면 받을 수 있는 시급만큼을 교육받는 시간만큼 지급하는 것이다. 이렇게 함으로써 경제적 소득격차가 교육격차로 이어지는 현상을 조금이나마 줄이고자 하는 것이 이 프로젝트의 목적이었다. 그중에서도 당시 화두가 되었던 디지털 격차를 줄이기 위해 디지털 교육에 집중했다.

교육비는 2주에 한 번씩 아이들에게 체크(Check, 수표)로 지급되는데, 한 번은 어떤 부모가 체크를 받지 못했다며 재발행을 요구했다. 그러나 현금과 다름없는 체크를 한 번 더 발행하는 것은 규정에 어긋난다며 플린트 도서관에서 거부하자, 그 아이의 어머니는 매우 화를 내면서 더 이상 아이를 도서관에 보낼 수 없다며 아이를 데려갔다. 그후로 그 학생은 볼 수 없었다.

디지털 교육과 더불어 아이들에게 삶에 대한 희망과 비전을 주기 위해 지역 리더들을 초청한 강연 프로그램도 진행되었다. 그중 지금도 잊을 수 없는 것이 스물네 살의 할머니 이야기다. 열두 살 때 딸을 낳고, 그 딸이 열두 살이 되어 아이를 낳아 스물 네 살이 된 엄마는 할머니가 되었다. 사진 속의 어린 할머니는 아무런 감정이 없는 표정으로 손녀를 안고 있었는데, 그 막막함이 상상조차 되지 않았다. 그 프로그램에 참여한 아이들이 그 사진을 보고 사연을 들으면서 어떤 생각을 했을지 몹시 궁금했다.

그 아이들에게 주어진 마지막 과제는 그들이 배운 디지털 기술을 활용해 자신의 커뮤니티를 위한 활동을 조직하는 것이었다. 자기 동네의 스포츠 프로그램들을 모아 일정을 공개하는 웹페이지를 만든 팀도 있었고, 일일카페를 조직해 부모님들을 모시고 펀드레이징과 동시에 그들의 목소리를 듣도록 하는 자

| 디트로이트와 플린트 스카이라인

리를 만든 팀도 있었다. 당시에는 이러한 일련의 프로그램들이 실질적인 성과로 이어지는지에만 관심을 쏟았는데, 지금 생각해 보면 그 아이들에게 단순 노동에서 벗어나 자신의 커뮤니티의 문제점을 고민해 보고, 이를 해결하기 위해 노력할 시간이 주어졌다는 것만으로도 의미가 컸다는 생각이 든다. 내게는 당연했던 아이들의 웃음이 당연한 것이 아니라는 것을 배우는 시간이기도 했다. 1년간의 커뮤니티 프로그램은 켈로그 재단과 플린트 공공도서관으로부터 성공적이었다는 자체 평가를 받았다.

4 디트로이트의 도전, 그러나 결과는 미지수

많은 산업이 조성되고 또 사라지고 있다. 한때 우리를 먹여 살렸다고 하는

자동차, 조선, 철강, 반도체 산업들이 세계경제의 변화로 휘청거리면, 이를 기반으로 하는 도시들은 함께 휘청거릴 수밖에 없다. 도시재생에는 물리적인 재생이 뒷받침되어야 하겠지만, 그러한 물리적인 재생을 지속 가능하게 하는 것은 결국 도시의 사람들이 움직이는 경제활동이다. 특정 산업에 대한 의존도가 크면 클수록 변화로 입는 타격은 더 크다. 이를 위한 준비와 비전이 필요하다.

디트로이트는 그 타결책으로 카지노 유치를 선택했었다. 캐나다와 국경을 맞대고 있는 디트로이트는 강 건너에 위치한 윈저시(Winsor City)의 카지노에 디트로이트 시민들이 출입하는 것에 주목해 디트로이트에 카지노를 허가해주면 캐나다 사람들을 끌어올 수 있을 거라고 생각했다. 당시 도시계획 전문가들은 도시재생을 위해 도박산업을 유치하는 데에 반대했지만, 시민들은 혹시나 하는 기대로 주민투표로 이를 가결했다. 안타깝게도 15년이 지난 지금까지 디트로이트가 도시재생에 성공했다는 소식은 아직 듣지 못했다. 카지노의 도시재생 파급효과는 지금까지의 결과로는 부정적이다.

1970~1980년대를 지나면서 공업 중심국가를 강조하다가 1990년대를 지나면서 서비스업을 중시하던 풍조는 다시 제조업의 중요성을 이야기하는 목소리로 이어지고 있다. 서비스라는 것도 물질의 생산 없이는 뒷받침될 수 없기 때문이다. 그런데 이와 같은 맥락에서라면 정작 우리가 먹고사는 데 기반이 되는 1차 산업이 더욱더 중요해진다. 과거 자본주의사회가 부가가치의 크기로만 그 중요성을 가늠했다면, 이제는 전과 다른, 그리고 다양한 잣대로도 볼 필요가 있다. 마이클 무어가 이야기하고자 했던 자본주의에 대한 사랑이야기는 자본주의의 관점에서만 움직이는 경제가 얼마나 많은 사람들을 불행하게 하는지를 깨닫고, 이제 자본주의에 대한 맹목적인 짝사랑에서 벗어나 조금 더 성숙한 이해와 사랑이 필요하다는 메시지가 아닐까 생각해본다.

24장

베이징의 그림자, 도시민의 꿈과 좌절

심상형 | 포스코경영연구원 연구위원

| 베이징 도심

1 베이징에 대한 첫 기억

첫 출장지로 베이징(北京)에 발을 디딘 것은 1994년 겨울이었다. 그땐 서울과 베이징 사이에 직항 노선이 개설되지 않아 톈진(天津)에 내린 후 두 시간 가까이 시멘트 길을 달려야 했다. 공항이라기보다 버스터미널 같았던 입국장, 두툼한 국방색 솜 외투에 빨간 별이 그려진 모자를 쓴 입국 심사원들, 베이징까지 가는 길 내내 이어졌던 너른 평지, 거친 노면의 도로에는 차가 드물었던 기억이 아직도 또렷하다. 지금은 고속도로 통행량만 하루 18만 대 이상에 달하고 심한 교통체증에 고속철도까지 놓인 베이징과 톈진 사이가 그땐 그랬다.

다음 날 아침 창밖으로 주요 도로 외에는 비포장이었던 베이징의 너른 길을 가득 메운 자전거 무리가 보였다. 장관이었다. 수많은 자전거 바퀴살이 구를 때마다 번지던 베이징의 아침 햇살. 마른 흙과 회색 건물들 사이로 도시에 깃들어 사는 사람들의 부지런한 일상이 그렇게 자전거와 함께 움직이고 있었다.

이후 출장길에 오를 때마다 중국의 변모하는 모습을 맞닥뜨리곤 했다. 하루가 다르게 건물이 올라갔고, 도로가 포장되었으며, 어느새 자동차도 늘어났다. 하지만 거리에는 여전히 자전거가 넘쳐났다. 베이징 중심의 남쪽을 가로지르는 창안대로의 근사한 새 빌딩 앞으로 낡은 자전거 손잡이에 물고기 두 마리를 매달고 퇴근하는 중년 필부의 모습도 낯설지 않은 풍경이었다. 2005년부터 2009년 초까지의 베이징 주재 근무 기간은 중국, 특히 베이징이 드라마틱하게 변화하던 시기였다. 2001년 말 WTO 가입과 함께 세계경제 한가운데로 뛰어들어 고성장을 일구어낸 중국이 2008년 베이징올림픽이라는 정점을 향해 치닫고 있었기 때문이다.

| 북경자전거(2000)
감독: 왕샤오슈아이
출연: 추이린, 리빈, 저우쉰, 가오위안위안 외

2 두 소년의 자전거

〈북경자전거(十七歲的单车)〉는 그보다 조금 이른 2000년에 제작된 영화로, 급격한 산업화 속 도시 소외계층의 삶을 담아내는 중국 6세대 감독들 가운데 왕샤오슈아이(王小帥)가 만든 작품이다. 그는 이 영화로 베를린 국제영화제 심사위원 대상을 수상했다. 이 영화의 한국어 제목은 영어판 번역을 따라 '북경자전거'이지만, 사실 원제는 '17세의 자전거'다.

영화는 시골에서 올라와 자
전거 특송회사 취직을 위해 면
접을 보는 젊은 청년들의 얼굴
을 번갈아 비추며 시작한다. 농
사를 짓거나 공사장에서 막노
동과 잡일을 하다 도시로 흘러
들어온 농민공들의 돈을 벌겠
다는 순박한 꿈이 이야기의 시작이다. 주인공 구웨이(추이린, 崔林) 역시 농촌
에서 맨몸으로 올라온 17세 소년이다. 택배 배달을 위해 회사에서 지급받은
자전거는 그의 유일한 생계수단이자 그가 도시에서의 삶을 딛고 일어설 발판
이다. 회사와 8 : 2로 몫을 나누며 모아온 적립금으로 자전거가 그의 소유가
되기 바로 전날, 구웨이는 자전거를 도둑맞고 만다. 포기할 수 없었던 그는 온
도시를 찾아 헤맨 끝에 결국 자전거를 다시 찾아온다. 하지만 그 자전거는 지
안(리빈, 李濱)이라는 고교생이 집에서 돈을 훔쳐 이미 중고로 구매해 타고 다
니던 중이었다. 17세의 두 소년은 치열한 쟁탈전 끝에 결국 하루씩 번갈아 타
기로 합의한다. 학교에 다니고는 있지만 지안 역시 아픔이 있다. 도시의 빈민
가정에 살면서 부유한 또래 친구들과 어울리기 위해 그럴 듯한 자전거가 필요
한 처지였기 때문이다. 농민공 구웨이보다는 나은 삶이지만, 지안 역시 대도
시의 소외계층 소년이었다.

　지안은 새로 생긴 자전거 덕분에 예쁜 여자친구 지아오(가오위안위안, 高圓圓)
가 생겼지만, 구웨이와 자전거를 나눠 타게 되면서 그녀는 부유한 새 남자 친
구에게로 가버린다. 지안은 자신에게 모욕을 준 그녀의 새 남자 친구를 돌로
내리쳐 복수한다. 이 일로 두 소년은 다른 소년들에게 폭행을 당하고, 구웨이
에게 목숨과도 다름없는 자전거 역시 심하게 짓밟히고 만다. 옷이 해지고 피
투성이가 된 구웨이가 부서진 자전거를 어깨에 들쳐 메고 번잡한 베이징 거리
를 천천히 걸어가는 모습이 영화의 마지막 장면이다. 대도시에서의 삶은 높은

벽에 부딪히며 더 절망적인 상황에 빠져들고 말았지만, 끝까지 놓지 않은 자전거는 포기할 수 없는 그의 희망을 보여준다.

영화는 구웨이가 특송물품을 배달하는 대로변의 고층건물이나 화려한 호텔과 함께 후미진 동네 골목 후퉁(胡桐)을 비춘다. 번잡한 도로에 밀려드는 자동차들 사이로 자전거의 물결과 지친 듯 무미건조한 라오바이싱(老百姓), 곧 서민들의 얼굴도 대비해 보여준다. 나날이 발전하는 도시와 소외된 계층이 공존하는 베이징의 모습이다. 영화에서 지안이 사는 쓰허위안(四合院)과 쓰허위안 사이의 골목인 후퉁은 베이징의 전통가옥과 거주지 양식을 보여주는 공간

| 후퉁(胡同) 지역

이다. 카메라는 서민들이 거주하는 낡고 좁은 후통과 쓰허위안을 보여주고 있지만, 과거 고관대작들이 살던 지역 역시 기본적으로는 동일한 주거양식이었다. 후통은 우물(水井)과 발음이 유사한 몽골어로, 베이징 사람들이 우물을 중심으로 취락을 형성했기 때문에 자연스레 골목을 의미하는 단어로 쓰였다고 한다. 베이징 후통은 원나라 때 우물을 중심으로 하는 새로운 가로(街路)망을 건설한 데서 시작되었다.

3 베이징의 역사

베이징은 당나라 말까지는 동북 변방의 정치군사적 요충지였다가, 여진족이 세운 금나라가 1153년에 이곳을 중도(中都)로 정하면서 수도로서의 역사가 시작된다. 금나라를 멸망시키고 원나라를 세운 몽골은 이곳을 대도(大都)라 부르며 수도로 삼았고, 권력과 부를 자랑하는 화려한 도시를 만들었다. 이후 명나라는 처음 남경을 수도로 정했다가 1420년 영락제 말기에 이곳을 북경이라 칭하고 천도했다. 1644년 명나라를 멸망시키고 등장한 청나라도 1912년 봉건왕조 시대가 막을 내릴 때까지 베이징을 수도로 삼아 대륙을 통치했다. 1928년 지방 군벌들의 내전을 소탕한 국민당 정부는 중화민국의 수도를 난징으로 정했고, 베이징은 베이핑(北平)으로 불린다. 1937년부터 1945년까지 벌어진 중일전쟁 내내 일본에 점령당했던 베이징은 1949년 10월 톈안먼에서 중국공산당이 중화인민공화국 수립을 선언하면서 신중국의 수도로 오늘에 이르고 있다.

베이징은 800년 가까운 긴 시간 동안 황제의 도시로 군림했다. 이곳을 점령했던 왕조마다 거대 제국을 통치했다. 그들은 권력을 유지하기 위해 도시를 재설계하고 건축했으며, 그 흔적이 베이징을 세계적인 역사의 도시로 만들었다. 금나라를 잿더미로 만들고 들어선 원나라는 바둑판 모양으로 도시를 재건

| 자금성(紫禁城)

했는데, 이것이 베이징의 기본 설계를 이룬다. 원나라의 토성 일부와 사형집행장 등의 유적은 아직까지 남아 있다. 전통적인 베이징의 구획은 명나라에 들어 확립된다. 1406년에서 1420년 사이에 자금성과 천단 등 오늘날까지 장엄한 위용을 자랑하는 건축물들이 축조됐는데, 자금성은 청나라 때까지 모두 24명의 황제가 어전으로 사용했다. 베이징의 정북과 정남을 잇는 자오선, 즉 중축선(中軸線)의 가장 중심에 이 황궁이 위치한다. 중축선은 단순히 남북을 이은 선이 아니라 풍수에 의해 천자(天子)인 황제의 기운, 즉 용맥이 흐르는 길로 여겨졌다. 중축선은 보통 남쪽 융딩먼(永定門)부터 북쪽 중구러우(鐘鼓樓)까지 약 7.8km를 말하는데, 주요 궁성들이 자금성의 남북을 관통하는 이 중심선 좌우에 배치됐다. 당시 풍수가들이 터를 잡고 모든 건물의 규모와 배치를 정했다고 한다. 명(明)은 원나라 때의 성역(城域)을 축소해 내성이라 부르고, 남쪽으로는 외성을 쌓았다. 견고한 담으로 둘러싸인 거대한 성벽의 도시, 내성의 아홉 개 문과 외성의 일곱 개 문만이 외부 세계로 통하는 길이었다. 영화에서

지안이 살고 있는 집, 쓰허위안도 밖에서 보면 높은 담으로만 이루어져 있다. 동서남북 사방의 건물이 중앙에 있는 뜰을 향하고 있는 구조이기 때문이다. 이처럼 중국의 전통적 주거양식은 쓰허위안에서부터 자금성과 베이징성에 이르기까지 외부세계에 대한 폐쇄성과 배타성을 드러낸다. '나' 중심 세계관인 뿌리 깊은 중화주의의 연원을 엿볼 수 있는 대목이다. 한편 명을 멸망시키고 자금성을 차지한 청은 명대의 건축물을 대부분 그대로 보존해 사용했다. 거기에 황제의 정원인 이화원, 궁정으로 사용된 원명원 등이 추가로 건축됐다.

청 왕조가 멸망한 후 격변의 근대사를 통과해 새로운 주인이 된 중국 공산당은 베이징을 현대 도시로 재건해 나간다. 봉건 잔재를 청산하고 평등의 이념을 반영해 수도를 건설한다는 구호하에 1954년부터 베이징성의 거대 성벽을 뜯어내는 작업이 시작됐다. 둘레 24km의 내성과 14km의 외성, 9km의 황성까지 모두 해체하면서 발생한 폐기물이 무려 1100만 톤이나 되었다고 한다. 성곽이 세워졌던 곳은 그대로 순환도로인 2환(環)이 되었다. 신중국은 자금성의 정문인 천안문 앞의 너른 광장 중심에 인민영웅기념비를 세웠다. 광장의 양옆으로는 인민대회당과 중국국가박물관, 마오주석기념당 등이 들어서 있다. 신중국도 베이징의 중축선은 지킨 셈이었다. 중축선에 세운 인민영웅기념비는 인민이 중국의 새로운 주인임을 나타내고 있지만, 그 인민의 새로운 천자는 톈안먼 입구 중앙에 초상화를 내건 마오쩌둥(毛澤東)이었다.

4 올림픽의 성공을 위해 가려지는 소시민의 삶

덩샤오핑(鄧小平)의 개혁과 개방 정책은 베이징을 새롭게 변모시켜 나갔다. 천안문 앞을 가로지르는 창안대로가 새로운 중축선이 되어, 동쪽으로 국제무역센터와 도심상업지구(Central Business District: CBD)가 들어서 비즈니스 타운이 형성됐고, 서쪽으로는 금융가가 조성됐다. 재정부와 중국인민은행, 보험과

| 중관촌(中关村)

증권, 은행감독관리위원회 등 정부금융기관과 함께 각종 금융기관들이 서쪽에 몰려들었다. 서북쪽으로는 베이징대학, 칭화대학, 런민대학 등 교육기관과 함께 중국과학원, 기업들의 연구개발센터 등이 들어섰다. 베이징의 실리콘밸리 중관촌도 이 지역에 있다.

올림픽을 앞두고 베이징은 다시 한번 개발 열기에 휩싸인다. 베이징올림픽은 세계 2위로 도약한 경제력과 중화민족의 역사적 우수성을 외부에 과시할 절호의 기회였던 것이다. 베이징의 전통 중축선의 정북쪽에 새 둥지 모양을 형상화한 올림픽 주경기장 '냐오차오'가 들어섰고, 주변 지역에 올림픽 공원과 수영 경기장 등도 지어졌다. 중국의 용맥은 이제 세계와 이어지게 된 것이다. 올림픽을 준비하며 국제적인 도시로 탈바꿈하는 과정에서 대대적인 철거작업도 함께 이루어졌다. 도시 미관을 해친다는 이유로 수많은 후통과 가옥이 철거 대상이 되었다. 당시 현대식 고층빌딩이 즐비했던 CBD도 대로변 바로 뒷골목은 좁고 낡은 주택이나 옛 상점들이 밀집해 있는 상태였다. 거리 곳

| 베이징 올림픽 경기장(北京 國家體育場)

곳에서 붉은색이나 초록색 스프레이 페인트로 차이(拆) 혹은 차이추(拆除)라고 쓰인 건물과 담벼락을 쉽게 볼 수 있었다. 철거 대상임을 알리는 표시다. 원나라 때 생겨나 1950년대 6000개까지 늘어났던 후통이 여지없이 무너지고, 새로운 건물과 도로가 놓였다. 돈 없는 서민들은 외곽으로 밀려날 수밖에 없었다.

영화 〈북경자전거〉는 제작 당시 영화 속 후통의 모습이 올림픽 개최에 부정적인 영향을 미친다는 이유로 상영금지 처분을 받았다. 중국 인터넷 사이트에서는 여전히 이 영화를 찾을 수 없다. 아직도 금지라는 것을 이해할 수 없다는 중국 네티즌들의 글들이 있을 뿐이다. 영화의 주인공 구웨이가 보여주는 농민공들의 삶은 불편한 진실이다. 마오쩌둥 시대부터 중국은 도시와 농촌의 거주민을 나누고, 거주지등록제를 실시하여 거주이전의 자유를 제한했다. 특히 농촌 인구가 도시로 유입되는 것은 철저히 차단됐다. 하지만 1990년대 초반 사회주의 시장경제 정책이 도입되면서 돈을 벌기 위해 많은 농민들이 도시로 몰려들기 시작했다. 이들은 농민 노동자, 즉 농민공으로 불리며 도시의 불

법 거주자들이 됐다. 주민등록인 후커우(戶口)가 베이징이 아닌 이들은 의료보험의 혜택을 받을 수 없고, 의무교육 대상에서도 제외되어 자녀를 공립 학교에 보낼 수도 없다.

베이징은 외지인의 후커우 취득이 가장 어려운 도시다. 정치와 권력은 물론 역사와 문화의 중심도시로서 엄격하게 거주민을 관리하고 있기 때문이다. 2018년 기준 베이징시의 상주인구는 2154만 명이다. 여기에 농민공을 포함해 746만 명의 외지인이 함께 거주하고 있다. 그러나 후커우를 취득한 상주인구를 2020년까지 2300명 이하로 제한하겠다는 방침을 세워두고 있다. 후커우를 위한 치열한 경쟁이 불가피하다. 베이징 후커우 취득 자격은 중앙국유기업 근무자, 군인, 귀국한 해외 인재, 베이징에서 대학 졸업 후 취업한 자 등으로 제한되어 있고, 심사를 거쳐 극히 일부에게만 부여된다. 상황이 이렇다 보니 대학 본과 이상 학력에 범죄 기록이 없는 이들을 대상으로 후커우 취득을 불법으로 알선하는 시장도 형성되어 있다. 최근에는 가격이 올라 45만 위안, 우리 돈으로 8000만 원이 넘는 뒷돈이 필요하다고 한다.

중국 대도시를 탈바꿈시키는 공사장 인부 대부분은 농민공이다. 음식점 종업원이나 발 마사지사, 가정부 등 저임금의 서비스를 제공하는 이들도 농민공들이다. 베이징은 이들의 값싼 노동력으로 올림픽 직전까지 대대적인 단장을 마쳤다. 그리고 올림픽을 앞두고 이들은 거짓말처럼 도시에서 자취를 감췄다. 이들이 모여 살던 외곽 아파트 단지의 지하방들은 안전과 청결을 이유로 모두 폐쇄되었다. 베이징 후커우가 없는 사람들은 모두 추방됐다가 패럴림픽까지 마친 10월 이후에야 돌아올 수 있었다. 황제의 도시, 거대 제국의 수도로서 위용을 자랑하는 베이징의 800여 년 역사는 이처럼 많은 라오바이싱의 희망과 절망, 땀과 꿈으로 이루어진 것이다.

25장

안전하지 않은 곳에서 행복을 찾는 도시, 케이프타운

이경한 | 전주교육대학교 사회교육학과 교수

| 케이프타운 전경

1 누구도 안전하지 않은 세이프 하우스

영화 〈세이프 하우스(Safe House)〉는 남아프리카공화국(이하 남아공) 케이프타운의 전경을 보여주면서 시작한다. 빠른 속도로 보여주는 케이프타운 전경, 남자 주인공이 연인과 대화를 나누는 볼더스 비치의 경관이 인상적이다. 영화는 두 연인의 달달한 사랑이 여운을 남기기도 전에 본론으로 들어간다.

세이프 하우스는 안전 가옥이다. 그러나 비밀 장소다. 우리 현대사에서도 안가(安家: 안전한 가옥)가 있었다. 독재 권력의 핵심이 모여서 비밀리에 수상한

| 세이프 하우스(2012)
감독: 다니엘 에스피노사
출연: 덴절 워싱턴, 라이언 레이놀즈,
브렌단 글리슨, 리암 커닝햄 외

모의를 하거나 권력의 힘을 빌려 주색을 즐기던 장소이기도 하다. 안가는 비밀, 음모, 권력, 모의, 격리, 위험, 첩보, 간첩 등을 연상시키는 불안한 장소다. 이곳은 이용하는 이들에게는 안전한 곳이지만, 이용당하는 이들에게는 위험한 곳이다. 안전 가옥이 가진 두 얼굴의 역설이다. 그러나 영화의 부제처럼 이곳은 이용하는 이들이나 이용당하는 이들이나 '아무도 안전하지 않다'. 그래서 우리말로 번역된 영화의 부제는 '누구도 어디도 안전하지 않다'가 되었다.

영화는 세이프 하우스가 불안한 가옥으로 바뀌면서 시작한다. 전직 CIA 요원 토빈 프로스트(덴절 워싱턴, Denzel Washington)가 케이프타운으로 와서 비밀 정보를 거래하고자 한다. 영화에는 비밀 정보를 팔고, 사고, 이를 막으려는 이들이 등장한다. 비밀 정보를 팔려는 토빈 프로스트는 괴한들에게 쫓기면서 케이프타운 미국 영사관으로 피신하고, 그는 상부 권력자에 의해 안전 가옥으로 끌려와 취조를 당한다. 하지만 그의 비밀 정보가 세상에 공개되길 원하지 않는 자들은 비밀 정보를 다시 취하려 안전 가옥으로 비밀 요원들을 보낸다. 그러면서 안전 가옥은 타자에게 알려진 불안전 가옥으로 변한다. 죽이려는 자와 살아남으려는 자의 혈투가 전개된다.

액션 영화가 그렇듯이, 이 영화도 케이프타운 시내를 질주하며 총격전을 벌인다. 안가의 손님인 전직 CIA 요원과 손님을 지키고자 하는 말단 요원 맷 웨스턴(라이언 레이놀즈, Ryan Reynolds), 그리고 그들을 죽이려는 이들 간의 쫓고 쫓기는 액션이 케이프타운 도심에서 불을 뿜는다. 그리고 겨우 살아남은 토빈 프로스트는 월드컵 경기장인 그린 포인트 스타디움에서 말단 요원을 따돌리고 랑가의 타운십으로 숨어들어 케이프타운 탈출을 위한 여권과 신분증을 위조하고자 한다. 말단 초보 요원은 손님 보호라는 자신의 임무를 수행하고자 토빈 프로스트를 찾아내고, 상부의 어두운 권력자는 정보를 뺏기 위해 그를 뒤쫓는다. 토빈 프로스트는 다시 탈출을 위한 혼신의 질주를 한다. 지붕과 골목을 탈출구 삼아 총격전을 벌이며 도망치지만, 맷 웨스턴은 다시 안가로 그를 이송한다. 그리고 안가에서 '모든 것이 모든 것을 배신한다'라는 사실을 깨닫는다. 결국 토빈 프로스트는 죽고 맷 웨스턴은 살아남는다. 마지막에 산 자가 죽은 자를 위하여, 아니 공의를 위하여 비밀 송금 내역을 담은 정보를 언론을 통해 세상에 공개한다. 그는 공익을 위해 그들만의 비밀을 모두의 비밀로 만들었다.

2 중심부와 주변부의 대비

세이프 하우스 영화에는 극적 대비가 있다. 권력과 개인의 대비가 그것이다. 특히 국가권력을 가장한 집단은 국가이익이라는 이름으로 무고한 개인을 통제하고 사적 이익을 취한다. 국가라는 이름으로 자행하는 폭력 앞에서 개인은 무력하다. 계속 거짓말을 하게 되면 어느 순간 그것이 진실로 느껴질 정도로 국가권력은 개인의 사고까지 지배하기도 한다. 때론 국가권력이 수행하는 화려한 이벤트 속에서도 권력과 개인의 대비가 일어날 수 있다. 토빈 프로스트가 맷 웨스턴을 따돌리는 케이프타운 월드컵 경기장은 이를 은유적으로 보여준다. 국민의 삶은 거들떠 보지 않고 건설한 월드컵 축구 경기장에서 관중이 열광한다. 그리고 경기장 밖에서 '우리는 지금 일자리가 필요하다'라고 소시민들이 시위를 한다. 국가권력이 낳은 이벤트와 상관없이 고단한 실존의 삶이 있다. 그리고 영화 속에서 도시의 화려함과 랑가 빈민 지역의 초라함이 대비를 이룬다. 도시의 삶과 도시 주변인의 삶이 대비되는 것이다. 식민의 자본과 자본가, 이를 등에 업은 권력가들이 권력을 나누는 도시의 중심부와 일탈과 범죄와 가난함이 삶의 무게로 내려앉은 주변부가 대비를 이룬다.

이 액션 스릴러 영화의 인상적인 장면은 전반부의 케이프타운 시내에서의 자동차 추격전, 후반부의 늦은 밤 랑가 타운십에서의 탈출과 추격전, 그리고 케이프타운 도시 전경을 보여주는 장면들이다. 이 영상들은 케이프타운이라는 도시의 자연경관과 도시경관, 생활경관을 보여주기에 적절하다.

3 아프리카에서 가장 유럽을 닮은 케이프타운

케이프타운은 남아공에서 처음으로 도시가 시작된 곳이어서 '마더 시티'라고 불린다. 유럽의 도시 문명이 아프리카 원주민 문화를 식민화하고 약탈하는 역사가 시작된 곳이다. 그래서 케이프타운의 도시경관은 아프리카 대륙에서 가장 유럽과 유사하다.

테이블 마운틴은 해발고도 1000m가 넘는 탁자 모양의 땅으로, 케이프타운

| 테이블 마운틴(Table Mountain)과 사일로 지구(Silo District)

의 아이콘이자 랜드마크다. 이 산의 정상에서 본 케이프타운의 모습은 분지 모양을 하고 있어 이 도시를 시티 보울(City Bowl)이라고도 한다. 산 아래로 침식물이 쌓여 만들어진 경사면에서 바다 항구에 이르기까지 시가지가 펼쳐진다. 테이블 마운틴의 정상에서는 시가지는 물론이고, 왼쪽으로 라이언스 헤드와 시그널 힐, 오른쪽으로 데블스 피크, 바닷가로는 시 포인트, 워터프런트, 테이블 베이 등을 한눈에 볼 수 있다.

케이프타운 도심의 롱가, 거번먼트 거리 등에는 과거 네덜란드와 영국 식민 시대의 유산인 건축 경관으로 가득하다. 식민의 시대는 지났으나, 식민지 시대의 건축물과 이 건축물을 만든 이들의 후예들은 여전히 도시의 중심에서 케이프타운을 지배하고 있다. 영화 속 케이프타운의 의사당 건물, 롱가, 도심 우회도로, 우드스톡 등은 케이프타운 도심을 잘 보여준다. 이 중에서 300년이 넘는 역사를 간직한 롱가는 빅토리아 시대의 다채로운 상점과 카페들이 즐비하다. 길 양쪽에는 2~3층의 낮은 건물들이 줄지어 서 있고, 도로는 건물의 회

| 롱가(Long Street)

랑과 맞닿아 있다. 과거의 화려한 건물들이 남아 있는 롱가는 케이프타운의 중심가이자 세계의 여행객, 특히 배낭여행객들이 숙소를 찾아 모여드는 곳이다. 과거의 화려함과 치기와 젊음과 시끄러움과 두려움 등이 혼재되어 있다. 그리고 동인도회사와 영국이 식민지 약탈의 본거지로 삼은 '캐슬 오브 굿 호프'와 아들레이역을 중심으로 은행, 상가, 회사, 호텔 등의 고층 빌딩이 케이프타운의 스카이라인을 형성하고 있다. 아들레이역에서 포토 프레임 사이로 보이는 테이블 마운틴은 도시의 매력을 더해준다. 여행자의 시선으로, 케이프타운의 사람과 자연과 역사로 이루어진 장소성을 고스란히 볼 수 있다.

4 빈곤의 재생산이 이루어지는 타운십

케이프타운 도심의 화려함에서 조금만 벗어나면 저소득층 밀집지구인 타

| 카엘리챠 타운십(Khayelitsha Township)

운십이 존재한다. 타운십은 남아공 백인 정권이 만든 인종차별정책인 아파르
트헤이트(apartheid)의 결과로 만들어진 도시 주택지구다. 백인들은 홈랜드 정
책과 '거주지역지정법'을 제도화하여 도시의 거주 공간을 분리시켰다. 고향
땅으로 보낸다는 명분으로 흑인들을 도시 외곽지역으로 강제 이주시켰다.
기존의 흑인 거주지역은 디스트릭트 6과 마찬가지로 강제 철거하고, 특정
지역에 거주지를 정해 살게 함으로써 흑인들을 분리시켰다. 타운십의 흑
인 거주지역은 담이나 철조망, 철도, 고속도로 등을 두어 백인 거주지역과 강
제로 구분했다.

　타운십의 경관으로는 낮은 건물, 동일한 가옥구조, 전봇대, 쓰레기, 철망, 좁
은 도로 등이 있다. 한눈에 보아도 도심의 고층건물이나 테이블 마운틴 경사
지에 거주하는 백인 거주지역과 판이하게 다르다. 낙후되고 남루하고 격리되
어 있는 공간임을 쉽게 확인할 수 있다. 주인공을 추적하는 영화 장면에서 보
이는 양철 지붕, 벽돌 담, 좁은 도로, 가로등 등은 삶의 장소로서의 타운십을

잘 드러내고 있다. 빈민가라고 하면 세계 어디서나 공통적으로 보이는 빨랫줄과 여기에 널어놓은 빨래의 모습이 이곳에서도 여지 없이 나타난다.

영화는 케이프타운의 대표적인 타운십이 랑가임을 여러 장면을 통하여 암시한다. 맷 웨스턴이 애인을 요하네스버그로 보내면서 나오는 "랑가역으로 가는 열차가 5분 후에 출발합니다" 하는 장면과 도심 추격전에서 나오는 "LangaM7"이라는 표지판 장면이 랑가 타운십을 보여준다. 랑가는 M7과 2번 도로가 만나는 지점에, 그리고 상대적으로 백인 거주지역인 테이블 마운틴으로부터 멀리 떨어진 지점에 자리 잡고 있다. 케이프타운에는 구굴레투와 카엘리차 등 다양한 타운십이 있다.

타운십의 대명사는 가난이다. 백인의 오랜 차별로 인해 정규교육을 제대로 받지 못하고 변변한 일자리가 없는 사람들이 태반이다. 1994년 넬슨 만델라(Nelson Mandela) 대통령이 당선되면서 아파르트헤이트가 폐지되었지만, 여전히 구조적 악과 빈부의 차이는 남아공의 실존적인 문제다. 오랜 시간 유지되어 온 인종 편견과 흑인과의 경제적 격차는 남아공에서 거주지 통합을 어렵게 만들었다. 국가가 지정한 거주지 제한선은 없어졌지만, 경제적 차이와 마음의 편견이 그은 선은 더 굵게 드리워 있다. 타운십은 빈곤의 재생산이 이루어지고 있는 장소다. 이곳에서는 습관화된 가난으로, 그리고 구조적인 모순으로 계층의 계급화가 지속되고 있다.

케이프타운의 아름다운 자연환경을 누리는 부자 거주지역이나 케이프타운 인근의 전원도시 등과 비교하면 타운십은 궁색한 삶의 장소다. 케이프타운은 가난한 삶을 상품화하여 세인들의 관광거리를 만들고 있다. 실존의 삶을 사는 사람들의 시선이 아닌, 객의 눈으로 즐기는 것은 불공정 여행이다. 타운십의 관광화는 관조적 훔쳐보기 문화의 반영이자 사디즘적 투어다. 여기에는 가난한 자의 삶을 희극화하여 눈요기로 즐기려는 욕망이 잠재해 있다.

5 다양한 인종·계층이 더불어 사는 도시를 위하여

"누구도 어디도 안전하지 않다"라고 영화는 말한다. 그러나 케이프타운의 주민은 안전하지 않은 곳에서 행복을 찾고 있다. 부자이든 빈자이든, 백인이든 흑인이든 상관없이 그들은 이미 안전한 가옥에서 살고 있다. 타운십의 가난한 집도 그곳에서 살고 있는 사람들에게는 안전한 가옥이다. 그 안에 가족이 있고, 가족 구성원들이 엮어내는 실존적 삶이 있다. 영화가 "모든 것이 모든 것을 배신"하고, 알렉산드르 푸시킨(Alexander Pushkin)이 "마음은 미래에 사는 것, 현재는 슬픈 것"이라고 했을지라도, 지금 여기에서 펼쳐지는 실존적 삶이 주는 행복이 있기에 이곳은 안전한 가옥이다. 나도 여기서 가난하지만 가난하지 않은 사람들의 행복을 엿보고 싶다.

영화 마지막 장면에서 토빈 프로스트가 맷 웨스턴에게 말한 대사가 생각난다. "이 냄새 아나? 피노타지향이야. 이곳에서 나는 좋은 와인이지." 남아공에서 생산되는 유명한 포도주 이름인 피노타지는 1925년에 피노 누아와 신소(Cinsault)를 이종교배해 개발한 품종이다. 남아공 케이프타운에는 거주지 분리와 인종차별, 경제적 양극화가 심하게 나타나고 있다. 이곳 도시는 인종, 문화, 종교, 생활 등의 차이를 인정하기보다는 차별하는 데 익숙하다. 서로 다른 종을 교배하여 새로운 종의 포도주를 탄생시켰듯이, 케이프타운이 서로 다름을 인정하고 인종·경제·문화적 차별을 극복해 더불어 사는 도시가 되길 기대해 본다. 다양한 인종과 계층이 어우러져 살아가는 것이 남아공이 지향하는 무지개의 나라(Rainbow Nation)로 가는 지름길이다.

✈ 케이프타운을 여행하는 방법

① 추천할 만한 여행 코스

케이프타운 여행은 도심 코스와 교외 코스로 나눌 수 있습니다. 도심 여행 코스로는 테이블 마운틴, 라이온스 헤드, 롱가, 캐슬 오브 굿 호프, 디스트릭트 6, 보캅, 워터프런트, 타운십을 따라가 보세요. 이 코스는 케이프타운의 랜드마크인 테이블 마운틴 등 빼어난 자연환경과 도심부의 화려한 건축경관을 함께 볼 수 있습니다. 테이블 마운틴에서는 대서양을 배경으로 한 케이프타운의 도시경관을 한눈에 볼 수 있고, 도심에서는 영국의 식민지 시기 건축물, 입법 수도로서의 행정관청, 고급 상가와 흑인인권운동의 현장을 볼 수 있습니다.

케이프타운의 교외 여행 코스로는 키르스텐보스 국립식물원 - 채프먼스 피크 드라이브 길 - 하우트베이 - 볼더스비치 - 희망봉 - 케이프포인트가 있습니다. 이 코스에서는 케이프타운 교외의 아름다운 자연경관, 희망봉, 그리고 대서양과 인도양이 만나는 케이프 포인트를 볼 수 있습니다. 그리고 아프리카 펭귄의 서식지인 볼더스 비치는 인간과 동물이 공존할 수 있는 지혜를 알려주는 곳입니다.

② 숨겨진 도시의 명소

케이프타운에는 보캅이 있습니다. 독특한 색채 경관으로 유명해진 명소이고, 과거 인도, 말레이시아 등에서 팔려온 노예들이 정착해 만들어진 장소입니다. 슬픈 역사가 깃든 동화 같은 장소인 이곳은 동남아시아의 음식, 교육, 주거 등의 문화를 화석처럼 간직하고 있습니다.

또한 케이프타운에는 유네스코 세계유산으로 등재된 로벤섬도 있습니다. 케이프타운에서 약 12km 떨어진 곳에 위치한 로벤섬은 원래 나병환자와 죄수들을 격리했던 섬이며, 흑인 인권운동과 민주화 투쟁을 이끌었던 넬슨 만델라 대통령, 월터 시술루(Walter Sisulu), 로버트 소부퀘(Robert Sobukwe) 등이 투옥되기도 했습니다.

③ 인상 깊었던 점

케이프타운은 아프리카의 유럽이라 할 수 있습니다. 유럽을 닮았기에 슬픈 도시이지요. 그러나 아프리카 원주민들이 자신들의 권리를 되찾은 삶의 현장이기도 합니다. 자연경관만큼이나 심성이 아름다운 아프리카 원주민들이 가해자에게 보여준 관용은 인류가 지향해야 할 가치라고 생각합니다. 이곳 케이프타운에서의 여행은 인류가 소중히 여겨야 할 보편적 가치를 알려주었습니다.

| 보캅(Bo-Kaap)

5부 절망의 도시, 그래도 희망은 있다

City Tour on a Couch:
30 Cities in Cinema

26장

마닐라, 도시에 대한 권리를 둘러싼 정치적 공간

김수진 | 국토연구원 부연구위원

| 마닐라 전경

1 도시에 대한 권리: 앙리 르페브르와 크리스 마르케

    프랑스의 마르크스 철학자 앙리 르페브르(Henri Lefebvre)는 『일상성 비판 (Critique of Everyday Life)』(2002)에서 도시민의 삶이란 살아간다는 것 그 자체를 의미하기도 하지만, 만약 우리가 일상의 매 순간에 행동하기 시작할 수만 있다면 삶은 때로는 절망 이상의 것, 즉 자유를 향해 나아가는 움직임을 의미하기도 한다고 선언한 바 있다. 이러한 그의 도시민의 삶에 대한 유토피아적인 낙관주의는 프랑스 다큐멘터리 감독 크리스 마르케(Chris Marker)의 작품 〈

아름다운 5월(Le Joli Mai)〉을 관통하는 메시지
와도 같다.

마르케는 마르크스주의자인 동시에 프랑
스 누벨바그의 주요 멤버들 중 한 명으로, 사
진 같은 영상 위에 문학적인 내레이션을 입
혀 사적인 에세이를 쓰듯 작업하는 독특한 스
타일로 널리 알려졌다. 그가 한창 활동하던
1960~1970년대는 미국에서 태동한 다이렉트
시네마의 흐름이 주류를 이루었는데, 그 영향
으로 다큐멘터리에 대한 인식의 폭이 한정되
는 경향이 있었다. 그 당시 다큐멘터리란, 감

| 아름다운 5월(1963)
감독: 크리스 마르케
출연: 크리스 마르케, 이브 몽탕, 시몬
시뇨레 외

독이 피사체와 일정한 거리를 유지한 채 현장에 개입하지 않고 촬영한 기록물
로 여겨졌다. 그러나 이와 같은 시대적 흐름과는 달리 마르케는 인터뷰 또는
내레이션을 통해 끊임없이 감독의 목소리를 직간접적으로 드러내면서 현실
에 개입하고 때로는 그 너머의 진실을 탐구했다.

〈아름다운 5월〉이라는 제목은 프랑스 시인 기욤 아폴리네르(Guillaume
Apollinaire)의 시 「5월(Mai)」에서 차용된 듯한데, 여기서 영화와 시 둘 사이의
연관성을 짧게 언급하는 것이 도시를 바라보는 감독의 시선을 설명하는 데 도
움이 될 듯하다. 아폴리네르의 시 「5월」은 일견 이룰 수 없는 사랑을 노래하
는 것 같아 보이지만 그 이면에는 흐르는 시간 속에 존재하는 순간의 덧없음
과 그 순간을 기억한다는 행위에 대한 탄식이 담겨 있다. 시의 화자는 산 정상
에 올라가 5월 햇살의 아름다움을 노래하지만, 영원에 비하면 인간의 삶은 찰
나에 불과하다는 것을 안다. 그렇기 때문에 화자는 지금의 순간을 기억하고자
하는 것이며, 이러한 맥락에서 일상성은 의미를 갖게 된다.

마르케의 영화 또한 시대적 흐름 속에서 1962년 5월이라는 시간, 파리라는
공간을 살아가는 도시민의 순간을 기억하고자 하는데, 거시적이고도 미시적

인 차원들이 끊임없이 치환되는 도시공간은 그 순간을 포착하고자 하는 감독의 시선을 통해 재생산된다. 영화의 배경이 되는 1962년 5월의 파리는 정치적으로 혼란스러웠다. 영화가 촬영된 그해 3월에는 7년 동안 지속되었던 알제리전쟁의 휴전을 예고하는 에비앙협약이 체결되었고, 7월에 이르러 샤를 드 골(Charles de Gaulle) 장군이 알제리의 독립을 선언했다. 이 두 가지 역사적인 사건들 사이에 위치한 5월은 알제리를 둘러싼 오랜 정치적 갈등과 전쟁 이후 터져 나온 짧고도 불안한 휴지기였다.

전쟁은 멈추었으나 알제리 이민자들을 둘러싼 인종 갈등은 장기화될 조짐을 보였고, 프랑스 정부가 북대서양조약기구(NATO)의 승인을 얻어 80만 명의 병력으로 무자비하게 알제리 독립군을 탄압하기 시작한 1958년 이후, 그 어느 파리 시민들도 방관자로서의 부채감으로부터 자유로울 수는 없었다. 영화의 첫 장면은 이와 같이 일상 속에서 행동하지 않는 이들의 내적갈등을 잘 드러낸다. 카메라는 부감 숏으로 파리의 기념비적인 건축물과 장소들을 비추고 영상 위로는 프랑스 배우 이브 몽탕(Yves Montand)의 내레이션이 흐른다. 그는 질문한다. "파리, 이곳은 세상에서 가장 아름다운 도시인가?" 그리고 일견 아름다워 보이는 장소 속에서 살아가고 있는 파리 시민들의 얼굴들을 무작위로 클로즈업하면서 인터뷰는 시작된다.

영화의 첫 장면이 상징적으로 잘 묘사했듯이, 1960년대 파리는 인종 갈등이 공간적으로 표출되기 시작한 역사적 전환기에 놓여 있었다. 제2차 세계대전 이후 프랑스는 수도 파리로 몰려드는 인구집중 현상을 겪으면서 파리를 제외한 다른 지역은 모두 사막이 되었다고 선언할 정도로 불균형한 국토개발로

후유증을 겪기 시작했다. 수도권 과밀 현상을 억제하고 국토의 균형발전을 추구하는 것이 시대적 과제였으며, 지역 중심 도시를 성장거점으로 성장시키고 전략적으로 산업을 육성함으로써 경제성장을 견인하는 것이 주된 목표였다. 그러나 제2차 세계대전 이후 1980년대까지 경제성장기의 황금시대라고 불렸던 그 이면에는 지속적으로 발생하는 폭동에 따른 인종 갈등이 심화되고 있었다. 증가하는 주택 수요를 충족하기 위해 궁여지책으로 정부는 저가 임대주택을 대량 공급하기 시작했으며, 그 결과 파리 외곽에는 이주 경험이 있는 도시민들이 집합적으로 거주하는 일종의 슬럼이 형성되었다. 이는 인종 갈등이 공간적으로 표출되기 시작한 것이다.

"파리, 이곳은 세상에서 가장 아름다운 도시인가?"

감독은 이 질문에 답하기 위해 영화를 두 개 섹션으로 나누었다. 전반부는 거리에서 만난 파리 시민들의 일상과 인터뷰 내용을 담고 있다. 감독은 1962년 5월의 가장 중요한 사건에 대해 묻고, 일상의 행복에 대해 질문한다. 그러나 그가 이 영화를 통해 궁극적으로 드러내고자 했던 것은 돈, 휴가, 연애, 결혼과 같은 도시민의 꿈과 욕망이 아니었다. 오히려 전반부에서 포착한 사람들의 일상과 후반부에서 묘사되는 당대의 역사적 흐름 사이의 부조리한 간극이었다.

마르케와 동시대에 활동했던 르페브르 또한 말했다. 도시는 도시민들이 살아가는 배경이나 환경만이 아니다. 도시는 도시민이 만들어가는 삶의 일부분이며, 반대로 혹은 동시에 도시민의 삶이란 도시의 일부분이다. 그러므로 우리가 우리의 미시적인 일상에 더 이상 갇히지 않고 깨어서 행동하기 시작할 수 있다면, 도시 혹은 도시민의 삶이란 자본주의 논리가 지배하는 이곳에 변화를 가져올 수 있을 것이다.

2 메트로 마닐라: 도시의 일부분으로 살아간다는 것

여기서 흥미로운 점은 1960년대 후반 활동했던 마르케와 르페브르의 사유가 2015년 필리핀의 도시 마닐라를 분석하는 데에도 여전히 유효하다는 것이다. 연구자로서 필자는 2012년 필리핀 마닐라에서 현지조사를 독립적으로 진행한 적이 있다. 마닐라 외곽에 위치한 저소득층 공동체들을 방문하고 6개월 정도 머물면서 자료들을 수집했다. 124개의 반구조화 면접과 집단 토의를 진행하면서 도시 마닐라를 살아가는 사람들의 일상을 지켜보았다.

필리핀은 7107개의 섬으로 이루어져 있으며 인구의 56% 이상이 마닐라와 그 주변의 메트로폴리탄이 위치한 루손섬에 거주하고 있다(ADB, 2014). 메트

| 마카티(Makati) 지역

로 마닐라의 인구는 지난 40년 동안 빠르게 증가해 왔으며, 2010년 기준 1400만 명 정도로 추산된다. 이 중 35% 이상이 슬럼 또는 임시거주지에 상주, 20% 이상이 빈곤선 이하의 생활을 영위하고 있고, 50% 이상이 '위험지역'으로 공표된 지역에 거주한다(ADB, 2014). 급속화된 도시화는 농촌에서 도시로의 움직임을 촉발했고, 이러한 인구이동은 1980~1990년대에 경제·정치·사회적인 변화를 동반했다(Porio 2009). 중앙정부는 1990년대 초 경제특구를 지정하고 전략적으로 해외직접투자자를 메트로 마닐라 지역에 집중함으로써 글로벌 경쟁력을 강화하고 일자리를 늘리고자 했다(Porio 2009). 그 결과, 농촌지역 거주자들은 도시가 제공하는 기회(일자리, 공공서비스, 사회연결망 등)를 찾아 계속 도심으로 이동해, 메트로 마닐라는 또 한 번 인구과밀 현상에 맞서게 된다(Porio 2009).

현재 빠르게 외곽으로 확장되고 있는 마닐라는 도심 내 지가가 치솟고 있으며, 토지를 구매할 수 없는 도시빈민들은 어쩔 수 없이 홍수와 범람 위험에 노출된 강가 근처의 지역을 불법적으로 점거한다. 그들은 매년 수많은 사상자와

| 도시의 빈민촌

| 마닐라 베이(Manila Bay)

부상자를 동반하는 태풍과 홍수뿐만 아니라, 철거 위험에도 노출되어 있다. 몇몇 공동체는 자생적으로 기후변화 적응 프로그램을 고안해 적용하기도 하고, 몇몇은 철거 위험에 맞서 투쟁을 한다. 연구를 위해 그들을 관찰하면서 생애 처음으로 도시 거주민들의 슬픔, 자괴감, 불안정성을 마주해야만 했다. 그리고 일종의 자괴감을 안고 돌아오게 되었다. 현지 조사과정 동안 느꼈던 연구자로서의 부채는 이 글을 쓰고 있는 지금도 계속되고 있으며, 국가별 도시정책을 비교 연구하고자 하는 동력의 일부분이 되었다.

　현재 마닐라에서는 재난위험 감소를 개발계획의 문제로 인식하고 1970년대부터 지속되어 온 정부 주도의 도시개발 방식을 비판하며, 시민사회를 중심으로 지역공동체를 정책개발의 주체로 끌어들여야 한다는 움직임이 일어나고 있다. 하부 세력으로의 접근법을 지지하는 이러한 주장은 공동체를 가치, 규칙, 그리고 관심을 공유하는 개개인이 형성하는 관계의 그물망으로 인식하고, 상호 이익을 극대화하기 위해서 사람들이 집단행동을 지속한다고 주장한

다. 이렇게 기능적인 측면에서 공동체를 정의
하는 방식은 마닐라에서 진행되고 있는 도시
운동의 모체가 되었으며, 이는 르페브르가 40
여 년 전 주창했던 '도시에 대한 권리'가 말하
고자 했던 바와 크게 다르지 않다. 르페브르에
게 도시란 거주민들에 의해서 집단적으로 생
산된 작품이며, 도시에 대한 권리란 단순히 도
시공간을 점유할 수 있는 권리일 뿐만 아니라
도시공간을 생산하는 과정에 주도적으로 참
여할 수 있는 권리를 의미한다. 피터 마커스
(Peter Marcuse)는 이에 대해 대안적인 시스템

| 메트로 마닐라(2013)
감독: 숀 엘리스
출연: 제이크 마카파갈, 살시아 베가,
존 아칠라 외

을 제안할 수 있는 권리이자 우리가 소망하고 원하는 세계를 꿈꿀 수 있는 권
리를 의미한다고 선언한 바 있다(Marcuse, 2009).

　이런 맥락에서 영국 출신인 숀 엘리스(Sean Ellis) 감독의 작품 〈메트로 마닐
라(Metro Manila)〉는 도시화가 진행됨에 따라 외곽으로 밀려 나가서 살 수밖에
없는, 도시가 제공할 수 있는 기회(교육, 교통, 복지, 생활인프라, 여가, 문화 등)로부
터 소외되어 있는 사람들의 일상을 다소 격앙된 어조로 그려내면서 도시, 메
트로 마닐라 자체를 이야기하고자 한다. 감독이 영국인임에도 불구하고 영화
전체는 감독 자신도 이해하지 못하는 따갈로어로 진행된 데다 2011년 필리핀
현지 배우들과 함께 촬영되어 현장감을 더한다. 캐릭터를 중심으로 한 범죄스

릴러 영화를 표방한 이 영화는, 2013년 선댄스영화제에서 관객상을 받았다.

영화의 플롯은 필리핀 마닐라 북부 외곽에 위치한 쌀 농장에서 빈곤한 삶을 영위하고 있는 오스카 라미레즈(제이크 마카파갈, Jake Macapagal)와 그 가족의 여정을 중심으로 한 돌발적인 사건들 간의 의미를 발견하고 제시하는 데에 초점을 맞춘다. 라미레즈는 쌀 농장의 착취로부터 벗어나 안정적인 직장을 얻고 생계를 꾸려나가기 위해 무작정 마닐라로 떠난다. 그러나 어딘지 의심스러운 트럭 회사에 취직을 하게 되면서 가족 전체를 위험으로 몰아간다. 이 영화 초반부에 수수께끼와도 같이 등장한 배달 상자는 일종의 맥거핀으로 작동하며 영화 후반 40분이 될 때까지 실질적인 이야기는 진행되지 않는다. 마닐라로 돌아와 정착하기 위한 라미레즈와 그의 아내 마이(알시아 베가, Althea Vega)의 일상이 짧은 에피소드들 중심으로 나열될 뿐이다. 범죄스릴러를 표방하고 있는 이 영화는 후반부에 이르러서야 범죄의 실체가 드러난다. 그러므로 영화가 궁극적으로 드러내고자 했던 것은 라미레즈 개인이 휩쓸린 수수께끼와도 같은 범죄가 아니라, 도시 외곽의 이주민이었던 그가 왜 도시로 진입하고 싶었는지, 이러한 그의 욕망이 어떠한 구조적인 틀에 의해 좌절되는지, 그의 가족이 일상에서 맞닥뜨려야만 하는 도시의 위험은 어떠한 형태를 갖추고 있는지다.

3 도시혁명, 르페브르 2003

　현재 필리핀 정부는 1991년에 제정된 '도시개발과 주택에 관한 법률'에 의거해 도심 내 '위험지역'●을 점거하고 있는 불법 임시거주자들을 도시 외곽으로 다시 강제 이주시키는 정책을 고수하고 있다. 그러나 정부의 의도와는 달리 도심에서 외곽으로 다시 쫓겨나게 된 이들은 빈곤과 사회적 단절이라는 또 다른 위험에 직면하게 된다(ADB, 2008). 영화 〈메트로 마닐라〉는 급속한 도시화가 어떻게 구조적으로 도시빈민들의 위험에 대한 취약성을 증가시켰는지, 위험의 현장으로서 도시가 어떻게 이를 불균등하게 재분배하고 있는지, 도시로 몰려드는 사람들 중에 특정 계층이 어떠한 방식으로 도시가 제공할 수 있는

| 도시의 빈민가

● '위험지역(danger areas)'은 필리핀 정부가 과학적 지식을 기반으로 법률에 의거해 정의한 용어로, 위험지역에 거주하고 있는 지역공동체의 경험을 최종 의사결정과정에서 배제시켰다는 이유로 논쟁의 중심이 되고 있다.

기회로부터 소외되고 있는지 잘 보여주고 있다.

르페브르는 만약 우리가 일상의 매 순간에서 행동하기를 시작할 수만 있다면 삶은 때로는 절망 이상의 것, 즉 자유를 향해 나아가는 움직임을 의미할 수 있다고 선언한 바 있다. 그러나 영화 또는 도시 메트로 마닐라에서 드러나는 현실은 이와는 다르다. 도시민들은 구조적인 위험 앞에서 침묵하며 방관하고, 일상의 소소한 행복을 추구할 뿐이다. 이는 영화 〈아름다운 5월〉에서 드러나듯 파리 도시민들의 일상과 인종 갈등을 촉발한 알제리 독립전쟁 간의 괴리에서 느끼는 감독의 탄식과도 다르지 않다. 이러한 의미에서 1960년대 후반의 파리와 2010년대 초 마닐라는 크게 다르지 않으며, 이것이 르페브르의 유토피아적인 믿음이 현시대에도 여전히 유효한 이유일 것이다.

참고문헌

ADB. 2008. Asian Development Bank's Involuntary Resettlement Safeguards, Project Case Studies in the Philippines. http://www.oecd.org/derec/adb/47108497.pdf.
_____. 2014. Republic of the Philippines National Urban Assessment. Asian Development Bank. https://openaccess.adb.org/bitstream/handle/11540/754/philippines- national-urbanassessment.pdf?sequence=1
Department of Sociology and Anthropology. http://www.pubs.iied.org/pdfs/G02570.pdf.
Lefebvre, H. 2002. Critique of Everyday Life. Vol.2, London: Verso.
_____. 2003. The Urban Revolution . University of Minnesota Press.
Marcuse, P. 2009. From Critical Urban Theory to the Right to the City. pp. 185~197.
Porio, E. 2009. Urban Transition, Poverty, and Development in the Philippines. A preliminary draft, Ateneo de Manila University,

27장
희망과 절망 사이 삶의 공간,
콜카타와 뭄바이, 비하르

이영아 | 대구대학교 지리교육과 교수

| 뭄바이 도비 가트(Mumbai Dhobi Ghat)

1 카메라에 남겨진 고단한 삶의 기록

　다큐멘터리 영화계에서 2011년에 개봉한 〈오래된 인력거〉는 2009년에 개봉한 〈워낭소리〉만큼 유명하다. 인도 콜카타의 가난한 인력거꾼의 삶을 10년 동안 오롯이 관찰하며 기록한 영화로, 우리나라 독립영화 감독인 고 이성규 감독이 제작했다. 한국의 영화감독이 굳이 인도까지 가서 찍어온 가난 포르노라고 하기에는, 카메라가 주인공 샬림의 삶에 오랫동안 찰싹 붙어 있다. 아

289

| 오래된 인력거(2011)
감독: 이성규
출연: 샬림, 마노즈 외

무리 눈치 없는 사람이라도 그 피사체에 대한 카메라의 애정과 응원을 느낄 수 있다. 그림자 같은 카메라에 익숙해진 덕인지 샬림은 신날 때는 그 카메라에 대고 친구에게 이야기하듯 말을 건네기도 하고, 슬플 때는 거울에 비친 자신에게 이야기하듯 한다. 그러던 샬림이 카메라를 내치는 순간이 온다. 그가 자신의 삶에서 희망을 잃고 깊이 절망했던 순간이었다. 그는 자신의 절망을 더 이상 보이고 싶어 하지 않았으며, 카메라를 통해 기록한 그의 삶에 대한 희망이 끝나는 순간이다. 영화는 그 순간부터 시작하여 콜카타에서 버티는 샬림의 삶에 초점을 맞춘다. 그러나 이 글에서는 샬림뿐 아니라 그 주변 사람의 삶과 얽혀 있는 콜카타와 뭄바이, 샬림의 고향 비하르 지역에 초점을 맞추고자 한다.

2 영화 이야기

흥행에 성공한 상업영화라면 굳이 필요가 없겠지만, 이 영화는 누적 관객 수가 4000명 남짓이기 때문에 내용을 간략히 설명하고자 한다(영화를 이미 보신 분은 이 부분을 안 읽고 넘어가도 된다). 주인공 샬림(Shallim)은 35년 전 고향인 비하르를 떠나 콜카타 서더스트리트에서 릭샤(인력거)를 끌며 돈을 모으고 있다. 그의 꿈은 삼륜차(전동 인력거)를 사는 것이다. 그것만 있으면 맨발로 뜨거운 땅 위를 뛰지 않아도 된다. 그는 앞으로 5년만 더 일하면 할부로 삼륜차를 살 수 있으리라는 희망을 품고 있다. 그는 가끔 비닐봉지에 차곡차곡 모아둔 지폐 뭉치를 들여다보며 힘을 얻는다. 그에게는 고향에 두고 온 가족이 있다. 자

신의 자녀와 조카까지 모두 13명이다. 샬림의
어깨가 무거울 법도 한데, 그는 모두에게 늘
밝고 친절하다. 같은 고향 출신의 인력거꾼인
내성적인 청년 마노즈 쿠마(Manoj Kumar)를 돕
고, 성전으로 가는 길에서 만난 노숙자들에게
동정을 베풀기도 한다.

　힘듦도 희망으로 다독여 왔던 샬림의 삶에
절망이 가시화된 것은 아버지를 도와 돈을 벌
겠다며 학교를 그만두고 대도시인 뭄바이 공
장에 취직한 10대 큰아들이 신종플루에 걸렸다는 것을 알게 되면서부터이다.
3년 전, 가난의 굴레에 얽매이지 않으려면 공부를 해야 한다는 아버지의 당부
에 당차게 그러겠노라고 대답했던 큰아들이었다. 얼마 뒤 고향의 아내가 원인
모를 병에 걸려 아프다는 연락을 받는다. 아내는 풍토병과 극심한 우울증으로
인한 정신병이 겹쳤다는 진단을 받았고, 언제 완치될지 모르는 아내의 병을
치료하기 위해 모아두었던 돈을 써야 하는 상황이 되었다. 깊은 밤 잠든 아내
와 아이들 옆에 앉아 있던 샬림은 돈이 든 비닐봉지를 들여다보며 "돈이 점점
줄어드니 어쩌면 좋냐"라며 흐느낀다. 카메라를 내친 그는 다시 인력거를 끌
지만, 그가 딛는 걸음에서 더 이상 희망은 보이지 않고 뜨거운 땅만 느껴진다.

　영화보다 더 영화 같은 이야기이다. 차라리 허구의 영화였다면 이리 찜찜한
결말도 사실이 아니라고 스스로 위로할 수 있었을 것이다. 실존 인물의 삶
을 그대로 기록한 이 이야기는 그래서 보는 사람들에게 아픔과 무기력함을
준다. 하지만 다행스럽게도 그런 아픔은 동시에 삶을 돌아보고 행동하게끔
만든다.

3 콜카타: 아슬아슬한 희망의 도시

이제 샬림의 콜카타부터 살펴보자. 인도 반도의 동북부에 있는 콜카타는 열대몬순기후 지역에 속한다. 1년 내내 덥고 습하지만 6월 중순부터 9월 중순까지는 몬순의 영향으로 특히 비가 많이 온다. 우기가 되면 인력거꾼은 대목을 맞는다. 우기는 샬림의 희망을 현실로 만들어주는 자연의 선물이다.

콜카타는 영국 식민지 시절 무역과 자본의 중심지로 개발되기 전까지는 작은 농촌지역이었다. 1690년 영국의 동인도회사가 설립되고, 1911년 수도를 뉴델리로 옮기기 전까지 이곳은 인도의 수도였다. 식민지 기간 콜카타는 빠르게 성장했으며, 농촌에서부터 일자리를 찾아온 이주민들이 유입되기 시작했다. 콜카타 인구는 1710년에 1만 명 정도였으나 1850년에 41만 5000명에 이르렀다. 2011년 현재 콜카타에 458만 명이 거주하며 교외지역까지 합하면 1400만 명이 살고 있다. 프랑스 소설가 도미니크 라피에르(Dominique Lapierre)가 콜카타 슬럼을 배경으로 『기쁨의 도시(La Cité de la joie)』라는 소설을 쓸 정도로 콜카타에는 슬럼이 많다. 인구의 3분의 1은 슬럼에 산다. 버스티라고 불리

| 콜카타

| 콜카타의 거리

는 2011개의 등록된 슬럼과 3500개의 무허가 슬럼이 있다. 무허가 슬럼은 운하, 하수도관, 쓰레기 더미 근처에 있다(Kundu 2003).

샬림은 콜카타 구시가지에서 일을 한다. 샬림의 터전인 구시가지를 벗어나면 IT산업과 금융 서비스의 중심지로서 콜카타의 세련된 현대적 경관과 웅장한 식민지 경관을 볼 수 있다. 그러나 샬림이 생활하는 공간에서는 그런 경관이 잘 보이지 않는다. 샬림은 좁고 오래된 지구에서 관광객이나 어린 학생을 나르기도 하고 상인들의 짐을 나르며, 보는 우리가 미안해질 만큼 적은 돈을 받는다. 게다가 실수라도 하면 그걸 빌미로 그나마도 다 주려 하지 않는다. 감자 포대나 살아 있는 닭을 인력거로 나르자고 하면서 삯을 깎으려는 사람들의 삶 역시 샬림보다 그리 낫지는 않을 텐데 그래도 얄밉다. 하지만 맨발로 뛰어야 덜 피곤하다고 말하는 샬림은 그저 밝고 의욕이 넘쳐 보인다. 오리엔탈리즘을 기반으로 사고하는 일부 서양인의 눈에는 샬림의 삶에서 인도 철학의 심

오함이 보이겠지만, 필자의 눈엔 미래에 대한 희망이 그를 치열한 대도시에서 버티게 하는 것처럼 보인다. 그러나 별다른 사회안전망이 없는 도시에서 가난한 샬림의 희망은 아슬아슬하고 위태로웠다.

4 비하르: 떠나거나 미칠 수밖에 없는 절망의 공간

초짜 인력거꾼인 마노즈는 샬림과 같이 인도 북부 비하르 출신이다. 인도에서 비하르 출신이라는 것은 일반적으로 가난하다는 의미이다. 비하르는 인도에서 가장 가난한 주다. 농업이 지역의 기반인 비하르는 가난한 사람들이 희망을 품기 어려운 곳이다. 이곳의 토지는 대부분 소수의 토지소유자에게 속해 있으며, 대부분의 농부는 소작농으로 일하기 때문이다. 지주의 토지에서 농사를 짓고, 일반적으로 평균 수확량의 절반을 지주에게 넘기고 남은 것으로 살아야 한다. 문제는 지주에게 주어야 하는 농작물 계산법이 그해 수확한 작물의 절반이 아니라 평균 수확량이라는 데에 있다. 풍년일 때는 문제가 없지만, 흉년일 때는 지주에게 주고 남는 게 거의 없는 상황도 생긴다. 이런 이유로 가족을 먹여 살리기 어려운 가난한 농부는 더 안정적인 일자리를 찾아 고향을 떠난다. 샬림이 도시로 떠나 인력거를 끌게 된 이유이다. 도시에 인구유입 요인이 있는 게 아니라 농촌에 인구유출 요인이 더 강력한 탓이다.

그런데 마노즈가 고향을 떠난 이유는 좀 다르다. 스무 살 마노즈는 샬림과는 달리 희망이 없어 보인다. 넋을 놓는 바람에 실수도 잦았다. 그에게 콜카타는 그저 비하르로부터의 도피처였다. 1999년 비하르 지역에서 일어난 카스트 전쟁을 다룬 고 이성규 감독의 다른 다큐멘터리에서 당시 열 살이던 마노즈의 공포에 질린 모습이 카메라에 스치듯 잡혔다. 그 장면을 통해 비하르를 떠나야 했던 마노즈의 절망이 무엇인지 바로 알게 되었다. 열 살의 어린 마노즈 눈앞에서 지주가 고용한 민병대가 불가촉천민인 그의 아버지를 죽인 것이었다.

| 비하르의 아이들

그 이후 그에게 비하르는 카스트라는 계급과 가난의 구조에서 벗어날 수 없는 두려운 곳이다.

비하르의 가난한 삶은 샬림의 아내를 통해서도 알 수 있다. 영화에는 샬림의 아내가 고향에서 어떻게 살았는지 설명하지 않는다. 하지만 별다른 설명이 없어도 극심한 우울증으로 정신병을 앓게 되었다는 데서 비하르에서의 그녀의 삶을 읽을 수 있다. 돈을 벌기 위해 도시로 떠난 남편을 대신하여 적은 돈으로 아이와 조카까지 13명을 책임져야 하는 삶의 무게가 얼마나 컸을지 짐작도 되지 않는다. 게다가 인도의 농촌에서는 아직도 여성에 대한 차별이 존재해서 남자를 동반하지 않은 여성은 혼자 병원에 가기도 어렵기 때문에 병을 키우고 있었을 가능성이 크다. 그녀에게 비하르는 삶의 무게와 제도적 차별에 옴짝달싹할 수 없는 곳이었을 것이다.

5 뭄바이: 희망에 냉정한 도시

사담(Saddam)의 뭄바이로 넘어가 보자. 인도 서부에 있는 뭄바이는 콜카타보다 인구 규모가 더 크고 빠르게 성장 중인 대도시이다. 인도 금융 서비스의 중심지이자 발리우드 영화 제작의 메카이다. 뭄바이는 인도 청년층이 꿈을 실현할 기회를 주는 대도시의 모습을 갖추고 있다. 그는 학업을 포기하고 뭄바이로 떠났다. 아버지가 일하는 콜카타로 가지 않은 것은 아마도 더 큰 도시에서 아버지보다 더 빨리 효율적으로 돈을 벌고 싶은 마음이었을 거다. 뭄바이에서 선택한 직업도 가장 밑바닥인 있는 인력거꾼이 아니라 공장 노동자였다. 어린 아들은 13명의 부양가족을 챙겨야 하는 아버지의 삶을 돕는 것이 미래를 위해 공부를 하는 것보다 더 절실했을 것이다.

| 뭄바이

    그런데 뭄바이에서 그의 삶은 아버지의 삶보다 더 빨리 희망이 사라진 것처럼 보인다. 그는 소규모 가방공장에서 재봉사로 일하고 있었는데, 열악한 환경으로 인해 신종플루에 걸리고 만다. 당시 우리나라도 강타했던 신종플루는 제때에 타미플루를 처방받지 않으면 사망할 수도 있는 무서운 독감이었다. 40시간 기차를 타고 뭄바이로 간 샬림은 아들의 절망과 함께 자신의 아슬아슬한 희망도 꺼지는 것을 느낀다. 공장 사장은 사담에게 빌려준 병원비에 고리대업 수준의 이자를 붙여 갚을 것을 요구한다. 샬림은 아픈 아들을 공장에서 나오게 하고 싶었지만 결국 그렇게 하지 못했다. 샬림이 아들을 찾아가면서 지나쳤던 뭄바이 골목마다 누워 있던 노숙인과 아들의 미래는 다를 거라고 믿는 게 그가 할 수 있는 유일한 일이었을 것이다. 농촌에서 올라온 빈곤한 청년의 삶은 대도시 먹이사슬의 맨 마지막을 이루고 있어서 희망도 사치로 느껴진다.

<u>6</u> 가난한 사람에게 희망의 도시는 어디인가?

    샬림과 그 주변 사람들은 가난한 비하르에서 회생의 기회를 찾아 도착한 콜카타, 뭄바이에서도 얕은 희망이 절망으로 바뀌는 경험을 했다. 그들은 도시에서 일상적인 착취의 희생물이 되면서도 그곳에서 삶의 무게를 감당하고 있다. 이들은 어디에서 희망을 찾을 수 있을까?

절망에 빠진 샬림의 잔상이
너무 커서, 촬영 이후 그의 삶을
알고 싶은 마음에 인터넷을 뒤
졌다. 샬림은 자신의 곁에서 카
메라를 통해 10년간 자신의 삶
을 지켜봤던 이들에게서 도움을

받았다. 샬림에게는 영화 같은 일이었다. 영화제작팀이 할부로 삼륜차를 살
수 있도록 십시일반 모은 돈을 샬림에게 주었는데, 샬림은 삼륜차를 사지 않
고 고향에 집을 샀다고 한다. 왜 그토록 꿈꿔왔던 삼륜차를 사지 않고 비하르
에 집을 샀을까? 샬림은 아내에게 안정적인 환경을 제공해서 병을 낫게 하는
것이 자신이 좀 더 편하게 일하는 것보다 중요하다고 판단한 듯하다. 그래야
샬림이 콜카타에서 다시 희망을 가질 수 있기 때문이다. 어쩌면 샬림은 여전
히 삼륜차를 사는 게 꿈일 것이다.

마노즈는 자신을 두려움에 가두었던 사건을 직면하고, 죽임을 당한 아버지
에 대한 힌두교 위령제를 지낸 뒤에 콜카타 삶을 정리하고 고향으로 돌아갔
다. 마노즈가 비하르에서 무엇을 할 것인지 영화는 말해주지 않는다. 하지만
마노즈는 과거의 절망을 극복하고 비하르에서 다시 살아갈 희망을 찾으려는
것 같다.

샬림의 큰아들은 자신의 희망을 찾아 살 곳을 선택할 자유가 아직 없다. 억
울하지만 공장 사장이 요구한 돈을 다 갚아야 희망을 가질 수 있다. 그럼에도
그가 앞으로 살아갈 곳은 뭄바이가 될 가능성이 크다.

콜카타와 뭄바이의 슬럼이나, 비하르의 소작지는 가난한 사람들에게는 그
저 희망과 절망 사이에 있는 장소이다. 가난을 벗어나지 않는 이상 그곳은 삶
의 공간이 아니라 물러설 곳 없이 견뎌야 할 공간일 뿐이다. 누구에게나 열려
있는 것 같은 인도의 도시에서 관광객은 이국적인 문화를 소비하며 여가를 즐
기고, 기업가는 많은 인구를 대상으로 돈을 벌 기회를 얻는다. 그런데 바로 그

도시에서 누군가는 절망으로 내몰리지 않기 위해 고군분투한다. 누구에게든 그곳이 그저 소소한 행복을 누리며 사는 삶의 장소가 되어야 한다는 것은 이 상주의자의 소망이 아니라 그 사회가 당연히 풀어야 할 과제이다.

참고문헌

Kundu, Nitai. 2003. *Urban Slums Report: The case of Kolkata, India, Institute of wetland*. Management and Ecological Design.

28장

희망과 미래를 꿈꾸는 '신이 버린 도시' 리우데자네이루

강병국 | WIDE건축 대표

| 리우데자네이루의 구세주 그리스도상(Christ the Redeemer)

1 리우데자네이루의 빈민촌, 파벨라

필자에게 리우데자네이루라는 도시는 발음하기에 너무 버거운 도시로 각인되어 있다. 그러나 인터넷에서 리우데자네이루로 검색해 보면, 예수상이 바다를 내려다보는 아주 아름다운 세계 3대 미항 중 하나인 코파카바나 해변과, 매년 3월 초 밤낮을 가리지 않고 열리는 리우 삼바 카니발의 명성이 화면을 채운다. 그리고 보면 이 발음하기 어려운 도시는 브라질을 대표한다고 해도 과언이 아닌 듯하다.

그러나 놓치지 말아야 할 더 중요한 한 가지! 바로 이곳엔 그 악명 높은 빈민촌, 파벨라가 있다는 점이다. 우선 영화부터 살펴보자.

| 슈거로프산(Sugar Loaf Mountain)과 시내 전경

| 코파카바나 해변(Copacabana Beach)

2 〈시티 오브 갓〉 줄거리

영화는 시작부터 긴박하다. 빠른 삼바 리듬, 닭 울음소리, 칼을 가는 바쁜 손길, 순간 줄을 끊고 탈출한 닭과 그 뒤를 쫓는 제빼게노(레안드로 피르미노, Leandro Firmino) 일당, 그리고 그 앞에 선 부스까페(알렉산드레 로드리게스, Alexandre Rodrigue). 그들의 뒤엔 어느새 무장한 경찰들이 와 있다.

> 신의 도시에서는 도망가도 죽고, 가만히 있어도 죽는다. 내가 어릴 적부터 이 법칙은 계속되었다.

이렇게 부스까페의 회상으로 시작하는 영화는 1인칭 관찰자 시점, 즉 부스까페를 통해 '신의 도시'인 빈민촌 파벨라에서 일어나는 일들을 전한다.

파울루 린스(Paulo Lins)의 동명 소설을 영화화한 〈시티 오브 갓(City of God)〉은, 단지 영화의 제목이 아니라 실제로 존재하는 마을의 이름이기도 하다. '신이 버린 도시'라는 뜻을 역설적으로 표현한 이곳은 리우데자네이루의 서측에

| 리우데자네이루(Rio de Janeiro Downtown) 다운타운과 파벨라(Favela)

302

| 시티 오브 갓(2002)
감독: 페르난도 메이렐레스, 카티아 런드
출연: 알렉산드레 로드리게스, 레안드로
피르미노 외

위치한 자카레파구아의 자치구다. 리우데자네이루는 브라질이 수도를 브라질리아로 옮기기 전인 1763년부터 1960년까지 약 200년간 옛 수도였다. 그러나 지금도 이곳엔 800여 개의 파벨라(빈민촌)에 100만 명이 넘는 빈민들이 거주하고 있다. 축구 스타 호나우두(Ronaldo Luiz Nazario), 히바우두(Rivaldo Víctor Borba Ferreira) 모두 이곳 출신이다.

파벨라의 아이들은 태어나면서부터 미래가 없다. 장난감처럼 다루는 총으로 그저 불쾌하다는 감정만으로 사람을 죽이는 정도니……. 정의는 고사하고 죄책감조차 느낄 리 만무하다. 조직의 우두머리조차 스무 살도 되지 않은 마당에 조직의 강령이나 이념이 있을 리 없고, 일고여덟 살밖에 되지 않는 조직원까지 섞여 있어 어떤 신념이 있을 리 없다.

1960년대를 끝어가는 인물은 〈시티 오브 갓〉의 '텐더 트리오', 까벨레라(조나단 하겐센, Jonathan Haagensen), 알리까치, 마헤코, 이 세 명이다. 폭력이 정당화될 순 없지만 아직 이들은 의적이고 낭만도 있다. 그리고 '텐더 트리오'를 좇아다니는 문제의 두 꼬마, 다디노(더글라스 실바, Douglas Silva)와 베네[(펠리페 하겐센, Phellipe Haagensen(까벨레라의 동생)]가 바로 이 영화의 1970년대를 장식하는 주인공들이자 영화의 성격을 정의하는 핵심 인물이다.

어느덧 성장한(그래 봐야 16, 17살인) 다디노는 이름을 제뻬게노로 바꾸고 암흑가의 마약거래 시장을 거의 대부분 장악한다. 이것은 그의 전매특허인, 조금만 거슬리면 여러 생각할 것 없이 일단 그냥 쏘고 보는 성격 덕이다. 가까운 사람도 예외가 없으니 주인공 부스까페를 포함해 아슬아슬한 적이 한두 번이 아니지만, 그나마 오랜 우정을 나눈 베네가 개입해 겨우겨우 넘어가곤 한다.

제빼게노가 유일하게 말을 듣는 친구 베네, 그가 어느 날 조직과 친구를 떠나겠다고 선언하는데……. 성대한 환송 파티 후 베네는 암살당하고, 제빼게노역시 너무도 뼈아픈 실수를 저지르고 만다. 영화 중반부터 새롭게 부각되는인물인 마네 갈리나를 건드린 것이다.

이제 제빼게노는 산드로 세누라(마데우스 나츠테르가엘레, Matheus Nachtergaele)와 손잡은 마네 갈리나와 끝없는 전쟁을 치른다.

"사람을 죽여서 존경받고 싶어요."

조직에 들어가려는 한 꼬마의 말이다.

사진기자가 되고 싶은 부스까페의 렌즈를 통해 기록된 '신의 도시'. 영화 전체를 좌우하는 황갈색 이미지에 더해진 핏빛의 안타까움도 관찰자의 시점처럼 손 쓸 틈 없이 흘러간다. 아이들의 폭력과 강도와 살인은 처절하게 가난한'시티 오브 갓'에서 어쩌면 본능적인 삶의 방식인지도 모른다. 영상과 전혀 어울리지 않는 삼바 음악, 긴장과 이완을 반복하는 카메라 테크닉, 탄탄한 시나리오와 영상 구성 등 다큐멘터리보다 더 사실적으로 묘사했다고 생각하는 순간, 이 영화가 실화라는 데 생각이 미친다. 마지막을 장식한 실존 인물과의 인터뷰는 더더욱 충격적이다.

이 영화는 사실 '시티 오브 갓'에서 촬영하지 못했다. 주지하고 있다시피 이장소는 경찰조차 들어갈 수 없는 치안 부재의 공간이기 때문이다. 그러나 다른 곳도 상황은 비슷해 안전을 보장받을 수 없기는 마찬가지! 촬영진은 네 개구역으로 나뉜 '시티 오브 갓'의 한 구역 보스에게 다행스럽게도 촬영 허가를얻을 수 있었다.

출연진 대부분은 기성 연기자가 아닌 파벨라에서 발탁한 아마추어 연기자라고 하는데, 특히 아이들의 경우 어쩌면 저렇게 실감나는 연기를 펼칠 수 있었는지 궁금하다. 부스까페(마헤코의 동생)는 실제로 '신의 도시'에 거주하고 있다고 한다.

3 환경설계의 중요성 재인식

브라질 지리통계연구소(IBGE)는 1994년 4월 브라질 전체에 3223곳의 파벨라가 존재하며, 이곳에는 약 100만 채의 무허가 판잣집들이 들어서 있다고 발표했다.

양심이나 예절 혹은 사회적인 관계도 일종의 통제 수단이다. 다시 말해, 윗사람을 공경하는 마음이나 도덕적인 관념 역시 행동에 제약을 줄 수 있다는 뜻이다. 예를 들어 '우리 집안이 어떤 집안인데!'라는 말에는 가문 대대로 내려오는 고집스러운 의지를 바탕으로 '품격에 맞지 않는 행동은 하지 않겠다'는 다짐을 읽을 수 있다. 어떤 공동사회에 가문 때문이든, 노약자 때문이든, 양심 때문이든, 뭔가 행동에 제약을 주는 구속력이 없다면, 게다가 공권력을 포함한 통제의 손길이 전혀 없다면, 그다음은 굳이 말을 하지 않아도 아수라장, 즉 힘이 지배하는 사회가 된다. 나이가 많은 사람도, 공부를 많이 한 사람도, 사회적 약자인 어린아이와 여자도 절대로 보호받을 수 없다.

바로 '신의 도시'가 그렇다. 가난한 이들로 채워진 도시, 희망이나 미래가 없는 도시, 그 안에 잘못 들어갔다가는 시신조차 찾을 수 없으니 경찰도 속수무책이고, 오직 총과 마약만이 있을 뿐이다. 이 모든 것을 우린 '환경'이라고 부른다.

바람직한 환경이란 어떤 것일까? 환경은 사회적, 문화적, 역사적, 심리적 요인들이 복합적으로 이루는 것이지만 그중 건축적인 부분도 무시할 수 없다.

미국에선 이미 1961년 제인 제이콥스가 『미국 대도시의 죽음과 삶(The Death and Life of Great American Cities)』에서 도시재개발에 따른 범죄 문제 해법을 도시설계 방법을 통해 제시했고, 이후 1971년 레이 제프리(Ray Jeffery)나 1972년 오스카 뉴먼(Oscar Newman)이 이를 강조했다. 특히 뉴먼은 『방어적 공간(Defensible Space)』이라는 책을 통해 환경설계의 중요성을 하나의 이론으로 정립했다.

1972년 7월 15일 오후 3시 32분, 세인트루이스의 프루이트아이고(Pruitt-Igoe) 아파트 단지 첫 동이 파괴되었고, 2년 동안 나머지 32개 동도 모두 파괴되었다. 피터 블레이크(Peter Blake)의 저서 『근대 건축은 왜 실패하였는가?(Form Follows Fiasco : Why Modern Architecture Hasn't Worked)』의 표지 사진이기도 한 이 역사적인 사건은 건축 비평가 찰스 젱크스(Charles Jencks)에 의해 근대 건축이 종말을 고하고 포스트모더니즘이 출발했다는 시간으로 정의되기도 한다.

세인트루이스시의 열망을 담아 최고급 아파트 단지를 소원했건만 어째서 이렇게 되었을까? 이제 인간의 행태와 패턴, 심리학적 요인은 이미 건축을 넘어 도시의 환경에서 간과할 수 없는 1순위 요소가 되었음을 부정할 수 없다.

사실 슬럼은 자본주의가 낳은 불평등의 결과일지도 모른다. 이러한 전제하에 영화는 도시를 대개 부정적으로 묘사하기 마련이다. 그건 소외, 착취, 일회성, 인간성 부재 등 여러 단어로 묘사되고, 대부분 영화의 소재가 된다. 주로 맨해튼에서 머무는 우디 앨런(Woody Allen)의 영화도 현대의 자유분방한 삶 속에서 소외와 외로움을 이야기하고 있으니 말이다.

그러나 도시를 악과 빈곤의 소굴이 아닌 '인류 최고의 발명품'으로 격찬하는 사람도 있다. 바로 도시경제학자이자 하버드 대학교 교수인 에드워드 글레이저(Edward Glaeser)다. 그는 도시가 가난을 유발하는 것이 아니라 가난한 사람이 도시로 몰리는 것이며, 환경문제 또한 도시가 유발한 것이 아니라고 주장했다. 교통문제만 해도, 도심에 산다면 도보 혹은 도심에서 잘 발달한 대중교통을 이용할 수 있다는 것이다. 실제 뉴욕에서 자가용을 모는 사람은 3분의 1도 안 된다고 한다. 모두 외곽에 사는 사람들 이야기라는 것이 그의 주장이다.

〈시티 오브 갓〉만큼 철저하게 혼을 빼놓는 영화가 한 편 더 있다. 바로 마티외 카소비츠(Mathieu Kassovitz) 감독의 〈증오(La Haine)〉로, 방리유(변두리) 이 주민들의 삶을 들여다본 작품이다. 유대계 프랑스인 '빈츠', 아랍계인 '사이드', 흑인 '위베르' 등 프랑스 사회의 철저한 이방인들에게 그 도시의 환경을 그렇게 만든 주범이라 손가락질할 수 없는 건 〈시티 오브 갓〉과 똑같은 이유 때문이다.

세인트루이스의 프루이트아이고 단지를 담은 건축영화 〈프루이트 아이고〉도 놓치지 말기를 강권한다. 원제는 'The Pruitt-Igoe Myth'로, 차드 프리드리히(Chad Friedrich) 감독 작품이다. 제3회 서울국제건축영화제 개막작이기도 하다.

이 영화에 매치되는 두 편의 프로젝트가 떠오른다. 'JR'이라고 불리는 프랑스의 한 사진작가가 브라질 리우데자네이루의 한 빈민가에서 벌이는 〈여성은 영웅이다(Women are heroes)〉라는 퍼포먼스 프로젝트 겸 다큐다. 벽이나 바닥에 커다랗게 붙인 사진 속 여성들은 경찰과 마약 밀매 조직 간의 충돌로 희생된 여성들이다.

다른 하나는 독일 청년 요한과 하스에 의해 탈바꿈한 파벨라의 모습이다.

29장
리야드의 이슬람 소녀가 자전거를 탈 수 있는 방법

안명의 | 삼성엔지니어링 프로

| 리야드 전경

1 왜 자전거는 탈 수 없나요

매년 수천 명의 우리나라 건설인들이 척박한 사막에 플랜트를 짓고 인프라를 구축하기 위해 파견되는 중동 국가들은 우리에게 그저 기회의 땅이라는 인식이 지배적이었다. 조금 더 관심이 있는 사람이라면 영화 〈미션 임파서블: 고스트 프로토콜〉에서 톰 크루즈가 세계에서 가장 높은 인공구조물인 부르즈 칼리파*에 매달린 장면을 보며 일부 관객들은 우리나라 기업에서 시공했다고 뿌듯해할지도 모르겠다.

필자 역시 오랜 기간 중동 관련 업무를 수행하면서 오일머니, 사막, 무슬림과 같이 단편적인 상징으로만 아랍권을 바라보았음을 실토해야겠다. 이 글을 통해 그들의 내면, 정서 및 문화를 이해할 수 있는 사우디아라비아 영화 한 편을 소개하고자 한다.

| 와즈다(2012)
감독: 하이파 알 만수르
출연: 와드 모하메드, 림 압둘라, 압둘라만 알 고하니 외

"왜 여자는 자전거를 탈 수 없나요?"

사우디아라비아의 여성들은 외출 시 아무리 더운 날에도 아바야(Abaya)**로 온몸을 칭칭 감싸고, 눈만 내놓고 다녀야 한다. 투표권도 없고, 허가증 없이 여행도 할 수 없으며, 자동차 운전은 물론이고 자전거도 탈 수 없는 이 나라에서 검정색 구두가 아닌 스니커즈를 신은 열 살내기 소녀 와즈다가 묻는다.

이슬람 국가 중에서도 극도로 보수적인 국가 중 하나로 알려진 사우디아라비아에서는 여성들이 영화, 음악, 무용 등 일체의 문화 활동을 하는 것이 금지되어 있다. 그런데 지난 2012년 최초의 영화 〈와즈다(Wadjda)〉가 탄생했다. 심지어 이 영화의 연출자는 '여성' 감독 하이파 알만수르(Haifaa al-Mansour)다. 더 놀라운 건 이 영화를 계기로 전 세계적으로 중동 여성들의 인권문제에 대한 관심이 고조되자 사우디아라비아는 2013년 4월부터 율법을 수정해 여성들도 자전거를 탈 수 있도록 했다는 것이다.

---

* 아랍에미리트(UAE) 두바이에 건설된 세계에서 가장 높은 인공구조물이다. 시행사는 두바이의 에마르이고, 한국의 삼성물산 건설부문이 시공사로 참여하여 2009년에 완공했다. 높이 828m, 면적 33만 4000m²로, 상업시설과 주거시설, 오락시설 등을 포함한 대규모 복합시설로 이용된다.
** 이슬람권의 많은 지역에서 여성들이 입는 검은 망토 모양의 의상을 일컫는다.

2 영화에서 나타난 사우디아라비아의 여성인권

와즈다(와드 무함마드, Waad Mohammed)는 등굣길에 단짝 남자 친구 압둘라(압둘라만 알고하니, Abdullrahman Algohani)가 자전거를 타고 와서 약을 올리자 너무 속이 상한다. 와즈다는 자전거를 사서 내기에 이겨 압둘라의 콧대를 눌러주기로 결심한다. 때마침 문구점에서 마음에 드는 초록색 자전거를 발견했지만 엄마(림 압둘라, Reem Abdullah)는 어려운 형편으로 자전거 값을 대줄 수 없을 뿐만 아니라 율법에 의거해 딸이 자전거 타는 것을 반대한다. 결국 와즈다는 자전거 값 800리얄을 마련하기 위해 스스로 축구 팔찌를 만들어 친구들에게 팔기도 하고, 학교 선배의 연애 중재에 나서는 대가로 수입을 챙기기도 한다.

하지만 학교 선배의 연애가 종교경찰에 들켜 처벌을 받게 되었고, 선배에게 연애편지를 전달한 와즈다 역시 교장선생님(아드 카멜, Ahd Kamel)에게 불려가 호되게 야단을 맞는다.[•] 설상가상으로 교통수단이 없어 직장에 출근하지 못해 수입이 없어진 엄마가 전전긍긍하는 모습을 보며 와즈다는 그동안 차곡차곡 모아둔 나머지 돈을 가계에 보태기로 한다.

의기소침해져 있던 와즈다에게 때마침 기회가 찾아왔다. 학교에서 5주 뒤에 1000리얄의 상금이 걸린 『코란』 퀴즈대회가 열리기로 한 것이다. 목표가

• 사우디아라비아에서는 공공장소에서 남녀 간 만남이 금지되어 있으며, 위반 시 종교경찰(Muttawa)의 제재 대상이 된다.

생긴 와즈다는 종교반에 들어가 누구보다도 『코란』을 열심히 공부해, 마침내 코란 퀴즈대회에서 1등을 한다. 하지만 상금으로 자전거를 사겠다는 와즈다의 말을 듣자 결국 교장선생님은 상금을 주지 않는다.

전교의 문제아이자 당돌하고 귀여운 와즈다가 자전거를 손에 넣으려고 백방으로 애쓰는 유쾌한 이야기 속에는 현재 사우디아라비아 여성들의 사회적 지위가 고스란히 드러난다.

아들을 낳지 못하는 엄마를 두고 새 장가를 가는 아빠(술탄 알 아사프, Sultan Al Assaf), 그런 아빠에게 사랑받기 위해 빨간 드레스를 사고 싶어하는 엄마, 여자의 목소리는 벗은 여자의 몸과 같다며 큰 소리로 말하지 못하게 하는 학교 선생님, 열 살인데 20대의 남성과 결혼하는 와즈다의 친구, 자유연애가 금지된 나라에서 애인을 두고 이를 도둑이라고 부를 수밖에 없는 교장선생님, 이들을 통해 사우디아라비아 내에서의 여성들의 입지를 알 수 있다.

실제로 하이파 알 만수르 감독은 사우디아라비아의 수도 리야드에서 지금까지 전례 없던 올 로케이션을 감행하며 도시의 모습을 공개했으나 촬영 내내 남자들과 같이 외부에서 일할 수가 없어 차량 안에 숨어 모니터를 통해 지시를 내리고 워키토키로 배우, 스태프들과 대화를 했다고 한다. 제작과정 중에는 종교의 폐쇄성 때문에 이슬람 골수 세력으로부터 살해 협박과 테러 위협도 받았다고 한다. 하지만 이 모든 어려움을 짊어지고 만들어진 〈와즈다〉는 개봉 직후 전 세계의 이목을 집중시켰으며, 2012년 제69회 베니스국제영화제 3관왕을 비롯, 해외 영화제 19개 부문에서 상을 받았다.

흔히 사우디아라비아의 도시라면 산업도시인 얀부나 주바일의 드넓게 펼쳐진 모래사막을 떠올릴 법하지만, 영화 〈와즈다〉의 배경으로 가감 없이 드

| 리야드 주택가

러난 도시 리야드는 세계 최대 석유왕국의 수도인 만큼 바둑판 모양의 계획도시로서 고층빌딩과 호텔, 고급 주택, 상점 등이 들어서 있다. 영화 속에서 와즈다가 그녀의 엄마와 빨간 드레스를 사러 간 쇼핑 장면만 보더라도 현지의 건물 수준이 어떠한지 짐작할 수 있다. 리야드 현지에 파견을 나가 있는 동료들의 얘기를 들어보면 밥솥, 시계와 같은 공산품이 다양하고 가격경쟁력이 있어 자국민뿐 아니라 많은 외국인들이 도시 중심 쇼핑가로 몰린다고 한다. 또, 여성들은 비록 외출 시에는 아바야를 착용하지만, 그만큼 실내복과 눈화장은 화려한 것을 선호하여 명품 옷과 화장품의 수요가 많다고 한다.

3 SOC 확충과 고용 창출을 위한 사우디아라비아의 정책

사우디아라비아 정부는 불어나는 오일머니를 바탕으로 사회간접기반 시설

| 리야드 메트로(Riyadh Metro)

을 확충하는 데 수십억 달러를 쏟아붓고 있다. 또한 중동-북아프리카 지역에
서 불거진 사회 불만이 사우디아라비아 내로 확산되는 것을 잠재우기 위해 국
민들의 생활수준을 향상시키고자 노력하고 있으며, 향후 국제유가의 급락으
로 인한 경제적 파장에 대비하여 석유의존도를 낮추는 경제다각화를 추진하
고 있다.

이러한 정책의 일환으로 2014년 11월, 투자 규모 225억 달러의 '리야드 메트
로' 프로젝트가 시작되었다. 이는 현재 570만 명인 리야드의 인구가 향후 10년
내에 800만 명으로 증가할 것을 예상해 도로교통체증과 대기오염을 줄이기
위한 세계 최대 규모의 지하철 건설 프로젝트로서, 2021년 완공을 목표로 국
내기업인 삼성물산이 참여하고 있다. 사우디아라비아 정부는 전기동력을 사
용하는 무인열차가 운행될 6개 노선, 총 길이 176km의 이 사업에 건설단계에
서부터 수만 명의 인력이 동원되고, 유지·보수를 위한 인력의 90%가 자국
민으로 충원되어 고정적인 고용창출 효과를 가져올 것이라고 전망했다.

| 킹 압둘라 금융지구(King Abdullah Financial District)

　이와 같이 사우디아라비아 정부는 자국민의 실업률을 낮추기 위해 다양한 정책을 내놓고 있다. 복지재원만으로는 2000만 명에 달하는 자국민의 경제를 책임지기 어렵기 때문이다. 특히 사우디아라비아는 외국인 노동자를 점진적으로 줄여 이 자리에 순수 자국민을 고용해 취업률을 늘리겠다는 사우디인 고용강제 정책인 '사우디제이션'을 전개하고 있다. 이 정책에 따라 우리나라 건설업체가 사우디 진출 시 인력동원계획 요소로 최우선 고려해야 할 사항은 관리직 및 현장 인부 전체의 10% 이상은 사우디인을 고용하는 것이다.

　그러나 〈표〉에서 보는 바와 같이, 사우디아라비아 노동인구의 80%는 외국인이다. 특히, 민간부문 중 건설업계 종사자는 약 350만 명으로서 이 중 외국인의 비율이 90%에 달한다. 리야드 역시 총인구 570만 명 중 61%만이 자국민이고, 나머지는 대부분 도시 건설공사를 위해 인도나 동남아시아로부터 건너온 제3국인이다. 영화 속에서도 와즈다의 엄마가 고용한 운전사는 파키스탄에서 건너온 외국인으로 등장한다. 게다가 전체 인구 중 24세 이하는 972만

부문	전체	사우디인	외국인
사우디아라비아 전체 인구	2,000	2,000	900
공공부문 종사자	100	92	8
민간부문 종사자	780	86	694

자료: 둘라뱅크아카이브(http://blog.daum.net/dullahbank/15708567)

명으로서 이는 전체의 48.6%에 달하고, 여성의 사회활동은 엄격히 제한되어 있어 여성 및 24세 이하의 인구를 제하면 실제 일할 수 있는 사우디인의 수는 많지 않다. 그럼에도 불구하고 사우디아라비아 정부는 고용 제한 인원을 초과해 외국인 근로자를 고용하면 1인당 연간 약 2400리얄(약 72만 원)의 벌금을 징수한다.

4 서서히 일어나는 여성인권의변화

그동안 사우디인은 넘치는 오일머니로 정부로부터 경제적 지원을 풍족히 받은 탓에 교육에 관심이 없었고, 그 결과 핵심 기술을 요하는 전문직은 외국인으로 대체되었다. 최근 사우디아라비아 정부는 전문가 양성을 위한 자국민 교육과 문맹 퇴치에 예산을 아끼지 않고 있다. 특히, 유소년층의 52%에 달하는 여성인력 양성을 위해 교육 지원을 다각화하고 있으나 이슬람 율법과 사회적 관습에 근거하여 대부분 한 가정의 아내로 살아가는 길을 택한다. 그러나 영화 〈와즈다〉에서 감독은

여성들의 억압된 삶에만 초점을 맞춰 극적인 연출을 보여왔던 지금까지의 중동 영화들과는 달리 곳곳에서 여성들에게 일어나고 있는 변화를 장면에 담아내어 관객들을 자극하고 감동을 준다.

우선, 와즈다가 자전거를 타고 싶어하는 것 자체가 변화의 시발점이라 할 수 있겠다. 또한, 집안 내 남자들의 이름만 올라가 있는 가계도에 와즈다가 자신의 이름을 적어 붙이는 장면이라든지, 와즈다 엄마의 친구가 남성과의 접촉이 이루어지는 병원에서 일하는 장면이라든지, 압둘라가 와즈다에게 자전거 헬멧을 선물하며 지지하는 장면 등은 이미 변화하고 있는 혹은 변화하고자 하는 사우디아라비아 내 여성상을 보여주고 있다.

특히, 아빠의 결혼식 날 슬픔에 잠긴 와즈다의 엄마가 자신이 그토록 입고 싶어 했던 빨간 드레스 대신 딸에게 자전거를 사서 안기는 마지막 장면은, 다음 세대에는 여성의 사회적 지위가 지금보다 더 향상되기를 바라는 기성 세대들의 바람이 고스란히 투영된 것으로 볼 수 있다.

우리나라도 최근 10년간 여성인권 신장과 여성 고용이라는 면에서 장족의 발전을 이루었다. 영화 〈와즈다〉를 통해 여성들이 자전거를 탈 수 있게 된 것처럼 최근 사우디아라비아에 불고 있는 사우디아라비아 내에서의 여풍에 힘입어 사우디아라비아 건설 현장에서 여성 근로자와 함께 일할 날을 기대해본다.

참고문헌

둘라뱅크아카이브. http://blog.daum.net/dullahbank/15708567.
제7회 아랍문화제 홈페이지. http://fest.korea-arab.org.
호호호비치. 2014.5.23. "〈와즈다〉 제작 비하인드 스토리". ≪NAVER 영화 매거진≫. http://movie.naver.com/movie/magazine/magazine.nhn?nid=2041(검색일: 2014년 12월 8일).
_____. 2014.7.4. "오은경, 오동진과 함께한 〈와즈다〉 무비토크". ≪NAVER 영화 매거진≫. http://navercast.naver.com/magazine_contents.nhn?rid=2810&contents_id=61028(검색일: 2014년 12월 8일).
ArRiyadh City Website. http://www.arriyadh.com.

30장

위조될 수 없는 치유의 도시, 카트만두

안예현 | 국토연구원 부연구위원

| 더르바르 광장(Patan Durbar Square)

1 카트만두에서 찾는 마지막 희망

천재 신경외과 의사 스티븐 스트레인지(베네딕트 컴버배치)는 까칠하고 오만하다. 비싼 양복을 입고, 명품시계를 차고, 슈퍼 카를 타는 세속적인 인물이며, 자신의 명성에 걸맞지 않거나 돈이 되지 않는 수술이면 집도를 거부한다. 어느 날 스트레인지는 운전 중에 휴대폰을 사용하다 교통사고를 내어, 신경외과 의사에게 생명과도 같은 손을 심하게 다친다. 스트레인지는 손에 철심 11

| 닥터 스트레인지(2016)
감독: 스콧 데릭슨
출연: 베네딕트 컴버배치, 레이첼 매캐덤
스, 틸다 스윈튼, 마스 미켈센 외

개를 박는 대수술을 했지만, 회복 후에도 수전증으로 인해 의사로서의 커리어는커녕 일상생활조차 지속할 수 없는 지경이 된다. 스트레인지는 다친 손을 치료하는 데에 전 재산을 다 쏟아부을 정도로 애를 쓰지만, 현대 서양의학으로는 회복이 어렵다는 사실에 좌절하고 만다. 그러던 중, 과거에 자신이 수술을 거부했지만 척추부상에서 기적적으로 재기한 남자로부터 히말라야에 있다는 카마르타지라는 곳에 대한 이야기를 듣게 된다. 스트레인지는 절망의 늪에서 마지막 희망을 안고 남은 재산을 털어

네팔 카트만두로 날아간다. 왜 영화 〈닥터 스트레인지(Doctor Strange)〉는 마지막 희망의 보루를 네팔 카트만두로 설정한 걸까?

2 일상과 신앙의 무경계

영화 〈닥터 스트레인지〉는 대부분의 장면을 21개의 세트장으로 이루어진 영국 남부 롱크로스 스튜디오에서 촬영했다. 롱크로스 스튜디오는 다섯 명의 예술가가 10개월에 걸쳐 악당들과의 대결의 장이 되는 홍콩, 뉴욕 등의 주요 배경을 재연한 곳이다. 그러나 스콧 데릭슨(Scott Derrickson) 감독은 카트만두의 고대 사원들을 위조할 수 없다며 로케이션 촬영을 결정했다고 한다. ●

● "Doctor Strange: When Benedict Cumberbatch Went To Kathmandu," *Radio Times*, October 25, 2016. https://www.radiotimes.com/travel/2016-10-25/doctor-strange-when-benedict-cumberbatch-went-to-kathmandu/(검색일: 2020.7.13)

| 파슈파티나트 사원(Pashupatinath)

　네팔은 산스크리트어로 '신의 보호를 받는 땅'이라는 뜻이다. 네팔의 수도 카
트만두에는 집 숫자만큼 사원이 있고, 사람 숫자만큼 신이 있는 곳이라고 불린
다.● 그만큼 카트만두는 신앙과 일상이 분리될 수 없는 도시이다. 카트만두에
서의 첫 장면에는 뿌연 연기로 가득 찬 파슈파티나트(Pashupatinath) 사원이 배
경으로 나온다. 카트만두 밸리를 가로질러 흐르는 바그마티 강변에 위치한 파
슈파티나트는 힌두교의 시바 신을 섬기는 사원으로, 네팔에서 가장 중요한 사
원이다. 이 사원에서 죽음을 맞이하는 사람은 이생의 업과는 상관없이 인간으

●　네팔은 국민의 80% 정도가 다신교인 힌두교 신자다. 네팔에는 석가모니의 탄생지인 룸비니가 있
　　는데, 다신교인 힌두교에서 석가모니는 여러 신 중 한 명이다.

| 스와얌부나트(Swayam bhunath)

로 환생한다고 하여, 마지막 의식을 이곳에서 치르기 위해 매년 수만 명의 힌두교도들이 순례하는 곳이다. 강변을 따라 놓인 야외 화장터는 한 인간이 삶을 마감하는 곳이자 환생이 시작되는 곳이다. 화장터 앞 강기슭에는 탑 모양의 하얀 지붕을 한 사원이 줄지어 있고, 그 안에서 인생의 깨달음을 얻고자 온몸에 흰 칠을 한 사두(Sadhu)들이 저마다의 방식으로 수행을 한다. 덩굴 식물과 사원의 지붕을 정신없이 뛰어다니는 원숭이 떼, 기도를 올리는 현지인과 관광객이 뒤섞여 사원의 풍경은 그 자체로 비현실적 공간을 만들어낸다.

영화 〈닥터 스트레인지〉는 카트만두의 불교사원인 스와얌부나트(Swayam bhunath)도 보여준다. 언덕 꼭대기에 있는 하얀 스투파(Stupa)에서 카트만두 전경이 내려다보이는데, 불교 사원이라고는 하나 여러 시기에 걸쳐 만들어진 힌두교 제단과 무수한 탑들이 뒤섞여 다양한 풍경을 만들어낸다. 스투파에 그려진 붓다의 눈과 불교 경전이 적힌 마니차를 돌리는 손, 다홍색 승복의 티베트 승려에게서 이곳이 사원이라는 영적 공간임을 알 수 있지만, 전통 복장을 한 현지인과 원숭이들이 뒤섞인 어수선한 거리를 보면 이곳이 소시민의 생활공간이기도 하다는 것을 깨닫게 된다. 이렇게 영화 〈닥터 스트레인지〉는 카트만두의 신앙과 일상의 무경계를 보여준다.

또 다른 비현실적 장소는 더르바르 광장(Durbar Square)이다.[*] 더르바르 광장은 카트만두 밸리에 있던 세 왕국의 궁전과 주요 사원이 서 있는 광장이다. 칸티푸르 왕국은 카트만두 더르바르 광장, 랄리트푸르 왕국은 파탄 더르바르

---

* 영화 〈닥터 스트레인지〉는 파탄 더르바르 광장에서 촬영되었다.

광장, 박타푸르 왕국은 박타푸르 더르바르 광장을 중심으로 왕국을 건설했다. 이 더르바르 광장에는 네팔 건축예술의 정수라고 할 수 있는 고풍스러운 역사 유적이 모여 있다. 광장의 건축물은 벽돌과 목재, 석재 등 여러 재료를 사용하여 제각각 다른 높이와 형태로 지어졌음에도 조화롭게 어우러져, 한 공간을 이루는 요소로 어색함이 없다. 정교하게 새겨진 조각상과 세밀한 패턴들은 창틀 하나하나, 기둥 하나하나를 예술 작품으로 만든다. 여기저기 덧댄 벽체와 손을 타 반질반질 윤이 나는 기둥, 이끼 낀 지붕은 살아 있는 세월의 흔적을 보여준다. 이 광장들은 관광객을 위한 박제된 역사 유적이 아니라, 장도 서고, 아이들이 뛰어놀고, 연인들이 데이트하고, 노인들이 소일거리를 즐기는 생활 공간으로 독특한 멋을 자아낸다.

광장 주변은 동네 주민이 실제로 살고 있는 오래된 구옥들로 채워져 있다. 3m 남짓한 집들이 서로 벽을 맞대고 유기적으로 얽혀 골목길을 만들어낸다. 건물마다 정교하게 세공된 창과 문을 보노라면 골목길 전체가 하나의 역사 유적처럼 느껴진다. 미로와 같은 골목길이 만들어내는 블록은 내부에 중정을 감추고 있는데, 이곳에 들어서면 어김없이 작은 제단과 티카(Tika)가 칠해진 신상(神像)을 만나게 된다. 카트만두에서는 숨은그림찾기마냥 골목 구석구석, 건물 여기저기에 티카를 칠하고, 꽃을 뿌려놓은 제단을 볼 수 있다. 거리를 오가는 주민들은 이런 제단을 만날 때마다 언제나 기도를 한다. 정해진 횟수, 정해진 시간 없이 기도는 일상과 하나가 되어 있다.

3 히말라야의 관문

네팔은 중국 티베트와 인도를 가르는 히말라야산맥에 위치한 내륙 국가이다. 남부 국경지대를 제외하면 국토 대부분은 산지이고, 그 유명한 세계 최고봉 에베레스트가 있다. 14만 7180km² 정도의 국토에 해발고도가 70m에서

8848m에 이른다. 이 수치로 지세를 대략 가늠해볼 수 있을 것이다. 카트만두 밸리는 1100m 고지대에 위치한 분지로, 그 주변을 3000~4000m 높이의 산들이 둘러싸고 있다. 날씨가 좋으면 도시를 병풍처럼 둘러싼 산들과 그 너머 만년설이 덮인 히말라야의 고봉들을 볼 수 있다. •

  카트만두는 히말라야 등반을 꿈꾸는 전 세계 산악인과 여행자들이 모이는 히말라야의 관문이다. 히말라야 여정의 시작과 끝이 대부분 카트만두이다 보니 더르바르 광장 북쪽에는 타멜(Thamel)이라는 독특한 지역이 조성되었다. 타멜은 관광산업이 중요한 도시에 늘 있기 마련인 여행자들의 거리와 비슷하다. 전통 소품과 기념품을 파는 상점, 전 세계 음식을 맛볼 수 있는 레스토랑과 다양한 숙소가 타멜의 복잡한 거리를 채우고 있다. 이와 같은 전형적 풍경에 히말라야 등반을 위한 곳들이 다른 장소와 차별되는 이색적인 면을 만들어낸다. 침낭이 빨래처럼 걸려 있는 등산용품점, 패키지 여행객을 모집하듯 에베레스트 등반 일정을 홍보하는 여행사들은 타멜 경관에서 빼놓을 수 없다. 전직 산악인이 운영하는, 산을 테마로 하는 음식점과 완주에 성공한 이들을 위한 특별 메뉴는 이러한 경관에 재미를 더한다. 이렇게 히말라야와 대비되어 카트만두는 여행자들에게 특별한 공간이 된다. 대자연 속에서 사계절을 온몸으로 느낄 수 있는 히말라야 트레일에서 돌아오면, 카트만두는 오랜 트레킹으로 지친 이에게 휴식 공간이 되기도 하고, 자연 속에서 안식하던 이의 현실 공간이 되기도 한다.

4 멀티버스 안에서의 존재

  영화 〈닥터 스트레인지〉에서 스트레인지는 카마르타지를 찾아 카트만두를

• 동네 구릉도 산이라고 부르는 우리와는 달리, 네팔 사람들은 만년설이 덮인 고봉만이 진짜 산(히말)이고 카트만두 주변의 산들은 언덕(곳)일 뿐이라고 한다.

배회한다. 스트레인지는 강도를 만나는 등 우여곡절을 겪지만, 무사히 카마르타지에 도착해 최고의 마법사 에인션트 원(틸다 스윈튼, Tilda Swinton)을 만난다. 현대의학 의사인 스트레인지는 에인션트 원이 보여주는 신화와 마법에 불신을 보이는데, 에인션트 원은 마법을 사용해 스트레인지가 유체이탈과 차원이동을 직접 경험하도록 한다. 다중우주를 경험하면서 스트레인지는 자신의 세계관을 바꾸고 카마르타지에서의 수련을 시작한다.

그러나 스트레인지는 사고 후유증인 수전증으로 인해 수련이 소용없다며 불평한다. 에인션트 원은 스트레인지의 마법이 향상되지 않는 원인은 수전증이 아닌 스트레인지의 마음에 있다고 하면서, 그를 에베레스트 한가운데로 데려가 마음을 내려놓으라고 한다. 에베레스트에 홀로 버려진 그는 극한 환경에서 포털을 여는 마법을 스스로 터득해 카마르타지로 돌아오고, 빠른 속도로 실력을 쌓아간다.

아집과 오만의 스트레인지는 일련의 과정을 통해 정신적으로 성장하고, 사고 이후 자신이 만들어 낸 고통과 죽음에 대한 두려움을 극복한다. 타임스톤을 다루는 그의 마법 능력과 더불어, 그의 정신력은 우주의 정복자 도르마무가 그와 거래를 할 수밖에 없도록 만들어 지구를 위험으로부터 구해낸다. 스트레인지는 어떤 깨달음을 얻어 히어로가 될 수 있었던 것일까?

영화 〈닥터 스트레인지〉에서 에인션트 원은 다중우주를 가르친다. 우주는 여러 시공간에 무한히 존재하고, 우리는 깨우침을 통해 이를 초월할 수 있다. 존재의 근원은 정신과 물질의 합일(合一)이며, 생각이 현실을 만든다. 그러기에 영화 속 마법사들은 의지에 따라 공간을 변형하고 시간을 초월한다. 스트레인지 역시 괴로움이 자신으로부터 기인함을 깨닫고, 있는 그대로에 순응하게 되면서 오히려 그것을 뛰어넘는 능력을 갖게 된 것이다. 영화 〈닥터 스트레인지〉를 관통하는 이러한 세계관은 '공즉시색 색즉시공(空卽是色 色卽是空)'의 동양적 가치관과 정서를 두루 아우른다.

5 멀티버스의 구현

포털 마법을 터득한 스트레인지는 악당들에 맞서 여러 공간을 자유자재로 이동하며 시공간을 초월하는 대결을 펼친다. 영화 〈닥터 스트레인지〉는 특수효과로 뉴욕의 마천루를 뒤집고, 접고, 펴고, 늘리고, 줄이고, 비틀어 무한히 변형되는 예측불허의 공간으로 만든다.• 이 같은 공간들은 단순한 영화 속 배경이 아니라 인물들이 대결에 활용할 수 있는 유기체적 무대가 된다.

특수효과의 대향연으로 역동적으로 그려지는 뉴욕은 콘크리트와 커튼월의 회색빛 공간으로 표현된다. 이와 대비되어, 카트만두는 뿌연 연기가 가득한 신비한 느낌의 붉은 벽돌 빛 공간이다. 영화 속 카트만두는 사람과 차들이 뒤섞여 북적이지만 외외로 평온한데, 현실 공간이 만들어내는 비현실적 풍경은 낯설면서 친숙하다. 카트만두는 마법사들의 수련원이라는 특별한 장소가 일반 사람들의 생활공간 속에 존재하는 것을 납득하게 만든다. 영화 〈닥터 스트레인지〉는 환상적인 시각효과와 비현실적 공간으로 가득 차 있지만, 특수효과에 견줄 만한 카트만두의 경관은 그 자체로 영화에 녹아든다.

영화 〈닥터 스트레인지〉는 자칫 유치해질 수 있는 동양적 가치관과 동서양의 대비를 화려한 영상미와 탁월한 시각효과로 세련되게 표현한다. 다른 히어

• 평면의 규칙적 분할에 의한 무한한 공간의 확장과 순환을 구현한 판화가 마우리츠 에셔(Maurits Escher)로부터 예술적 영감을 받았다고 한다(유진모, 2016).

로물과 비슷하게 이 영화 역시 사연이 있는 인물이 일련의 사건을 거치면서 최강의 히어로로 거듭나고, 특출난 능력과 기지를 발휘해 곤경에 빠진 시민들을 구해내는 플롯 안에서 전개된다. 다소 진부할 수 있는 스토리임에

도 불구하고, 뛰어난 시각효과와 영상미로 스토리를 독창적이고 감각적으로 구현한다. 다중우주라는 영화의 세계관과 영화의 스토리텔링, 영화의 비주얼이 절묘하게 시너지효과를 낸다. 카트만두는 이러한 주제, 스토리, 비주얼을 연결해 주는 중요한 요소이다.

다시 첫 질문으로 돌아가서, 왜 치유에 대한 마지막 희망의 장소가 카트만두였던 것일까? 카트만두에서는 히말라야라는 광대한 자연으로부터 존재의 하찮음을 느끼고, 도시의 역사유적으로부터 존재의 경이로움을 느끼게 된다. 카트만두는 신앙과 일상의 무경계로 우리가 어떤 사람이든 우리 안의 신성을 발견하게 만든다. 영화 속 에인션트 원이 스트레인지에게 던지는 그 물음을, 카트만두가 우리에게 묻는다.

"이 광활한 우주에서 너는 어떤 존재지?"

생각이 현실을 만든다는 그 깨달음으로 치유가 되는 순간이다.

참고문헌

유진모. 2016.10.27. "'닥터 스트레인지'? '인셉션'과 '매트릭스'가 동양을 만나다". ≪Oh! 시네마≫. http://osen.mt. co.kr/article/G1110523992.

"Doctor Strange: When Benedict Cumberbatch Went To Kathmandu," NGradio, October 26, 2016. https:// ngradio.gr/en/news-el/entertainment/doctor-strange-benedict-cumberbatch-went-kathmandu/

✈ 카트만두를 여행하는 방법

① 추천할 만한 여행 코스

카트만두 더르바르 여행 코스를 추천합니다.

여행자 거리 타멜, 현지인 시장 너야 바자르, 카트만두 더르바르 광장으로 이어지는 좁은 골목길을 거닐며 네팔인의 일상과 신앙의 다양한 모습을 볼 수 있습니다. 전통복장을 하고 거리를 오가는 사람들과 오래된 건물들, 형형색색의 물건을 파는 상점들, 티카 범벅의 신전들이 미로와 같은 골목길 하나하나에 이국적 풍경을 만들어냅니다. 단, 사람이 많이 붐비는 곳은 소매치기가 있을 수 있으니 주의하셔야 합니다.

② 숨겨진 도시의 명소

카트만두에서 동쪽으로 32km 떨어진 거리에 있는 나가르코트(Nagarkot)는 날씨가 좋은 날 눈 덮인 히말라야를 볼 수 있는 곳입니다. 히말라야를 직접 갈 수 없는 여행자들은 나가르코트과 같은 카트만두 인근 산에서 히말라야에서의 삶의 모습을 살짝 엿볼 수 있습니다.

③ 인상 깊었던 점

카트만두 밸리에는 5개의 행정구역이 있습니다. 그중 카트만두, 랄리트푸르, 박타푸르에 더르바르 광장이 있습니다. 비슷한 기능과 양식의 건축물이 들어서 있지만 각 광장이 발산하는 에너지와 경관이 만들어내는 느낌은 사뭇 다릅니다. 일정이 된다면 세 곳을 방문하고 각기 다른 매력을 비교해 보세요.

엮은이
국토연구원

국토연구원(KRIHS: Korea Research Institute for Human Settlements)은 살기 좋은 국토와 도시를 만들기 위한 정책과 계획을 수립하는 전문 연구기관이다. 국토자원의 효율적인 이용과 개발 및 보전 정책을 종합적으로 연구함으로써 국토의 균형발전과 국민생활의 질 향상에 기여하기 위하여 1978년 설립되었다. 설립 이래 지속가능한 국토발전, 개발과 보전의 조화, 주택과 인프라시설 공급을 위한 연구를 수행함으로써 아름다운 국토를 창조하고 국민의 행복을 향상하기 위해 노력해 왔다. 현재 축적된 연구를 대중과 함께 나누고자 전문적인 연구보고서 외에도 『공간이론의 사상가들』, 『세계의 도시』, 『세계의 도시를 가다』 등의 대중서 또한 발간 중이다.

방구석 도시 여행

영화가 담긴 도시 **30**

ⓒ 국토연구원, 2021

|엮은이| 국토연구원
|지은이| 이성태·윤서연·김형보·남인희·서민호·김동근·송준민·임동우·
박세훈·김정곤·한지은·김도식·이영은·방승환·임주호·문정호·
이석우·성은영·안소현·안치용·김소은·남경철·박내선·심상형·
이경한·김수진·이영아·강병국·안명의·안예현
|펴낸이| 김종수
|펴낸곳| 한울엠플러스(주)
|편집책임| 최진희
|편 집| 이동규

|초판 1쇄 인쇄| 2021년 6월 10일
|초판 1쇄 발행| 2021년 6월 21일

|주 소| 10881 경기도 파주시 광인사길 153 한울시소빌딩 3층
|전 화| 031-955-0655
|팩 스| 031-955-0656
|홈페이지| www.hanulmplus.kr
|등 록| 제406-2015-000143호

Printed in Korea.
ISBN 978-89-460-8080-5 03980 (양장)
    978-89-460-8061-4 03980 (무선)

* 책값은 겉표지에 표시되어 있습니다.